LE MICROSCOPE.

OUVRAGES DU MÊME AUTEUR :

Antwerpsche analytische Flora, door Henri Van Heurck en J.-I. De Beucker. Antwerpen, 1ste deel, 1861. . . . . fr. 3 »

Prodrome de la Flore du Brabant, par Henri Van Heurck et Alfred Wesmael ; in-8°, 1862. . . . . fr. 4 25

Flore médicale Belge, par le Dr Henri Van Heurck et le Dr Victor Guibert : un volume in-8° de 450 pages. Louvain, 1864 . . . . fr. 4 »

Herbier des plantes rares ou critiques de Belgique. Huit fascicules sont publiés. Prix du fascicule. . . . . fr. 10 »

Notice sur un nouvel objectif à immersion construit par E. Hartnack, suivie de recherches sur le *Navicula affinis ;* in-8° de 8 pages avec planches . . . . fr. 1 »

Notice sur une prolification axillaire floripare du Papaver setigerum D. C. ; in-8° avec planches. . . . . fr. 1 »

De la fécondation dans l'Hyacinthus orientalis et le Narcissus Jonquilla ; in-8° avec planches . . . . fr. » 50

Notice sur les collections botaniques de M. Henri Van Heurck, par M. Arthur Martinis, conservateur de ces collections . . : . fr. 1 »

Observationes botanicæ et descriptiones plantarum novarum herbarii Vanheurckiani. — Recueil d'observations botaniques et de descriptions de plantes nouvelles, publié par le Dr Henri Van Heurck, avec la collaboration du Dr J. Muller et de MM. C. de Candolle, Crépin, Spring, etc.; texte latin-français. Deux fascicules sont publiés. Prix du fascicule . . . . fr. 3 50

Du Boldo. Anvers, 1873. . . . . fr. » 50

Du Jaborandi. Anvers, 1875. . . . . fr. » 50

Notice sur les nouveaux objectifs de MM. Ross & Co, de MM. Powell et Lealand et de M. Hasert. Anvers, 1876 . fr. 1 »

Notions succinctes sur l'origine et l'emploi des drogues simples de toutes les régions du globe. Bruxelles, 1876. Grand in-8° de 260 pages . . . . fr. 3 50

LE
MICROSCOPE

sa Construction, son Maniement et son Application

A

L'ANATOMIE VÉGÉTALE ET AUX DIATOMÉES

PAR LE

DR HENRI VAN HEURCK,

CHEVALIER DE L'ORDRE ROYAL DE LA COURONNE D'ITALIE,
DIRECTEUR DU JARDIN BOTANIQUE D'ANVERS ET PROFESSEUR DE BOTANIQUE PURE ET MÉDICO-COMMERCIALE
AU MÊME ÉTABLISSEMENT,
PROFESSEUR DE CHIMIE A L'ÉCOLE INDUSTRIELLE, PRÉSIDENT DE LA SOCIÉTÉ PHYTOLOGIQUE
ET MICROGRAPHIQUE DE BELGIQUE;
MEMBRE CORRESPONDANT DE L'ACADÉMIE DES SCIENCES DE NEW-YORK,
DE L'ACADÉMIE ROYALE DES SCIENCES DE BARCELONE, DE L'ACADÉMIE IMPÉRIALE LÉOPOLDINE DES CURIEUX
DE LA NATURE, ETC., ETC.

TROISIÈME ÉDITION

ENTIÈREMENT REFONDUE ET CONSIDÉRABLEMENT AUGMENTÉE.

AVEC 12 PLANCHES ET 170 FIGURES DANS LE TEXTE.

Ouvrage couronné par la Société royale d'Horticulture d'Anvers.

BRUXELLES,

E. RAMLOT, LIBRAIRE-ÉDITEUR,

17, RUE GRÉTRY, 17
(près le Boulevard Central).

1878

BRUXELLES, IMP. DE J. DELFOSSE, LITHOGRAPHE DE LA COUR, RUE D'ASSAUT, 16,
L. BOURLARD ET V. HAVAUX, SUCCESSEURS.

A MONSIEUR

ADAN

AUTEUR DU

COUP D'OEIL DISCRET SUR LE MONDE INVISIBLE,

COMMANDEUR DES ORDRES DE LÉOPOLD, DE LA LÉGION D'HONNEUR, ETC., ETC.

Hommage d'amitié et de haute estime.

Dr Henri VAN HEURCK.

PRÉFACE.

A l'époque où fut rédigée la première édition de ces éléments de micrographie appliquée à l'étude anatomique des tissus végétaux, il n'existait encore aucun ouvrage français qui pût initier les élèves aux manipulations délicates qu'exigent des recherches scientifiques difficiles, mais pleines de charme. Nous avions cédé aux instances de quelques amis qui, peu familiers avec l'anglais et l'allemand, ne pouvaient consulter les livres excellents publiés dans ces deux langues. Le hasard fit qu'au moment même où l'on mettait en vente notre opuscule, paraissait la traduction française de la 3e édition du traité de Schacht, *Le Microscope et son application à l'étude de l'anatomie végétale,* traduction commencée sous de funestes auspices, car à peine Schacht venait-il de terminer son œuvre de révision, avec toute la conscience dont il était capable, qu'une mort prématurée l'enlevait à ses amis, à ses admirateurs, à d'importants travaux qui eussent encore augmenté une réputation si grande déjà et si justement établie. Malgré la terrible concurrence que semblait devoir faire à notre modeste tentative l'apparition d'un livre réputé, à juste titre, excellent et mis au niveau des connaissances actuelles par le maître lui-même, notre première édition s'écoula si rapidement que trois mois après son apparition l'on nous en demandait une seconde. Quelque flatteur que soit ce résultat, nous ne nous faisons pas illusion sur la valeur de notre essai. Nous n'avons nullement la prétention de lutter avec un maître qui nous a honoré de son amitié et souvent aidé de ses conseils. Notre livre est plus élémentaire que le sien et suppose moins de connaissances préalablement acquises. Guider les premiers pas de l'apprenti micrographe dans la carrière, déblayer la route devant lui, voilà le modeste rôle que nous nous sommes réservé. C'est afin d'écarter le plus possible les obstacles, que nous sommes entré dans des détails qui paraîtront sans doute puérils aux personnes expérimentées, mais dont le débutant nous saura gré. C'est encore pour faciliter l'étude des organes que nous avons choisi nos exemples parmi des plantes vulgaires, que chacun peut se procurer aisément et examiner sans trop de peine. Au moyen de nos instructions, on pourra former à peu de frais et presque en tout lieu une collection systématique de préparations fort intéressantes, permettant d'observer et de démontrer tous les faits principaux de l'anatomie végétale. Plus tard, lorsque l'éducation de l'œil et de la main sera faite, quand on saura manier le microscope et le scalpel, on pourra aborder résolûment les questions les plus ardues de la phytotomie en s'aidant d'ouvrages spéciaux.

Nous croyons inutile d'établir un parallèle entre cette édition et les deux premières. Énumérer les additions ou les corrections importantes faites au travail primitif serait superflu et fastidieux. Nous nous bornerons à faire observer que ce livre est réellement un travail nouveau : du reste la plus légère comparaison entre les deux textes suffira pour s'assurer du fait.

Bon nombre d'observations et de pratiques nous sont personnelles; d'autres nous ont été fournies par les savants les plus distingués. En faisant des emprunts, nous nous sommes toutefois imposé l'obligation de répéter nous-même les expériences, afin d'être parfaitement sûr qu'en suivant la marche indiquée on obtiendra le résultat cherché. Tous les faits avancés ici ont donc été contrôlés à maintes reprises et l'on peut compter sur leur exactitude.

Pour terminer cette courte préface, rendons justice à qui de droit en citant tout d'abord quelques-unes des sources où nous avons puisé. En première ligne, viennent les traités du Dr HERMANN SCHACHT : *Das Mikroskop* et *Lehrbuch der Anatomie und Physiologie der Gewächse*. Disons aussi que c'est de lui que nous tenons une foule de procédés ingénieux, et que nous avons consulté fréquemment un grand nombre d'admirables préparations que nous devons à son affectueuse bienveillance.

M. le professeur HARTING, d'Utrecht, dont tous les savants connaissent l'importante publication intitulée *Das Mikroskop*, a bien voulu nous aider de ses lumières.

La 2e édition de son livre, véritable encyclopédie de micrographie, nous a fourni de précieux renseignements.

Nous avons aussi à témoigner notre reconnaissance à plusieurs de nos amis qui nous ont communiqué des renseignements précieux ; parmi eux nous avons surtout à remercier M. Charles de Pitteurs de Zepperen, docteur en sciences, M. l'abbé Van den Born, de S\^t-Trond, et M. Edmond Wynants, l'un de nos élèves en micrographie, qui nous ont fourni des matériaux importants pour cette nouvelle édition.

Nous nous faisons aussi un vrai plaisir de remercier ici notre éditeur M. Ramlot qui a fait de grands sacrifices pour que notre travail fût imprimé avec soin, de même que nos imprimeurs, MM. Bourlard et Havaux, qui l'ont exécuté à notre entière satisfaction.

ERRATA.

Page 19, ligne 1, au lieu de CD et de DE, lisez : CD et CE.

Page 48, avant dernière ligne, au lieu de *ou* rapproche, lisez : *on* rapproche.

Page 118, ligne 5, au lieu de : micromètre, objectif, lisez : micromètre-objectif.

Page 120, ligne 24, au lieu de : La umière, lisez : La lumière.

LE MICROSCOPE.

INTRODUCTION.

NOTIONS D'OPTIQUE.

Nous croyons utile, avant de passer à la description du microscope, de donner dans ce chapitre quelques notions élémentaires d'optique appliquée aux instruments dont nous nous occupons.

Les commençants feront bien de se rendre familières les quelques lois, très-simples d'ailleurs, qui règlent la marche des rayons lumineux. Ils trouveront par là une facilité plus grande à se rendre compte des phénomènes qu'offre le microscope et feront usage de cet instrument avec plus de profit.

Lumière. — Généralités.

La lumière est l'agent qui produit en nous la sensation de la vue.

La lumière est émise par des corps lumineux par eux-mêmes, tels que le soleil et les matières enflammées, ou réfléchie par les corps qui n'ont pas le pouvoir de l'émettre d'eux-mêmes et qu'on appelle non lumineux, tels que la lune.

Il est admis que les molécules des corps lumineux sont animées de vibrations excessivement rapides, qui, se communiquant à l'éther répandu partout, se propagent de la sorte et viennent frapper notre rétine. Le nombre de ces vibrations nous donne la sensation des couleurs.

La ligne droite suivant laquelle la lumière se propage s'appelle *rayon*. Une certaine quantité de rayons constitue un *faisceau ;* on emploie quelquefois aussi le mot *pinceau* pour désigner une faible quantité de rayons.

Les corps à travers lesquels la lumière peut se propager s'appellent en optique des *milieux ;* tels sont par exemple : l'air, l'eau, le verre. On les appelle encore, d'après le passage plus ou moins facile des rayons, corps transparents, translucides, diaphanes, par opposition aux corps opaques qui ne laissent pas passer les rayons lumineux. Il a été démontré par des expériences qu'aucun corps n'est entièrement opaque ; tous, réduits en lames excessivement minces laissent passer quelques rayons.

Dans tout milieu homogène, c'est-à-dire ayant partout la même composition et une même densité, la lumière se propage en ligne droite. Il n'en est plus de même quand elle rencontre un corps opaque ou qu'elle passe d'un milieu dans un autre. Dans ces cas, la lumière est réfléchie, réfractée ou décomposée.

La *réflexion* est la propriété en vertu de laquelle les corps polis peuvent renvoyer dans certaines directions les rayons lumineux tombant à leur surface. La *réfraction*, c'est le changement de direction que font éprouver les corps transparents à la lumière qui les traverse obliquement.

Nous n'avons pas à nous occuper encore de la décomposition des rayons lumineux, qui a lieu le plus nettement par leur passage à travers des morceaux de verres taillés d'une certaine façon, qu'on appelle prismes.

Réflexion.

Dans les microscopes actuels la réflexion de la lumière n'est utilisée que pour éclairer l'objet à observer ; on se sert pour les grossissements faibles d'un miroir plan et pour les forts d'un miroir concave. Examinons la marche que suivent les rayons tombant sur un miroir plan ; soit A B (fig. 1) le miroir, C un point

Fig. 1.

lumineux : un rayon, émanant de ce point, et venant frapper le miroir en D, fera avec la perpendiculaire élevée en ce point sur le miroir (perpendiculaire qu'on appelle normale), un angle E D F nommé angle de réflexion, égal à C D E, angle d'incidence.

D'autres rayons, C G, C H, émanant du même point feront encore avec les normales G I, H J des angles de réflexion I G K, J H L, égaux aux angles d'incidence C G I et C H J.

Fig. 2.

La loi est encore la même quand des rayons parallèles C, D, E (fig. 2) viennent frapper un miroir plan. Dans la fig. 2 les angles de réflexion sont égaux aux angles d'incidence.

Miroirs concaves. — Il y en a de plusieurs espèces, mais ceux qui sont employés dans les microscopes sont ordinairement sphériques, c'est-à-dire représentent une portion, un segment de sphère. Les miroirs sphériques ont pour centre de courbure le centre de la sphère dont ils représentent une partie : ainsi, le miroir A B (fig. 3) a pour rayon de courbure le rayon O A.

Fig. 3.

Le point C, milieu du miroir, porte le nom de centre de figure, et la droite indéfinie, qui passe par ce point et le centre de courbure, est l'axe principal.

Les miroirs concaves possèdent la propriété de concentrer les rayons lumineux qu'ils reçoivent en un seul point qui s'appelle *foyer*.

On distingue le *foyer principal*, les *foyers conjugués* et les *foyers virtuels ;* nous verrons ce que signifient les deux premières expressions ; quant aux foyers virtuels des miroirs, ils n'ont pas d'importance pour nous.

Soit un miroir concave A B dont C est le centre de courbure : considérons-le comme composé d'une infinité de miroirs plans. La ténuité extrême des rayons lumineux et la surface infiniment petite sur laquelle ils peuvent se réfléchir permettent cette supposition qui ramène, comme on voit, les lois de la réflexion dans les miroirs courbes à celles des miroirs plans (fig. 4).

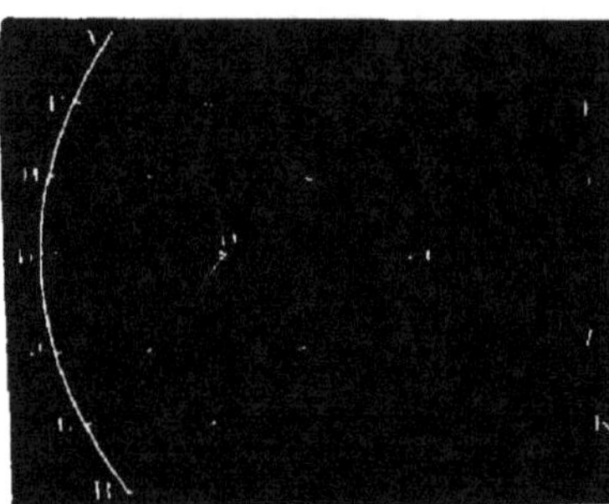

Fig. 4.

Supposons des rayons lumineux E F, G H, *l* J, K L, parallèles entre eux et à l'axe principal, tombant sur le miroir ; ils feront avec les normales qui seront alors les rayons C F, C H, C J, C L, des angles de réflexion C F O, C H O, CJO, CLO, égaux aux angles d'incidence E F C, G H C, I J C, K L C et tous ces rayons viennent concourir en un point O, milieu de l'axe principal C D.

En effet, considérons le triangle CFO : d'après les lois géométriques l'angle FCO est égal à l'angle CFE, comme angles alternes, internes relativement aux parallèles EF, CD coupés par la droite CF; or, nous venons de voir que l'angle de réflexion C F O est égal à l'angle d'incidence EFC. Les angles FCO et CFO sont donc égaux entre eux comme l'étant tous deux à E F C et par suite les droites CO et OF sont égales. Les rayons lumineux pouvant se rapprocher jusqu'à presque se confondre avec l'axe CD, il s'ensuit que le point O est à une très-minime fraction près le milieu de la droite CD. C'est le foyer principal.

Imaginons maintenant que les rayons tombant sur le miroir, au lieu d'être parallèles, proviennent d'un point lumineux E (fig. 5), situé à une certaine distance du centre C : les angles d'incidence, et par suite de réflexion, seront plus petits que dans le cas précédent. Le point F où les rayons se réuniront, se trouvera donc situé en avant du point O, et entre ce point et le centre C. Il s'appelle foyer conjugué du point E.

Fig. 5.

Il est facile de voir que plus on éloigne le point E du centre C, plus le foyer conjugué se rapprochera du foyer principal O, sans parvenir cependant à se confondre avec lui. Si on rapproche, au contraire, le point E, le foyer conjugué se rapprochera également du centre. Si E se confond avec C, les rayons tombant perpendiculairement se réfléchissent sur eux-mêmes.

Si on place le point lumineux entre le point C et le foyer principal, le foyer conjugué se transporte au delà de C, ainsi le foyer conjugué d'un point F serait E.

Au foyer principal il ne se formerait pas de foyer conjugué, les rayons réfléchis étant parallèles ; entre ce point et le centre de figure D, le foyer serait virtuel et placé derrière le miroir.

D'après ce qui précède, on voit que la détermination expérimentale du foyer principal d'un miroir concave sphérique est très-simple ; on le dispose de manière à recevoir parallèlement à son axe principal un faisceau de rayons solaires, et, présentant devant lui un carton blanc, on cherche la distance à laquelle l'image du soleil qu'on obtiendra ainsi se montrera le plus nettement.

Ce point sera le foyer principal, et sa distance au centre du miroir doublée donnera le rayon de courbure.

Les mots *rayons parallèles* ayant été employés plusieurs fois dans ce qui précède, on se demandera peut-être par quel corps sont émis ces rayons. Sachons donc que l'on appelle ainsi ceux qui émanent du soleil et des astres, rayons qui, quoique mathématiquement non parallèles, peuvent cependant être considérés comme tels à cause de l'énorme distance des corps qui les produisent.

Réfraction.

Nous avons vu précédemment ce que c'était que la réfraction. Celle-ci n'a lieu que quand les rayons tombent obliquement par rapport à la surface du milieu que l'on considère ; tombant perpendiculairement à cette surface, ils ne subiraient pas de réfraction.

Considérons donc un rayon tombant obliquement d'un milieu sur la surface d'un autre, par exemple de l'air sur le

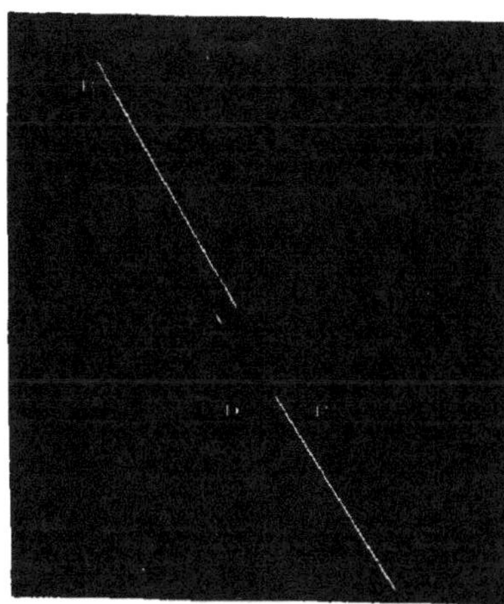
Fig. 6.

verre, et nommons le A B (fig. 6). Au point de contact A, élevons la normale C A D ; le rayon, au lieu de suivre sa marche d'après le prolongement de A B, se rapprochera de la normale en faisant avec celle-ci un angle EAD (de réfraction), plus petit que CAB, angle d'incidence.

Les choses se passent ainsi toutes les fois qu'un rayon sort d'un milieu moins dense (et par suite moins réfringent), pour entrer dans un milieu plus dense. Si nous supposons le rayon BAE prolongé, et sortant du verre pour rentrer dans l'air, il s'écartera de la normale et fera un angle de réfraction plus grand que celui d'incidence. Prolongeant la droite qu'il suivrait alors, on verrait que ce rayon, en sortant du verre, a pris une direction parallèle à celle qu'il avait avant d'entrer dans ce milieu. Ce résultat provient de ce que les deux faces du plan supposé sont parallèles; si elles ne l'étaient pas, le rayon aurait pris une direction autre, mais jamais parallèle à AB. Cette propriété est très-importante pour la démonstration des propriétés des lentilles.

On démontre en physique que les sinus des angles d'incidence et de réfraction sont entre eux dans un rapport constant pour un même milieu. Ce rapport se nomme *indice de réfraction ;* de l'air dans le verre il est 3/2, du verre dans l'air 2/3.

Angle limite, réflexion totale. — Nous avons vu qu'un rayon, passant d'un milieu dans un autre moins dense fait un angle de réfraction plus grand que celui d'incidence. Il arrivera donc nécessairement que, pour un certain angle d'incidence, l'angle de réfraction sera droit , et que le rayon réfracté sortira parallèlement à la surface du plan. L'angle d'incidence qui produit cet effet porte le nom d'angle limite. En effet, pour tout angle supérieur, le rayon ne se réfracte plus, mais se réfléchit complétement, lequel phénomène s'appelle *réflexion totale* et est utilisé dans les prismes.

L'angle limite du verre à l'air est 41°.

Passage de la lumière dans les milieux à faces non parallèles. — Parmi les milieux à faces non parallèles on distingue les *prismes* et les *lentilles*.

Les prismes sont des morceaux de verre à faces planes obliquées l'une vers l'autre. Connaissant les lois de la réfraction, il nous sera facile d'en déduire la marche des rayons dans ces milieux.

Fig. 7.

Supposons un prisme triangulaire A B C (fig. 7) et un point lumineux D : dans le plan A B C un rayon, parti de ce point, vient frapper le prisme en E, et se réfracte, en se rapprochant de la normale, puisqu'il passe dans un milieu plus réfringent; il prend donc la direction E F, et se réfracte de nouveau au point F, où il repasse dans l'air, mais en s'écartant de la normale.

Pour l'œil appliqué au point G, la lumière semblera suivre une seule ligne droite et le point D sera vu, non à sa véritable place, mais en *d*.

Application des prismes comme réflecteurs. — Les prismes qu'on emploie à cet usage

Fig. 8.

sont taillés en triangle rectangle et isocèle, comme A B C (fig. 8 ci-avant); supposons un rayon incident EF, parallèle à A C. L'angle E F B sera égal à A C F et comme lui de 45°; or, l'angle limite du verre n'étant que de 41°, le rayon EF se réfléchira complétement en F et prendra la direction FG parallèle à A B.

L'œil, appliqué en E, verra donc les objets placés en G comme s'ils étaient sur le prolongement de E F.

Des lentilles et de leurs propriétés.

On appelle lentilles des corps transparents, généralement en verre, taillés de telle sorte qu'ils puissent faire converger ou diverger les rayons lumineux qui les traversent. Il y a deux séries de lentilles, la série convexe et la série concave (fig. 9).

Fig. 9.

La première comprend :

A La lentille biconvexe ;

B La lentille plano-convexe ;

C La lentille concavo-convexe ou ménisque convergent ;

D La lentille biconcave ;

E La lentille plano-concave (1) ;

F La lentille concavo-convexe ou ménisque divergent.

Admettons d'abord la même hypothèse que pour les miroirs

---

(1) Le graveur s'est trompé dans les courbes de la lentille E dont il a fait une lentille plano-convexe. Le lecteur voudra bien remédier à cette erreur en imaginant une lentille semblable à D dont l'un des côtés soit plan.

sphériques, savoir : que les lentilles sont formées d'une infinité de petites surfaces planes, ayant pour normales les rayons menés de ces points aux centres de courbure. (*Voir ci-après Définition du centre de courbure.*)

On nomme centre optique d'une lentille un point tel que, tout rayon lumineux, passant par ce point, soit, à son émergence de la lentille, parallèle à la direction qu'il avait avant d'entrer dans la lentille.

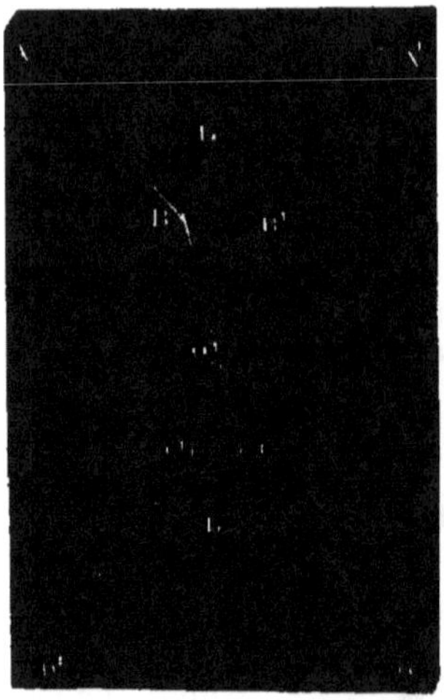

Ainsi, dans la figure 10, le point O serait le centre optique de la lentille LL′ si le rayon AB incident était parallèle au rayon CD émergent : un autre rayon A′B′ incident passant ensuite par O pour devenir C′D′ émergent vérifie encore la définition.

Maintenant il s'agit de trouver la place de ce point O, mais auparavant remarquons que l'on nomme centre de courbure d'une face de lentille le centre d'une sphère dont cette face de lentille serait une partie.

Fig. 10.

Ainsi, dans la figure 11, soit ABCE une lentille, et ABC la face que nous avons en vue : cette face appartient à une sphère ABCD dont elle est une partie. Si cette sphère avait son centre en O, ce point serait le centre de courbure de la face ABC. Il est aussi à remarquer qu'il ne faut pas confondre le centre de courbure avec le centre de figure : ce dernier varie suivant qu'on enlève une partie des bords de la lentille, ainsi on peut les rendre carrées, polygonales, de formes diverses, et le centre de figure

Fig. 11.

changera avec chaque forme, tandis que le centre de courbure restera le même; nous supposerons les lentilles de figure ronde comme elles se présentent ordinairement dans la pratique, et dans ce cas aussi le maximum d'épaisseur pour les lentilles convergentes et le minimum d'épaisseur pour les divergentes coïncident ordinairement avec le centre de figure. Si cette condition n'a pas lieu, les lentilles sont excentriques, comme dans le stéréoscope ordinaire, où elles doivent l'être. Nous supposons toujours ici les lentilles sphériques, le centre de figure correspondant au maximum ou minimum d'épaisseur, selon qu'elles sont convergentes ou divergentes.

Pour trouver le centre optique d'une lentille quelconque, il faut d'abord chercher les points où les normales et les tangentes soient parallèles, ou, ce qui revient au même, où l'élément de la surface soit parallèle dans chaque face correspondante.

Ainsi, dans les lentilles où une face est plane, cela se voit directement, car il est évident que le point A (centre de figure de la face courbe) (fig. 12), aura sa tangente parallèle à CD, ou sa normale parallèle à celle de CD ou l'élément A sera parallèle à tous les éléments de la face CD, tout cela revient au même.

Fig. 12.

Or, tout rayon qui entre au point A sortira par la face CD, parallèle à la direction qu'il avait à son entrée, puisqu'il ne fait que passer par une lame à faces parallèles; donc, suivant la définition que nous avons donnée du centre optique, le point A sera ce centre.

Tous les rayons qui en émergent auront une direction parallèle à celle qu'ils avaient avant d'entrer dans la face CD.

Dans les figures 13, 14, 15, 16 ci-après, B est le centre de courbure de la face $B_1 B_2 B_3$, A, celui de la face $A_1 A_2 A_3$.

Si on mène un rayon quelconque BB' partant du centre de

Fig. 13.

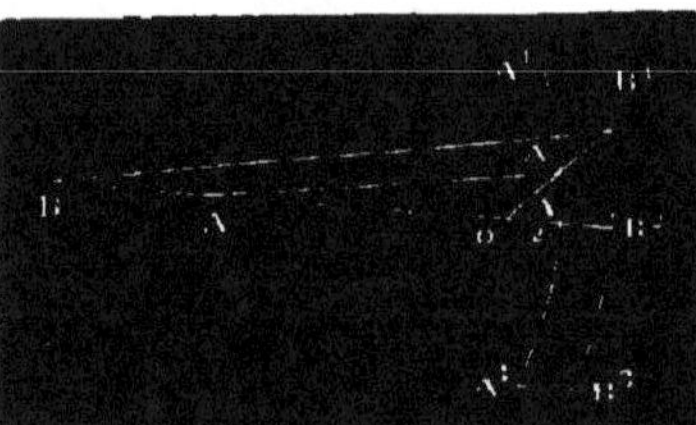

Fig. 14.

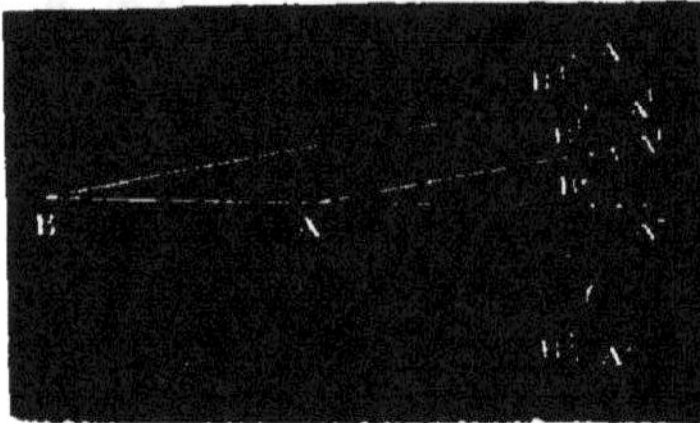

Fig. 15.

Fig. 16.

courbure B jusqu'à la face correspondante qu'il coupera en B'; ensuite, si on mène un rayon AA' parallèle à BB', partant du centre de courbure A pour couper la face correspondante A₁A₂A₃ au point A', ces faces, aux points A' et B' auront les normales BB', AA' parallèles par construction.

Il s'ensuit que leurs éléments seront aussi parallèles dans ces points. Donc, si un rayon lumineux entre en A' pour sortir par B' ou inversement, il se conduira comme s'il passait par un milieu à faces parallèles; c'est-à-dire que sa déviation, avant son incidence et après son émergence seront parallèles, donc il passera par le centre optique O.

De plus, le rayon lumineux qui passe par A et B ne sera pas dévié de sa route; il passera par conséquent aussi par le centre optique; donc le point d'intersection de AB et A' B' donnera ce centre.

Toute ligne droite passant par le centre optique s'appelle *axe*. L'*axe principal* est l'axe qui passe en même temps par le centre de courbure; les autres sont des *axes secondaires*.

Tout rayon lumineux qui suit l'axe principal n'est pas dévié de sa route. Il en est à peu de chose près de même pour les axes secondaires, du moins, si les lentilles n'ont qu'une faible épaisseur et que l'axe secondaire ne soit pas trop incliné sur l'axe principal.

Si ces conditions ne sont pas remplies, le rayon lumineux qui suit un axe secondaire est un peu déplacé tout en restant parallèle à lui-même.

Détermination des foyers dans les lentilles convexes. — Prenons comme type de la série convexe la lentille biconvexe ; l'étudiant qui en aura compris les propriétés ne trouvera aucune difficulté pour les appliquer aux autres lentilles de la même série. La lentille biconvexe présente, comme le miroir concave, un foyer principal et des foyers conjugués et virtuels.

Soit une lentille traversée par des rayons parallèles entre eux et à l'axe principal. Ces rayons éprouvent une première déviation en entrant dans le verre et se rapprochent de l'axe A B C

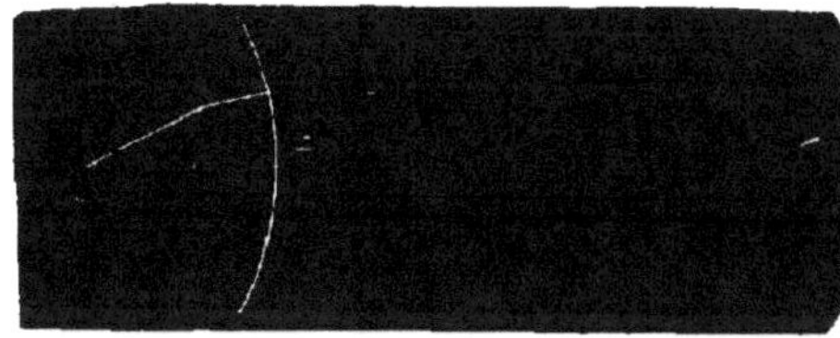

Fig. 17.

(fig. 17); en rentrant dans l'air, ils éprouvent une nouvelle déviation vers cet axe qu'ils vont couper au point C. Tous les rayons parallèles venant se couper en ce même point, celui-ci sera le foyer principal de la lentille.

La distance focale principale est la distance de ce foyer au centre optique. C'est là ce qui constitue le numéro des verres pour lunettes, etc. : ainsi la lentille n° 5 est une lentille dont le foyer principal est à une distance de 5 pouces du centre optique.

Fig. 18.

Si les rayons lumineux proviennent d'un point A (fig. 18) situé sur l'axe principal et se présentent à la lentille sous forme de faisceau divergent, la même chose a lieu, seulement, la déviation étant moins grande, les rayons réfractés se rencontrent en un point C' plus éloigné que le foyer principal et qui porte le nom de foyer conjugué de A. Si A se rapproche, C' s'éloigne ; si A s'éloigne, C' se rapproche sans toutefois se confondre avec C aussi longtemps que le faisceau n'est pas parallèle.

Les foyers secondaires sont des foyers qui se trouvent sur les axes secondaires quand les rayons incidents leur sont parallèles. Leur distance focale est la même que pour les foyers qui se trouvent sur l'axe principal ; toutefois, d'après ce que nous avons vu des axes secondaires, ceci n'est vrai que d'une manière approximative et ne serait vrai absolument que pour des lentilles idéales n'ayant pas d'épaisseur, mais pour la pratique c'est suffisamment exact.

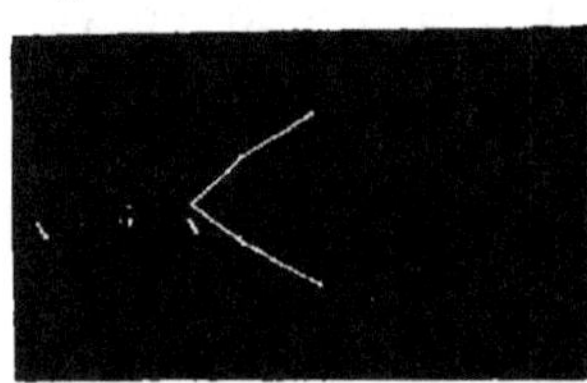

Fig. 19.

Si nous supposons le point lumineux A (fig. 19) placé toujours sur l'axe principal, mais entre la lentille et son foyer principal O, nous aurons la construction suivante pour la marche des rayons lumineux : les rayons, divergents avant leur entrée dans la lentille restent divergents à leur sortie. Ils ne peuvent donc eux-mêmes former un foyer, mais leurs prolongements se rencontrant en A', au delà du foyer principal, donnent à l'œil placé derrière la lentille la sensation d'un foyer. Ce foyer est virtuel, c'est-à-dire qu'on semble le voir, mais qu'il n'existe pas réellement ; il ne peut pas, comme les foyers réels être reçu sur un verre dépoli. Pour peu que l'on éloigne l'œil du point B, on ne le voit plus. Si A s'approche de la lentille, A' s'approche du foyer principal ; si A se rapproche de ce point, A' s'en éloigne.

Construction des images dans les lentilles convexes. — Dans ce qui précède, nous avons toujours supposé que les points lumineux donnant les foyers étaient situés sur l'axe principal de la lentille. Remarquons que la construction des foyers serait toujours la même si ces points se trouvaient sur des axes secondaires, les foyers se trouvant alors sur un certain point de ces axes où les rayons divergents coïncideraient après leur passage dans la lentille.

Ceci posé, pour arriver à la construction des images dans les lentilles convexes, remarquons encore que l'image d'un objet est formée par la réunion des foyers produits par chacun des points de cet objet, ce qu'on peut simplifier dans la démonstration en ne faisant la construction que pour le sommet et la base. Ces deux points extrêmes trouvés, la position de l'objet dans l'image sera déterminée, puisque les foyers de tous les points intermédiaires viendront se ranger entre eux.

Il peut se présenter deux cas : ou bien l'objet se trouve au delà du foyer principal par rapport à la lentille, ou en deçà. Supposons d'abord que l'objet A B se trouve au delà du foyer principal C (fig. 20); représentons par O le centre optique; tirons les axes secondaires A O et B O. D'après ce que nous venons de voir, le foyer du point A doit se trouver sur un certain point de l'axe A O et celui de B en un certain point de B O. Menons maintenant les rayons incidents A D et B F, parallèles à l'axe principal. Ces rayons se réfracteront suivant les lois connues et iront couper les axes secondaires respectivement aux points A' et B'. Au point A' se formera l'image de A, et en B', celle de B. On démontrerait de la même manière que tous les points compris entre A et B viennent former des foyers entre A' et B' où nous aurons donc l'image complète de l'objet A B. Cette image est renversée et réelle. — Si nous nous reportons à ce qui a été dit des foyers,

Fig. 20.

nous remarquerons que plus l'objet est au delà du foyer principal, plus les rayons se rapprochent du parallélisme, et plus l'image d'un objet, même grand, est petite et rapprochée du foyer principal (1). Par contre, si l'objet est très-rapproché de ce foyer, son image ira se former à une certaine distance et sera très-amplifiée (2).

Supposons, en second lieu, que l'objet A B soit situé entre la lentille et son foyer principal.

Menons les axes secondaires A O et B O et les rayons incidents A D et B E (fig. 21).

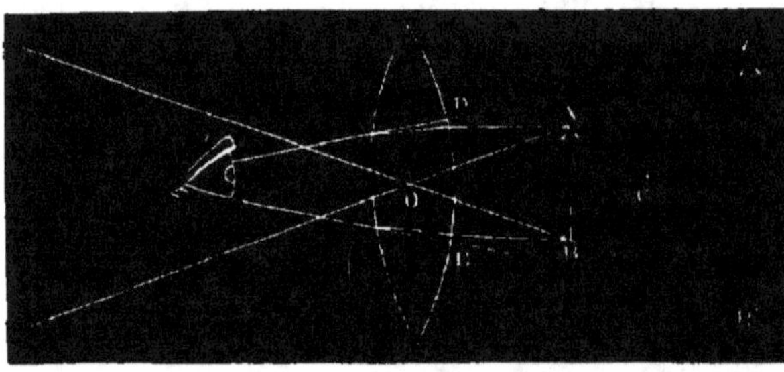

Fig. 21.

Ces rayons, après s'être réfractés, sortent de la lentille en s'écartant de plus en plus des axes secondaires, mais leurs prolongements coupant ces mêmes axes aux points A′ et B′ y forment l'image virtuelle des points A et B; tous les autres rayons partis de l'objet A B venant former des foyers entre A′ et B′, nous aurons là une image virtuelle droite et amplifiée de l'objet A B qui sera perçue par l'œil placé dans la direction des rayons. C'est là le principe des loupes ou microscopes simples les plus employés.

---

(1) Principe de la chambre noire.
(2) Principe des appareils à projection.

Série concave.

Formation des foyers. — Prenons la lentille biconcave comme type. Dans toutes les lentilles de cette série il ne se forme que des foyers virtuels, quelle que soit la position du point lumineux.

Fig. 22.

Dans la figure 22 ci-contre les rayons parallèles A B et D E viennent frapper la lentille O.

Tirons les normales aux points d'incidence B et E; dans l'intérieur de la lentille les rayons s'en rapprochent en divergeant; tirons les normales à leurs points de sortie F et G, ils s'en écartent en divergeant encore et ne forment donc pas de foyer réel, mais leurs prolongements viennent produire en C le foyer principal qui, en même temps, est virtuel.

Si les rayons incidents provenaient d'un point situé sur l'axe principal, on comprend que ces rayons, déjà divergents à leur entrée le deviendraient encore plus et formeraient des foyers virtuels situés entre le foyer principal et la lentille.

Construction des images. — Les lentilles concaves n'ayant que des foyers virtuels, ne pourront non plus donner lieu qu'à des images virtuelles.

Fig. 23.

Soit un objet A B (fig. 23), placé devant la lentille O; menons les axes secondaires A O et B O, tirons les rayons incidents A D et B E et menons les normales; les rayons s'en rapprochent en divergeant, à leur sortie ils s'en écartent en divergeant davantage, mais leurs prolongements viennent couper les axes secondaires en A' et B', de même les divers points situés entre A et B viennent se grouper entre A' et B' où se formera donc une image virtuelle et droite de A B qui sera plus petite que l'objet. Ceci a lieu quelle que soit la distance de l'objet à la lentille.

Aberration de sphéricité.

On nomme ainsi la réfraction inégale que subissent les rayons dans les diverses parties d'une lentille. Dans ce qui précède, nous n'avons pas tenu compte de ce phénomène lequel est un grave défaut que présentent surtout les lentilles convexes. Il consiste en ce que les rayons tombant d'un point sur une lentille ne viennent pas se réunir exactement en un seul foyer comme nous l'avons supposé jusqu'ici. Dans la figure 24 nous avons exagéré le phénomène pour le rendre mieux visible.

Fig. 24.

Soit une lentille A B et un point lumineux C; menons de ce point des rayons C A et C B qui viennent presque effleurer les bords et d'autres C D, C E qui sont très-rapprochés de l'axe principal.

Faisant traverser la lentille par les rayons, nous trouvons

que CD et DE forment leur foyer en F tandis que AC et CB le forment en F', situé en avant de F.

Si du point C on mène encore d'autres rayons entre les rayons extrêmes figurés, on trouvera qu'ils ont leurs foyers entre F' et F. La distance F'F sera l'aberration longitudinale et GH l'aberration latérale de sphéricité de la lentille AB. La conséquence de ceci est qu'au lieu d'avoir en F un point lumineux unique, foyer de C, nous aurons un centre lumineux qui sera F, entouré d'une auréole décroissante ayant pour plus grand diamètre GH, et GF'H pour angle d'ouverture. Tout objet mis à la place du point C présenterait également à l'œil une image centrale entourée d'un second contour vague provenant de l'aberration de sphéricité.

On conçoit que ceci doive être gênant pour l'observateur, aussi s'est-on appliqué à faire disparaître ce défaut, d'abord en munissant les lentilles de diaphragmes, c'est-à-dire de rondelles en carton ou en cuivre noirci, qui en couvrent les bords et ne laissent pénétrer les rayons que dans le milieu. Les diaphragmes ajoutent beaucoup à la netteté des images produites et y ajoutent d'autant plus que leur ouverture est plus petite, mais alors il se présente un autre inconvénient, c'est que, plus cette ouverture est petite, moins il passe de rayons lumineux, donc il faut que l'objet soit fortement éclairé pour obtenir une image suffisamment intense.

Dans les instruments d'optique où les diaphragmes sont employés, on en a ordinairement de plusieurs ouvertures suivant le degré d'éclairage dont on dispose et aussi suivant les objets.

On a encore considérablement amoindri et quelquefois détruit même l'aberration de sphéricité en faisant usage de séries de lentilles au lieu de lentilles uniques. C'est alors à l'opticien de les combiner de manière que leurs aberrations de sphéricité réagissent l'une contre l'autre et se détruisent en tout ou en partie.

Aberration de réfrangibilité. — Achromatisme.

La lumière qui nous éclaire, qu'elle provienne du soleil ou d'une lampe est blanche.

Quand nous voyons les objets sans l'intermédiaire de lentilles, cette lumière nous paraît simple et homogène. Il n'en est plus de même quand on interpose entre ces objets et l'œil un prisme ou une lentille.

La lumière alors n'est pas seulement réfractée, mais encore décomposée en ses éléments qui sont le violet, l'indigo, le bleu, le vert, le jaune, l'orangé et le rouge. Toutes ces couleurs, formant le spectre solaire, sont inégalement réfrangibles; nous les avons énoncées dans leur ordre de réfrangibilité. Leurs indices diffèrent depuis 1.5466, indice des rayons violets jusqu'à 1.5258, indice des rayons rouges.

De ce que la lumière blanche se décompose dans les lentilles (phénomène appelé *dispersion*), en même temps qu'elle se réfracte, il s'ensuit que les rayons ne vont pas tous concourir en un point unique des axes secondaires auxquels ils sont parallèles pour y former un foyer.

Soit, par exemple, la lentille biconvexe A B (fig. 25), frappée

Fig. 25.

par deux rayons parallèles CD et EF. Ces rayons se décomposent dans la lentille en même temps qu'ils se réfractent, et à leur sortie chacune des couleurs dont la lumière blanche est composée formera son foyer spécial. Ces foyers seront compris entre G, foyer des rayons rouges, les moins réfringents et H, foyer des rayons violets, les plus réfringents. La distance HG est l'aberration chromatique.

Si maintenant à travers une pareille lentille on regarde des objets, on remarquera que leurs contours ne sont pas nettement prononcés et qu'ils sont colorés de toutes les couleurs du spectre, ce qui est, on le conçoit, un grand inconvénient, sensible surtout dans les lentilles convexes.

L'aberration augmente, d'abord avec la convexité et ensuite avec la distance des points incidents à l'axe principal.

On a cru longtemps qu'il serait impossible de remédier à ce défaut, mais en 1757 un opticien anglais montra que l'aberration de réfrangibilité était pour ainsi dire nulle par l'emploi d'un système de deux lentilles de composition différente juxtaposées.

Pour comprendre l'effet ainsi obtenu, il faut savoir que le verre ordinairement employé pour les lentilles est du crown-glass (silicate de potasse et de chaux).

Il existe une autre composition de verre, appelée flint-glass, qui est du silicate de potasse et de plomb, très-riche en oxyde de plomb.

Le flint a un indice de réfraction 1.59 et un pouvoir dispersif 0.039 plus grand que le crown où ces chiffres ne sont que 1.519 et 0.036.

Si donc on fait une lentille biconvexe de crown, on comprend qu'on puisse calculer pour une lentille de flint plano-concave une distance focale telle qu'appliquée sur la biconvexe, elle recompose la lumière blanche dispersée dans cette dernière, tout en n'altérant pas ses propriétés convergentes. Une lentille ainsi corrigée est dite achromatique.

En physique on démontre l'achromatisme au moyen de

deux prismes, l'un en flint, l'autre en crown. Ces prismes, pour avoir le même pouvoir dispersif, devront avoir des angles inégaux, puisque à angles égaux le flint est plus réfringent et plus dispersif; faisant ensuite arriver un rayon de lumière blanche sur le prisme de flint et le recevant dispersé sur le prisme en crown, il s'y réfractera en reconstituant la lumière blanche.

L'achromatisme est une des parties les plus délicates de l'optique, c'est une condition essentielle pour les lentilles d'un bon microscope. Quoiqu'on puisse juxtaposer librement les lentilles qui doivent mutuellement s'achromatiser, les opticiens préfèrent les coller ensemble avec du baume de Canada, qui empêche la poussière d'y pénétrer, et les réunit dans un seul système achromatique.

Microscope simple.

Le microscope simple le plus employé est la loupe ou lentille biconvexe, pour la théorie très-simple de laquelle nous renvoyons à ce que nous avons dit de la construction des images dans ces lentilles.

Mais les défauts, aberration de sphéricité et de réfrangibilité, très-prononcés dans ce microscope, ont bientôt été reconnus par les hommes de science qui l'employaient; ces derniers le délaissèrent pour les forts grossissements et cherchèrent un instrument plus parfait et qui répondît mieux à leurs besoins. C'est alors que Wollaston inventa le doublet. Cet instrument est, comme son nom l'indique, composé de deux lentilles qui agissent comme une seule.

Ces deux verres sont plano-convexes, enchâssés dans une seule monture et séparés par un diaphragme.

La convexité de chacun d'eux est tournée vers l'œil et la plus grande lentille est du côté de l'objet.

Le principal avantage que présentent les doublets, en dehors de l'achromatisme et de la diminution de l'aberration de sphéricité par l'emploi du diaphragme, est que, comme on emploie deux verres, on peut augmenter la distance focale de l'inférieur, de manière à éloigner davantage l'objet, ce qui est très-important dans les dissections microscopiques, où l'on doit avoir entre la lentille et l'objet que l'on dissèque assez de place pour mettre les mains et manier les instruments de dissection.

Les doublets les plus employés grossissent de 12 à 500 fois.

Microscope composé.

Le microscope composé, réduit à sa plus simple expression, se compose de deux verres enchâssés dans un tube ; l'un, que l'on appelle objectif, est tourné vers l'objet et l'autre, l'oculaire, vers l'observateur.

Soit un microscope (fig. 26 ci-après) composé de l'objectif AA' et de l'oculaire BB' et supposons qu'on veuille voir un objet CD. Quelle sera la marche des rayons lumineux ?

D'abord, l'objet CD est placé un peu au delà du foyer principal de la lentille AA'.

Menons les axes secondaires aux points C et D. D'après les règles de la réfraction, il se formera en $C'D'$ une image agrandie réelle et renversée de l'objet CD. Si maintenant nous calculons la distance entre l'oculaire et l'objectif de manière que l'image $C'D'$ vienne se former entre la lentille BB' et son foyer principal, les rayons envoyés par cette image se réfracteront encore dans BB' et iront former en $C''D''$ une image virtuelle, agrandie et droite par rapport à l'image, renversée par rapport à l'objet.

Celui-ci est donc amplifié deux fois. Toutefois il ne suffit pas que l'image réelle $C'D'$ se forme en un point quelconque

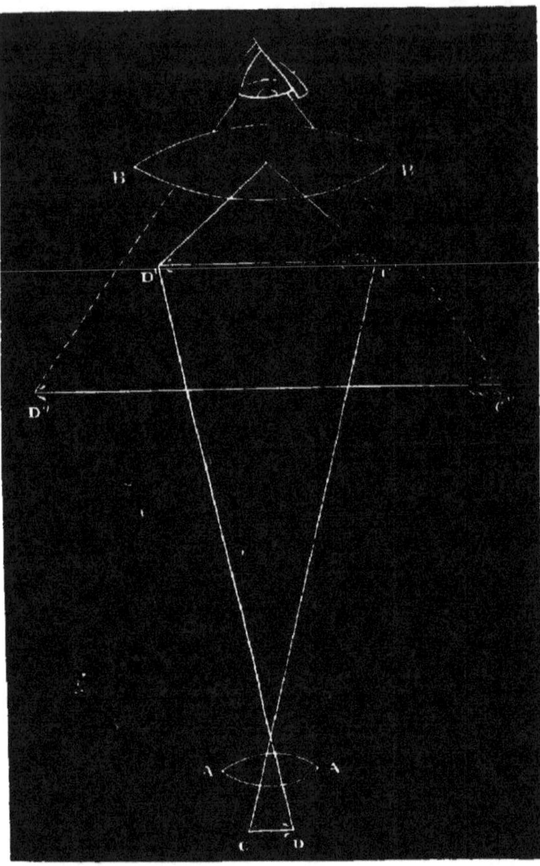

Fig. 26.

entre l'oculaire et son foyer principal, il faut qu'elle se forme en un point tel qu'agrandie et rendue virtuelle elle se trouve à la distance de la vue distincte de l'observateur. Cette distance varie selon les individus. Elle est d'environ 25 centimètres, un peu plus pour les presbytes, moins pour les myopes. On doit donc pouvoir mouvoir, soit l'oculaire seul, soit le microscope entier, pour arriver à modifier la position de l'image, suivant l'état des yeux de l'observateur.

Les microscopes ordinairement employés ne sont pas aussi simples que celui que nous venons de décrire. D'abord, l'objectif est formé le plus souvent de plusieurs lentilles dont les effets s'ajoutent, ce qui permet de rendre plus grande leur distance à l'objet. Ensuite on interpose entre l'objectif et l'oculaire une lentille appelée verre de champ qui constitue un perfectionnement important.

D'abord elle suffit à elle seule pour achromatiser les rayons dispersés par l'objectif, ensuite elle recueille tous ces rayons et les ramène vers le centre de l'oculaire, ce qui diminue l'aberration de sphéricité.

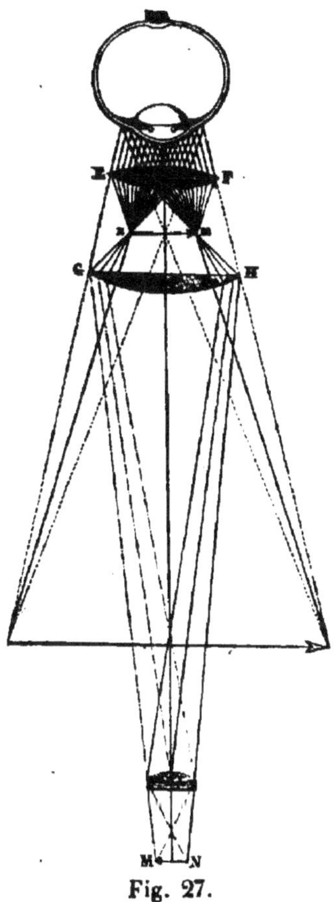

Fig. 27.

Le microscope ordinaire est donc disposé comme la fig. 27 ci-contre. Les rayons partant de l'objet MN traversent l'objectif, sont recueillis par le verre de champ GH et forment en *nm* une première image réelle, amplifiée et renversée. Celle-ci par son passage à travers l'oculaire EF s'agrandit encore considérablement et forme l'image virtuelle que nous voyons. Tout ce système est mobile et se déplace par rapport à l'objet, pour ramener l'image formée à la vue distincte.

Le deuxième agrandissement n'ajoute aucun détail à l'image et l'obscurcit considérablement si l'oculaire a un fort pouvoir amplifiant. Dans la construction des microscopes on doit donc s'appliquer à former les plus forts grossissements par l'objectif et à n'employer que des oculaires moyens, d'autant plus qu'on peut toujours éclairer l'objet fortement, tandis que pour l'image cela est impossible.

PREMIÈRE PARTIE.

______

NOTIONS PRÉLIMINAIRES.

____

On a longtemps ignoré quel était l'inventeur du microscope et ce n'est que dans ces dernières années que la question a été complétement élucidée. Il paraît maintenant hors de doute que l'invention fut faite, vers 1590, par Jean Janssen et son fils Zaccharie, tous deux fabricants de lunettes à Middelbourg, en Hollande.

Il existe deux sortes de microscopes ; les uns que nous nommerons microscopes d'étude, servant au micrographe à examiner la structure des objets, les autres que l'on appelle microscopes à projection ont pour but de montrer en même temps à un nombreux auditoire les détails de la structure microscopique des objets. Nous traiterons séparément de ces derniers genres de microscopes.

On distingue deux espèces de microscopes d'étude : le microscope simple ou loupe montée, dans lequel l'objet est agrandi, soit par une seule lentille, soit par deux lentilles faisant l'office d'une seule ; et le microscope composé, où l'image formée par la première lentille est, à son tour, amplifiée par une autre de puissance moindre.

Le microscope composé est formé essentiellement de deux lentilles : l'une, d'une forte courbure, est placée près de l'objet à examiner, de là son nom de lentille objective ou simplement d'*objectif*; l'autre, d'une courbure moindre, est placée près de l'œil et se nomme l'*oculaire*. Toutefois on interpose une troisième lentille appelée *verre de champ*, et qui est placée entre celles que nous venons de nommer. L'oculaire et l'objectif sont fixés aux deux extrémités du *tube* T (fig. 28).

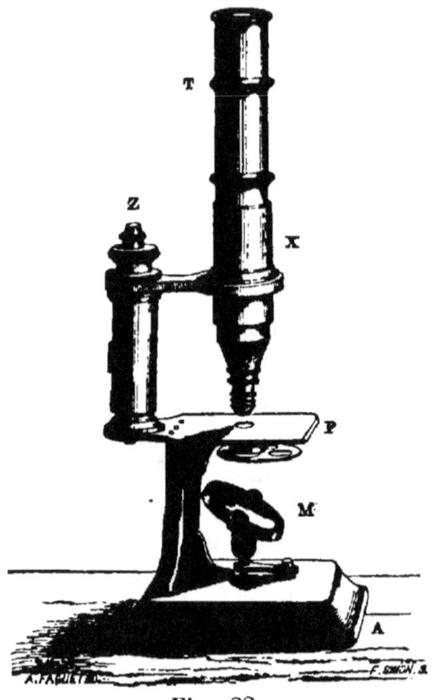

Fig. 28.

Ce tube peut être plus ou moins rapproché d'une petite table nommée *platine* P, sur laquelle on place les objets à examiner. Ce rapprochement se fait au moyen de certaines combinaisons désignées sous le nom général de *mouvements* X et Z.

La platine est percée à son centre d'une *ouverture* par où arrive sur l'objet la lumière, soit concentrée par un miroir concave, soit simplement réfléchie par un miroir plan M.

Sous l'ouverture de la platine, se trouvent les *diaphragmes* qui permettent de diminuer la lumière envoyée par le miroir.

Enfin tout l'instrument est supporté par un *pied* A.

Le microscope proprement dit ne se compose que de ces seules parties. Tout le reste n'est jamais rigoureusement nécessaire; et, pour celui qui possède bien le maniement de l'instrument, il est presque toujours possible d'observer les préparations transparentes les plus délicates sans le secours d'aucun autre appareil.

LIVRE PREMIER.

—

CONSTRUCTION DU MICROSCOPE.

CHAPITRE PREMIER.
DU MICROSCOPE COMPOSÉ.

—

PREMIÈRE DIVISION.

DES PARTIES ESSENTIELLES.

—

§ 1er. — Du pied.

Peu importe la forme du pied du microscope ; l'essentiel c'est
que ce pied soit bas et suffisamment lourd pour que l'instrument
ne puisse être renversé facilement. Remarquons cependant
que la forme en fer à cheval, généralement adoptée pour les
grands instruments, est excellente. La forme en tambour est
beaucoup moins convenable, parce que cette forme ne permet
l'usage de la lumière oblique qu'avec le secours d'une pièce
spéciale dite *prisme oblique*, et, dans ce cas encore, on ne peut
obtenir cette lumière que sous un angle toujours identique, ce
qui présente des inconvénients souvent fort sérieux.

Beaucoup de microscopes modernes, surtout les grands instruments, sont construits de façon à pouvoir s'incliner.

Cette disposition est excellente et diminue beaucoup la

fatigue des observations. Elle présente cependant des inconvénients lorsqu'il s'agit d'étudier des corps flottant librement dans un liquide, surtout quand ils ne sont point recouverts d'un couvre-objet.

§ 2. — **Du tube.**

Le tube est mobile ou immobile, c'est-à-dire qu'il va vers l'objet à examiner ou que cet objet se rapproche de lui. Dans le premier cas le mouvement s'imprime au moyen d'une crémaillère ou tout simplement en faisant glisser le tube à la main, par frottement, dans un autre tube disposé à cet effet. Ce second procédé, qui est plus expéditif, est généralement préféré sur le continent; il présente pour l'observateur l'avantage de l'exposer moins à heurter l'objectif contre la préparation et par conséquent à endommager l'un ou l'autre.

Le tube doit avoir une longueur d'environ 20 centimètres. Il convient de le choisir composé de deux pièces glissant l'une dans l'autre. L'avantage de cette combinaison c'est que non-seulement elle permet d'augmenter ou de diminuer le grossissement, en allongeant ou en raccourcissant le tube à volonté, mais qu'en outre on parvient de cette façon à mieux corriger ce qui reste d'aberration de sphéricité des objectifs. On peut aussi, comme l'a proposé M. Harting, faire graver sur le tube intérieur une échelle divisée en millimètres et noter quelle est la hauteur ou la longueur du tube la plus convenable pour chaque combinaison d'oculaire et d'objectif.

Les oculaires doivent entrer à frottement dans la partie supérieure du tube. Anciennement, ils s'y adaptaient au moyen d'un pas de vis, mais l'on a, avec raison, renoncé à cette combinaison qui faisait perdre beaucoup de temps.

Les objectifs s'adaptent au tube, soit par une baïonnette, soit par un pas de vis. Le dernier procédé est généralement préféré, bien que le premier exige moins de temps et soit tout aussi convenable. Le pas de vis ne doit être ni trop fin ni trop court.

Le pas de vis employé par les constructeurs du continent est variable. On peut cependant distinguer deux types principaux, le pas fin uniforme Chevalier-Nachet et le gros pas de vis employé par Hartnack et plusieurs constructeurs allemands. Les Anglais et les Américains, qui sont gens pratiques, emploient un pas de vis uniforme qui a été désigné par la Société de microscopie et porte par suite le nom de *Society's screw*.

Il résulte de cette uniformité que celui qui possède un microscope d'un des grands fabricants anglais peut y adapter les objectifs de tout autre constructeur. Cela est un avantage considérable. MM. Hasert et Zeiss ont aussi adopté le pas anglais.

La plupart des opticiens noircissent l'intérieur du tube, à l'aide de noir de fumée mélangé à une très-faible solution de gomme laque; Ch. Chevalier le tapissait de velours noir. Disons que les deux procédés sont également bons.

§ 3. — De la platine.

Le tube étant mobile, la platine est nécessairement fixe. L'avantage de cette disposition, c'est de permettre l'emploi d'une platine aussi épaisse qu'on peut le désirer et suffisamment grande pour que l'on puisse y appuyer les deux mains.

La platine des petits instruments est en laiton, généralement noirci. Dans les microscopes de prix l'on incruste la platine d'une épaisse plaque de verre noir rodé, afin que l'on puisse employer les réactifs sans crainte de l'endommager. M. Leitz de Wetzlar a imaginé de recouvrir la platine de ses instruments au moyen d'une plaque de caoutchouc durci ou ébonite.

Cette idée est excellente et une expérience prolongée nous a convaincu que ces plaques ne se déforment point par les variations atmosphériques. Les platines ainsi revêtues sont fort douces et plus agréables à manier pendant l'hiver que les platines en verre ou en laiton.

Dans les grands instruments, la platine est dite tournante ou à tourbillon. Dans ce cas, elle est formée de deux plaques ou disques superposés et disposés de telle façon que la plaque supérieure peut faire un tour complet sur son axe ; il résulte de cette rotation que toutes les faces de l'objet que l'on examine sont présentées successivement à l'éclairage, le miroir restant immobile. Cette disposition est extrêmement utile, mais les difficultés que présente la construction de ce mécanisme augmentent notablement le prix de l'instrument.

La platine porte deux *valets,* miniatures de ceux que l'on met sur les établis de menuisier. Ils servent à fixer le porte-objet ou lame de verre sur laquelle l'objet est placé.

Au lieu des valets ordinaires, M. A. Nachet joint à ses instruments grands et moyens des valets articulés maintenant la préparation par des ressorts. Ils sont plus commodes que les valets simples.

Dans les grands instruments anglais la préparation est maintenue par une plaque de cuivre glissant à l'aide de deux coulisses sur la platine. Cette disposition très-favorable pour l'examen de préparations achevées est parfois gênante dans les observations ordinaires.

Platine mobile ou chariot.—Les bons instruments anglais ont toujours une platine spéciale que l'on désigne sous le nom de chariot ou de platine mobile et par laquelle, à l'aide de boutons, on peut faire passer successivement dans le champ du microscope toutes les parties de l'objet que l'on examine.

La platine mobile, qui ne fait pas partie intrinsèque des instruments français ou allemands, sauf dans les grands modèles de Nachet et de Chevalier, est peu employée par les micrographes du continent, qui trouvent plus de célérité dans l'usage des doigts. Cependant le chariot présente une utilité réelle alors qu'on est à la recherche d'un objet particulier, mêlé à une foule d'autres tout différents, parce qu'une fois cet objet trouvé, on est certain de le maintenir en vue, résultat que les doigts les mieux exercés ne permettent pas toujours d'obtenir.

La platine mobile est aussi excessivement commode, dans les mensurations micrométriques, pour amener l'objet à un point fixe et précis du champ, aussi bien quand on se sert du micromètre oculaire ordinaire que dans l'emploi du micromètre de Ramsden à fils parallèles.

Dans les instruments anglais la platine se compose de cadres superposés minces, glissant entre des rainures et mobiles à l'aide de boutons. L'un de ces cadres glisse d'avant en arrière, l'autre de droite à gauche et vice-versà.

La figure 30 ci-dessous donnera une idée de ce genre de platine.

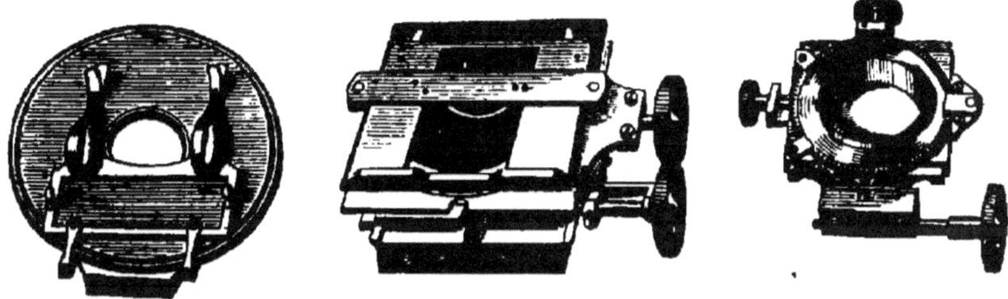

Fig. 29 (1).   Fig. 50 (2).   Fig. 51 (3).

Les chariots construits sur le continent sont loin d'être aussi parfaits; ils consistent généralement en deux plaques superposées dont la supérieure est maintenue par un ressort d'un côté et qui, de l'autre côté, est poussée par deux vis munies chacune d'un bouton.

---

(1) Platine dite à barette de Nachet.
(2) Platine mobile anglaise.
(3) Platine mobile accessoire (*Substage*) de *Ross*.

§ 4. — **Du mouvement**.

Un microscope bien construit possède un mouvement du tube lent et un mouvement rapide.

Le mouvement rapide, dont on se sert généralement, consiste à faire glisser le tube du microscope dans un second tube de laiton dont les parois sont en partie découpées en lanières au moyen de la scie et font office de ressorts. Comme nous l'avons déjà dit, ce moyen peut être préféré à un engrenage, mais en ceci il n'y a pas de règle précise : tout dépend de l'habitude.

Un engrenage maintient cependant beaucoup mieux le centrage de l'instrument que ne peut le faire le glissement.

Le mouvement lent s'obtient au moyen de deux tubes accessoires glissant l'un dans l'autre. Le tube extérieur est percé d'une rainure, dans laquelle glisse un coulisseau fixé au tube intérieur et servant à empêcher le tube extérieur de tourner sur son axe. Un ressort en boudin tend à faire sortir les deux tubes l'un de l'autre, mais le tube extérieur, qui est fermé à sa partie supérieure, présente une ouverture centrale par où passe une tige d'acier fixée au fond du tube intérieur et présentant à sa partie supérieure un pas de vis très-fin. Un écrou qui se meut sur ce pas de vis permet de faire monter ou descendre le tube extérieur auquel est fixé le tube principal du microscope.

Comme ce système est sujet à l'usure et présente parfois quelque ballottement, alors surtout que l'on emploie les forts grossissements, MM. Hartnack et Nachet, de même que les constructeurs anglais, y ont renoncé. Dans les grands instruments de M. Hartnack les deux tubes accessoires sont triangulaires et un fort ressort plat fixé au tube extérieur et s'appuyant continuellement contre le tube intérieur sert à donner une pression toujours égale et empêche tout ballottement.

Dans le grand microscope de M. Nachet de même que dans ceux de MM. Ross, Powell et Lealand, etc., le tube animé du mouvement rapide possède encore à l'intérieur un autre tube qui y glisse librement dans une position fixée par des guides. Ce tube intérieur peut monter ou descendre à l'aide d'un bouton placé à l'extérieur du tube, lequel bouton commande un levier. Ce levier est lui-même maintenu dans une position fixe à l'aide d'un ressort en boudin fort doux. Lorsqu'on tourne le bouton, celui-ci agissant sur le levier, le tube intérieur descend ou monte lentement. Ce système présente l'avantage que le tube n'est poussé que par le faible ressort en boudin ; aussi l'objectif vient-il à toucher la préparation, le tube s'arrête et il n'arrive presque jamais que l'objectif ou la préparation soient endommagés.

Enfin, MM. Seibert et Krafft, de Wetzlar, ont adopté un mouvement lent tout spécial que nous décrirons en parlant des instruments de ces constructeurs.

§ 5. — **Du réflecteur.**

Le miroir des grands microscopes est toujours double : plan d'un côté, il présente de l'autre une surface concave creusée de telle façon que son foyer tombe ou puisse tomber précisément sur le porte-objet posé sur la platine.

Il est important que le miroir puisse monter et descendre afin de pouvoir projeter à volonté sur l'objet des rayons convergents ou divergents. Cette disposition est réalisée dans la plupart des microscopes de précision.

Le miroir plan sert pour les grossissements faibles et le miroir concave, pour les grossissements forts.

Nous avons déjà parlé du défaut des instruments à pied en forme de tambour. Ce qu'il faut, c'est un miroir réflecteur disposé de telle façon qu'il puisse renvoyer la lumière directement ou obliquement à volonté ; or cela n'est pas possible avec le pied dont nous venons de faire mention, tandis que si le pied est en fer à cheval, il est toujours facile d'attacher le réflecteur de manière qu'au moyen des articulations ou du mouvement de sa tige, on puisse l'éloigner de la verticale et renvoyer ainsi sur l'objet examiné les rayons lumineux, par un angle plus ou moins ouvert, en dehors de l'axe du tube.

Lorsque l'instrument est accompagné du système d'éclairage de Dujardin, on remplace le miroir plan par un prisme, afin de n'avoir qu'une seule réflexion. Le miroir en donne deux : l'une à la surface supérieure du verre et l'autre à la surface inférieure et qui se confond avec l'étamage. Cette double réflexion ne présente point d'inconvénient dans l'éclairage ordinaire.

Lorsqu'au lieu d'avoir affaire à des objets transparents on examine des corps opaques, on les éclaire de côté au moyen d'une loupe. Celle qui accompagne les grands instruments de M. Hartnack a 7 centimètres de diamètre et concentre suffisamment de lumière même par un temps sombre. Celle que fournit M. Arthur Chevalier et que nous figurons ci-contre (fig. 32) est aussi fort

Fig. 32.

convenable.

M. Chevalier, outre la loupe, accompagne parfois ses instruments d'un miroir de Lieberkuhn en verre étamé. Cet appareil (fig. 33 ci-après) rejette sur l'objet les rayons envoyés par le miroir.

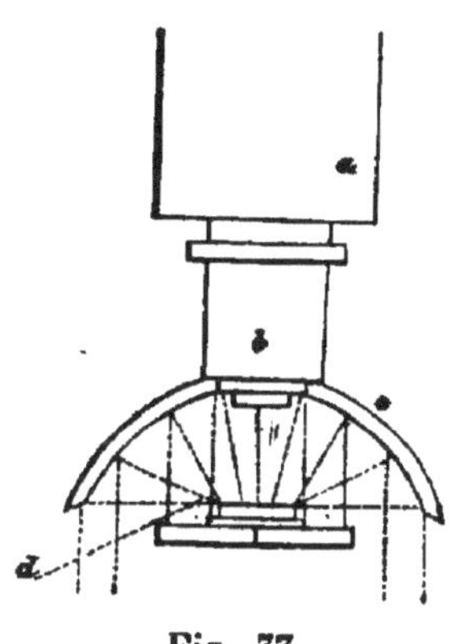

Fig. 33.

En Angleterre on attache beaucoup plus d'importance qu'on ne le fait sur le continent à l'éclairage des corps opaques; aussi y a-t-on imaginé divers appareils dans le but de parvenir à un résultat aussi parfait que possible.

D'abord on y emploie une série de miroirs de Lieberkuhn, en argent, qu'on adapte à volonté aux objectifs et dont on voit les diverses formes 1, 1, 1, 1, dans la figure 34 ci-dessous.

En même temps que l'on emploie ces miroirs, on glisse sous l'objet les « cellules noires de Lister », qui sont de petites coupes en cuivre noirci, montées sur une tige de façon à venir tout contre le

Fig. 34.

porte-objet et qui s'insèrent dans un anneau placé sous la platine. Les rayons lumineux projetés par le miroir passent librement autour de ce petit appareil.

Dans la même figure 34, n° 2, on voit le réflecteur latéral, qui est une espèce de miroir concave coupé en forme de rectangle afin de pouvoir être employé plus facilement. Cet appareil peut s'employer aussi bien à la lumière du jour qu'à celle de la lampe. Dans ce dernier cas on commence par rendre les rayons parallèles en mettant devant la flamme une lentille plano-convexe comme celle de la figure 32. On ajuste alors le réflecteur, qu'on adapte sur la platine ou sur le corps du microscope de telle façon que le foyer du miroir tombe sur l'objet. On peut lui donner telle obliquité qu'on le désire et on peut par son aide découvrir des détails fins qui échappent au miroir de Lieberkuhn.

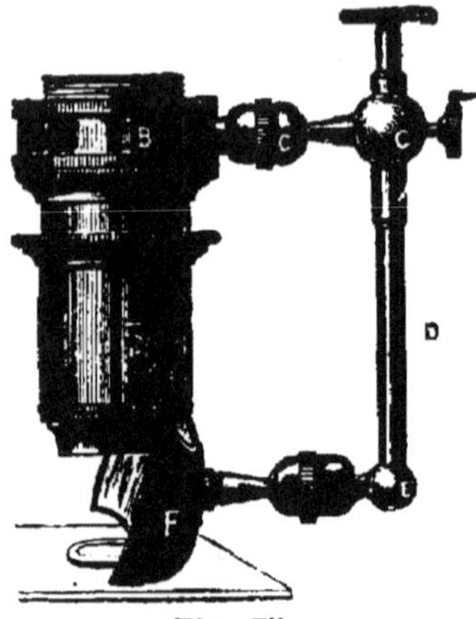

Fig. 35.

Le réflecteur parabolique de Crough (fig. 35), donne un éclairage du même genre et paraît dans certains cas être encore supérieur au précédent.

Enfin on a encore essayé d'éclairer les objets soumis à de très-forts grossissements à l'aide d'une lame de verre mince pouvant être placée sous tout angle voulu et disposée dans le tube du microscope au-dessus de l'objectif. Une partie des rayons lumineux qui passent par ce dernier sont alors réfléchis sur l'objet tandis que les autres, qui traversent librement ce verre mince, se rendent à l'oculaire.

§ 6. — **Des diaphragmes.**

On peut distinguer deux espèces de diaphragmes : 1° les uns qui enlèvent une partie des rayons périphériques du faisceau de lumière envoyé par le miroir ; 2° les autres qui enlèvent une partie des rayons du centre.

Pour remplir le premier but, on emploie soit une plaque percée d'ouvertures de divers diamètres et placée de façon que chacune de ces ouvertures puisse venir se présenter sous l'ouverture de la platine, soit un tube pouvant porter dans sa partie supérieure des rondelles de laiton percées de trous de grandeurs différentes et susceptibles de se rapprocher ou de s'éloigner de la platine.

Ce second moyen, qui permet une meilleure graduation de l'éclairage, est préférable.

Depuis quelque temps une troisième sorte de diaphragme a été introduite en Angleterre. On le nomme diaphragme Iris ou diaphragme à contraction.

L'invention de cette espèce de diaphragme, nous paraît avoir été faite par Ch. Chevalier. Nous nous rappelons avoir vu, il y a une dizaine d'années, dans la collection du Dr Arthur Chevalier, une pièce construite par son père, comme modèle et qu'il avait nommée *pupille artificielle*. Elle était formée par un grand nombre de petites lames métalliques se recouvrant partiellement et disposées de telle façon que, à l'aide d'un bouton placé sur le cadre qui les contenait, on pût agrandir ou diminuer l'ouverture, qui, cependant, restait parfaitement circulaire.

Charles Chevalier n'a jamais, que nous sachions, appliqué sa « pupille » à un de ses instruments. Elle est restée à l'état de modèle, comme un grand nombre des idées de cet infatigable inventeur.

Ce sont MM. Smith et Beck qui, les premiers, ont muni leur grand microscope d'un pareil diaphragme; bientôt après, Collins, Swift et d'autres en ont construit de semblables, mais ayant moins de lamelles; il en résulte que l'ouverture du diaphragme n'est pas parfaitement circulaire, mais cela n'a aucune importance pratique.

Depuis plusieurs années nous nous servons d'un diaphragme analogue, que nous avons appliqué à notre grand microscope de Ross, et nous ne pouvons assez nous en louer. Ce système permet de graduer parfaitement l'éclairage et de le faire avec promptitude.

Pour enlever une partie des rayons du centre du faisceau de lumière, ce qui est souvent utile pour distinguer des détails très-délicats, on peut coller sur un diaphragme à large ouverture une plaque de verre dont le centre est couvert d'une petite rondelle noire, ou bien encore, comme on le fait généralement, fixer pareille rondelle au centre d'un diaphragme au moyen de trois tiges minces en laiton.

§ 7. — Des objectifs et des oculaires.

1°. — NOTIONS GÉNÉRALES ; OBJECTIFS ORDINAIRES.

L'objectif, étant la partie la plus importante du microscope, ne saurait être construit avec trop de soin.

Anciennement les objectifs n'étaient point achromatiques ; aussi les bonnes observations étaient-elles presque impossibles, parce que les objectifs montraient les objets entourés de bandes bleues, rouges, etc.

Ce fut en 1823 que Charles Chevalier construisit le premier des lentilles achromatiques à court foyer et *imagina d'en superposer plusieurs*, et c'est à dater de ce moment que le microscope composé a acquis la haute valeur scientifique qu'il possède aujourd'hui.

La figure 36 ci-contre montre la forme des premiers microscopes achromatiques construits par Charles Chevalier.

Pour obtenir une lentille achromatique on réunit, au moyen du baume de Canada, ou, ce qui vaut mieux (à cause des cris-

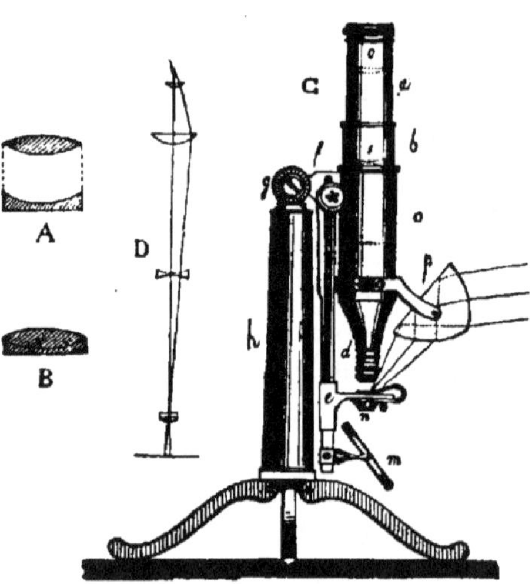

Fig. 36.

tallisations qui se forment parfois dans le baume et mettent la lentille hors d'usage), au moyen de la térébenthine de Venise, une lentille biconvexe en crown à une lentille plano-concave ou biconcave de flint et on la dispose dans sa monture de telle façon que la surface plane ou légèrement concave soit tournée vers l'objet A et B (fig. 36).

Cependant, comme avec des lentilles ainsi construites il y a toujours plus ou moins d'aberration de sphéricité, on en superpose plusieurs dans la même monture et on forme ainsi ce qu'on appelle un système achromatique, lequel, à grossissement égal, présente ce défaut à un bien moindre degré.

On réunit d'ordinaire 3 lentilles de grossissement inégal et on les monte ensemble de telle façon que la plus puissante soit la plus rapprochée et la plus faible, la plus éloignée de l'objet.

Dans le principe, on cherchait à construire chacune de ces lentilles prise isolément aussi achromatique que possible. Les meilleurs fabricants d'aujourd'hui ont renoncé à ce système. Ils combinent maintenant leurs objectifs de telle façon que la lentille médiane seule soit achromatisée; que la supérieure, trop corrigée (c'est-à-dire que le flint y prédomine), donne une bordure bleue à l'objet soumis à l'examen, et l'inférieure, trop peu corrigée (souvent formée de crown seul), une bordure rouge. Le résultat de cette combinaison est de fournir un achromatisme plus parfait, et par suite aussi de donner plus de clarté et de netteté.

Diverses choses doivent être prises en considération dans l'examen des objectifs, ce sont : la distance focale, la distance frontale et l'angle d'ouverture.

Distance focale. — On nomme foyer d'une lentille l'endroit où se réunissent en un point unique tous les rayons qu'elle a reçus et la distance de ce point à la lentille se nomme distance focale.

Dans l'objectif de microscope tel qu'on le construit ordinairement à 2, 3 ou 4 lentilles, ces lentilles réunies jouent le rôle d'une seule lentille simple. En réalité la distance focale d'une pareille combinaison est plus petite que le foyer d'un objectif simple qui donnerait le même grossissement. On ne l'y compare pas moins et les opticiens américains et anglais, de même que quelques constructeurs allemands, numérotent leurs objectifs d'après leur valeur focale.

Le procédé le plus simple pour mesurer la distance focale d'un objectif est le suivant qui est indiqué par **M. Harting**.

On dépose un micromètre (par exemple le millimètre en 100 si l'objectif est fort, ou le millimètre en 10 si l'objectif est faible) sur la platine du microscope. On visse l'objectif dont on veut déterminer la distance focale au tube de l'instrument et on remplace l'oculaire par un verre finement dépoli.

On éclaire le microscope par les rayons solaires, et on met au point jusqu'à ce que les traits du micromètre apparaissent avec leur maximum de netteté sur le verre dépoli.

A l'aide d'un compas on mesure la grandeur de l'image d'une division micrométrique (pour plus d'exactitude on en prend un certain nombre dont on déduit la moyenne), et l'on mesure ensuite la distance bien exacte de la surface du micromètre à la surface dépolie du verre. On en tire la distance focale par la formule

$$a = \frac{b\,h}{d}$$

De cette formule on tire comme suit la distance focale exacte f :

$$f = \frac{a\,b}{a + b.}$$

Dans ces formules :

a représente l'éloignement du micromètre à l'objectif;
h la grandeur réelle d'une division du micromètre;
d la grandeur de l'image de cette division;
b la distance du micromètre à l'image.

Angle d'ouverture. — L'angle d'ouverture est l'angle formé par les deux rayons extrêmes émanant de l'objet et utilisé par l'objectif.

« Bien des conditions, dit M. Robin, font que ces rayons sont réellement efficaces ou au contraire qu'ils n'arrivent pas à concourir à la formation de l'image, et pourtant leur rôle a une importance telle dans cette formation d'images, qu'elle surpasse comme résultat définitif les avantages du grossissement seul. En d'autres termes, on peut avoir des objectifs très-puissants montrant beaucoup moins de détails que des objectifs plus faibles, construits en vue d'obtenir un grand angle d'ouverture, c'est-à-dire d'utiliser la grande majorité des rayons obliques émanant de l'objet. Supposons la surface d'un objet bien également transparent : la perception des reliefs ou différences d'épaisseur est due aux différences de l'influence qu'exercent sur la lumière les inégalités de la surface. On voit, en y réfléchissant, que la perception de semblables inégalités sera très-faiblement obtenue par la vision centrale, mais qu'au contraire les pinceaux obliques émanant d'une surface mamelonnée exerceront une grande influence dans la formation de l'image produite par cette surface; de là l'effet vraiment étonnant de la lumière oblique sur des objectifs, même sur ceux qui ont un petit angle d'ouverture. Jackson appela le premier en 1830 l'attention sur l'importance de l'angle d'ouverture des objectifs; depuis lors les constructeurs s'ingénièrent sans cesse à donner à leurs objectifs la plus grande ouverture possible. On construit aujourd'hui des objectifs qui ont jusqu'à 175° d'ouverture extrême, mais dont il n'y a guère que 140° à 150° utiles. »

Pour comprendre l'influence de la grandeur de l'angle d'ouverture d'un objectif, on n'a, dit le Dr J. Pelletan, qu'à jeter les yeux sur la figure 37, dans laquelle DBD′ représentent la

Fig. 37.

lentille frontale, et A, un point de l'objet. Si l'objectif est construit de manière que les rayons AC, AC' soient les derniers qui puissent être utilisés par le système, le cône de la lumière CAC' sera le seul qui concourra à la formation de l'image et ne sera guère composé que de rayons centraux ; mais si, par une construction plus savante, on parvient à utiliser les rayons extérieurs à ce cône jusqu'à AD et AD', qui deviendront les rayons extrêmes utilisés, on comprend que la quantité de lumière qui concourra à la formation de l'image sera beaucoup plus grande. De plus l'obliquité des rayons marginaux dans l'espace DAC, D'AC' permettra d'accentuer dans l'image les effets de perspective oblique qui rendent visibles les irrégularités et les détails existant à la surface de l'objet examiné. On peut dire que c'est de l'admission, dans l'objectif, de cette zone marginale que dépend la finesse de l'image.

L'angle d'ouverture de l'objectif considéré est précisément cet angle DAD que forment entre eux les rayons extrêmes utilisés AD, AD'.

C'est pour augmenter l'obliquité des rayons que l'on dispose le miroir sur des articulations de manière à éclairer l'objet latéralement ; de cette manière, l'image n'est plus formée que par des rayons très-obliques qui ont passé par un seul des bords de l'objectif.

Le procédé le plus simple pour mesurer l'angle d'ouverture utile d'un objectif, c'est-à-dire celui qui concourt à la formation de l'image, est le suivant, qui fut employé à l'Exposition universelle de Londres de 1862 et décrit par Govi. *(Quatr. journ.,* avril 1864, page 82.)

Un microscope vertical est placé sur une table de couleur foncée et le tube descendu de telle façon que la lentille frontale de l'objectif traverse la platine, afin que cette dernière ne fasse pas obstacle à l'arrivée des rayons extrêmes.

On place devant la lentille supérieure de l'oculaire une lentille de 2 à 3 centimètres de foyer et on l'ajuste de telle façon que l'on puisse la rapprocher ou l'éloigner de la lentille oculaire.

Nous employons généralement pour faire cette mensuration le grand microscope de Ross qui a une platine à très-grande ouverture, nous en enlevons le glissant supérieur de même que le substage et le miroir.

Nous nous servons de l'oculaire B dont nous remplaçons le petit couvercle par un tube glissant librement sur la partie antérieure de l'oculaire. Sur ce petit tube est vissée la lentille oculaire de l'oculaire nº 4 d'Hartnack. Cet ensemble donne un excellent résultat.

Ces préliminaires achevés, on place sur la table deux bandes de papier blanc, on regarde dans le microscope et on écarte les deux bandes jusqu'à ce que leur image, que l'on voit aux bords de la lentille, soit sur le point de disparaître.

On mesure alors exactement la distance de l'objectif à la table, de même que l'écartement des papiers entre eux et l'on obtient l'angle d'ouverture soit par le calcul, soit tout simplement en reportant ces lignes sur un papier et en mesurant l'angle par un cercle gradué.

Distance frontale. — La distance frontale est la distance réelle qui existe entre l'objectif et le couvre-objet lorsque l'objet est parfaitement mis au point.

On peut la mesurer le plus commodément à l'aide du focimètre dont sont pourvus les instruments anglais. Ce focimètre est tout simplement le bouton du mouvement lent qui est gradué et dont la valeur des divisions est exactement connue; l'objet étant parfaitement mis à point, on fait tourner le bouton jusqu'à ce que l'objectif vienne toucher la préparation et l'on obtient la distance frontale en multipliant le nombre des divisions employées par la valeur connue de chacune d'elles.

La distance frontale est d'autant plus petite que l'angle d'ouverture de l'objectif est plus grand. On voit donc que l'angle d'ouverture de l'objectif doit être proportionné au grossissement de l'objectif. On n'a pas toujours fait cela et nous connaissons des objectifs de faible grossissement qui, par suite de leur grand angle d'ouverture, résolvent tous les tests désirés, mais qui, par contre, en raison de leur petite distance frontale, sont impropres à toute recherche histologique.

Les bons constructeurs ont parfaitement compris cela et aujourd'hui plusieurs opticiens, tels que MM. Spencer, Zeiss, Tolles, etc., ont deux séries d'objectifs identiques, les uns à petit angle, les autres à grand angle d'ouverture. D'autres, tels que MM. Ross et Cᵒ, Nachet, etc., donnent à leurs objectifs un angle en rapport avec le grossissement et tel que l'on puisse résoudre la plupart des tests tout en laissant une distance frontale raisonnable.

2°. — QUALITÉS DE L'OBJECTIF.

Un bon objectif doit posséder trois qualités, ce sont : le pouvoir définissant, le pouvoir pénétrant et le pouvoir résolvant. Nous allons examiner en quoi elles consistent.

Pouvoir définissant. — On dit qu'un objectif définit bien lorsque les contours de l'image sont nets et fins ; cette propriété est obtenue par la correction plus ou moins parfaite des aberrations chromatique et sphérique.

Un objectif doit avant tout bien définir ; on s'en assure par l'examen de certains tests spéciaux, tels qu'une coupe de *pinus* ou une coupe de racine de salsepareille.

Ces tests donneront en général une image bien définie avec tout bon objectif moderne, tant que l'on emploiera un oculaire faible. Les contours s'empâteront au contraire toujours plus ou moins quand on utilisera un oculaire fort. Plus on pourra augmenter le grossissement par l'oculaire tout en conservant une image nette et mieux l'objectif sera corrigé.

Les objectifs anglais sont généralement bien mieux corrigés que ceux que l'on construit sur le continent et quelques objectifs relativement faibles, tels que le 1/7ᵉ de pouce de MM. Ross et Cᵒ et le 1/8ᵉ de pouce de MM. Powell et Lealand, supportent des grossissements énormes tout en conservant une admirable netteté.

Pouvoir pénétrant. — Un objectif est pénétrant lorsque, outre le plan qui est exactement à point, il montre aussi plus ou moins bien les plans un peu hors du foyer. En d'autres termes, un objectif est pénétrant quand l'image qu'il donne n'est pas réduite à un plan mathématique.

Un objectif est d'autant plus pénétrant qu'il a moins d'angle d'ouverture et l'image donnée par un objectif pénétrant est toujours moins fine que celle d'un objectif à grand angle. Malgré cela, les objectifs pénétrants, pourvu, bien entendu, qu'ils définissent parfaitement, sont ceux qui sont préférés pour les recherches histologiques tant végétales qu'animales.

On se forme en effet une bien meilleure idée de la structure d'un tissu quand on peut quelque peu voir tout l'ensemble de l'organisation que quand on doit réunir par la pensée tous les plans que l'on a examinés successivement.

L'idéal pour quiconque n'a pas à s'occuper de la question d'argent, c'est d'avoir deux séries d'objectifs, les uns à petit angle, les autres à grand angle d'ouverture.

Pouvoir résolvant.— Comme nous l'avons déjà dit, le pouvoir résolvant dépend de l'angle d'ouverture. Plus l'objectif aura un angle d'ouverture considérable et plus il aura de pouvoir résolvant, c'est-à-dire plus il montrera facilement et nettement de très-fins détails existant à la surface des objets, tels que des dépressions, des stries, des perles, etc., comme on en observe surtout sur les diatomées.

L'angle d'ouverture et le pouvoir résolvant ne peuvent être trop considérables pour le botaniste qui s'occupe exclusivement de l'étude des diatomées, mais il n'en est pas de même pour l'histologue qui doit préférer un pouvoir résolvant moins considérable et plus de pénétration jointe à une définition aussi parfaite que possible.

3°. — OBJECTIFS A CORRECTION.

En 1829, Amici remarqua le premier que des objectifs puissants, qui donnaient une image parfaitement nette quand on examinait les objets non recouverts d'un verre, n'en donnaient plus une aussi bonne quand on couvrait l'objet et de plus que la netteté de l'image augmentait ou diminuait selon l'épaisseur de ce verre ou couvre-objet. Pour remédier à ce défaut, qui résulte de l'aberration de sphéricité, Amici construisit ses objectifs de manière qu'ils dussent tous être employés avec des couvre-objets d'une épaisseur déterminée.

En 1837, le célèbre opticien anglais Ross, qui ignorait la découverte d'Amici, fit la même observation et, pour y remédier, il imagina les objectifs à correction.

Dans ce genre d'objectifs, à correction simple, tels qu'ils ont été construits jusqu'à présent par MM. Nachet, Hartnack, Chevalier, etc., les deux dernières lentilles (par rapport à l'œil regardant à travers l'oculaire) occupent entre elles une position invariable. Elles sont fixées dans la partie C (fig. 38), faisant corps avec le tube extérieur D. Elles peuvent monter ou descendre, en conservant toujours leur distance réciproque primitive, le long d'un tube intérieur portant la première lentille et cela à l'aide du collier A, muni intérieurement d'un pas de vis. Lorsqu'on fait tourner ce collier dans un sens (en *vissant*), ou rapproche les deux dernières lentilles de la première ; en lui imprimant un mouvement contraire (en *dévissant*), on les éloigne. La languette B limite la course de ces deux genres de rotation. Lorsqu'elle se trouve au milieu de la fente, l'espace vide est le même

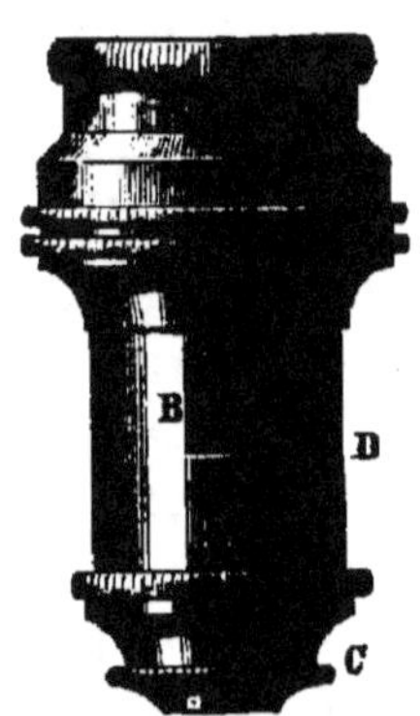

Fig. 38.

Objectif à correction simple ou double. Aspect extérieur.

au-dessus et en dessous, et la correction est réglée pour des lamelles couvre-objets d'une épaisseur moyenne, soit un septième de millimètre. Quand la languette touche le bord inférieur de la fente, les lentilles étant aussi rapprochées que possible, la correction convient aux épaisseurs de verre les plus fortes que l'objectif puisse souffrir. Il va sans dire que si la languette butte contre le bord supérieur de la fente, le contraire a lieu.

La même opération doit être faite lorsqu'on change le mode d'éclairage de l'objet. Ainsi, les fins détails exigent dans la lumière oblique que les lentilles soient rapprochées ; on doit au contraire les éloigner dans l'éclairage axial.

L'invention des objectifs à correction tels que nous venons de les décrire a rendu de grands services à la micrographie. Cependant le dernier mot n'avait pas encore été dit sur cette question, lorsque M. Hartnack imagina de remplacer la correction simple par la correction double dans les très-forts objectifs. En effet, le changement apporté à la distance qui sépare une lentille des deux autres, gardant invariablement leur position primitive, ne neutralise qu'approximativement l'influence des divers degrés d'épaisseur du couvre-objet, et ne produit une correction à peu près suffisante que si les limites entre lesquelles varie cette épaisseur sont très-restreintes. Pour obtenir une correction bien plus parfaite, on doit, dans des proportions déterminées et suivant la nature de l'objectif, pouvoir changer la distance existant entre les trois lentilles dont celui-ci est formé. En conséquence, si l'on considère une des lentilles immobile, il faut que les deux autres, à l'aide d'un certain mécanisme, s'en rapprochent ou s'en écartent, mais en modifiant en même temps leur position réciproque d'une certaine quantité, qui est en raison directe de leur force de grossissement.

Fig. 39.

Objectif à correction double. Coupe verticale.

La figure 39, qui représente une coupe

verticale de cet objectif, indique, sans qu'il soit besoin d'entrer dans de longues explications, la place occupée par les lentilles et le mécanisme d'un objectif à correction double, tel qu'il a été imaginé par M. Hartnack.

Le maniement des objectifs à correction simple et à correction double est exactement le même. Dans le dernier cas, le collier agit simultanément sur les deux lentilles mobiles et les fait marcher d'une vitesse inégale, mais proportionnelle, sans que l'observateur ait besoin de s'en occuper. La seule différence entre les deux systèmes, c'est que, avec la correction double, en *dévissant* l'anneau, on rapproche les lentilles, tandis qu'en le *vissant* on les éloigne. Au surplus, on grave souvent sur le collier une série de divisions, numérotées de 0 à 9, qui permettent de trouver sans tâtonnement, après une première constatation, la correction à faire pour obtenir la meilleure image d'une préparation déterminée. On inscrit ce chiffre sur l'étiquette qu'elle porte et l'on évite ainsi de recommencer de nouveaux essais.

4°. — OBJECTIFS A IMMERSION.

En 1855, l'illustre Amici apporta à Paris un nouveau système de lentilles, qui, depuis lors, a été généralement imité par les constructeurs.

Cet objectif est appelé à immersion parce que, dans ce système, la lentille inférieure plonge dans une goutte d'eau déposée sur le couvre-objet. L'effet produit par cette combinaison est extrêmement remarquable ; les tests-objets les plus difficiles se montrent avec facilité et les images acquièrent une netteté et une beauté supérieures.

Nous allons expliquer la cause de cette supériorité des objectifs à immersion sur les objectifs ordinaires ou objectifs à sec.

Lorsqu'on est obligé de recourir à des objectifs ordinaires

d'un fort grossissement, on se trouve fréquemment gêné dans le cours des recherches par les inconvénients suivants :

1° *Le manque de distance frontale.* Le peu de distance qui existe forcément entre la lentille finale de l'objectif et l'objet impose l'obligation de n'employer, pour couvrir ce dernier, que des lamelles de verre extrêmement minces, très-fragiles et difficiles à manier.

2° *L'obscurité du champ.* En effet, les rayons, ne pénétrant dans la lentille finale que sous de grandes incidences, subissent des réflexions fort considérables, d'où il résulte que la quantité de lumière qui concourt définitivement à la formation de l'image, se trouve fortement réduite et ne donne qu'un champ relativement peu lumineux.

3° *L'absence de netteté.* L'indice de réfraction de l'air est très-différent de celui du verre ; aussi, parmi les rayons qui entrent dans l'objectif sous de fortes incidences, beaucoup sont rejetés en dehors des lentilles par la réflexion, tandis que les autres, déviés moins régulièrement, n'ajoutent que peu d'éléments efficaces à la précision de l'image. Il est vrai qu'en augmentant l'amplification, on voit mieux certains détails de l'objet et qu'on se rend plus facilement compte de sa structure ; mais, malgré cela, la netteté de la vision ne se trouve nullement en rapport avec le grossissement employé.

Ces inconvénients sont en partie écartés au moyen de l'immersion. On remplace la couche d'air qui sépare habituellement l'objet de la face extérieure de la dernière lentille, par une couche d'eau dont l'indice de réfraction diffère peu de celui du verre. Les réflexions, même sous de très-grandes incidences, sont insensibles, si on les compare à celles qui se manifestent à l'entrée des rayons aériens dans le verre, parce que la quantité de lumière efficace et concourant à une belle formation de l'image se trouve considérablement augmentée. Ceci est un avantage réel, équivalant à une amplification de l'angle d'ouverture qui, comme on le sait, améliore d'une façon très-notable la netteté de la vision microscopique. En outre, ces mêmes rayons, à incidence oblique, ne subissant par la réfraction qu'une déviation très-faible, et, par conséquent, bien plus régulière, contribuent puissamment à la formation de l'image. En un mot, la lumière abondante qui pénètre dans l'objectif à immersion, sous les conditions de réfraction les plus favorables, illumine la représentation de l'objet aussi bien que possible et fait ressortir, avec une extrême précision, des détails que l'on soupçonnait à peine en se servant d'objectifs ordinaires. La clarté de l'image, la force de pénétration ne sont pas les seuls avantages que possèdent les objectifs à immersion. A ces qualités de haute valeur il faut ajouter encore, même dans l'emploi des plus forts grossissements, l'allongement de la distance frontale qui permet d'employer des lamelles à couvrir d'une épaisseur ordinaire.

Malgré les grands avantages des objectifs à immersion, ce n'est cependant que depuis 1859, époque où M. Hartnack imagina de combiner l'immersion avec la correction, que le nouveau système a définitivement été adopté par les micrographes.

Tout ce qui précède montre à quel point de perfection a été poussée aujourd'hui la construction des objectifs. Cependant, tout n'a pas encore été dit à ce sujet, et les nouvelles combinaisons qui ont été imaginées depuis 1874 montrent le bien fondé de cette assertion. Nous allons dire quelques mots de ces nouvelles combinaisons qui sont dues, par ordre de date, à MM. Tolles, Wenham (Ross et C°), Powell et Lealandet Hasert.

M. Tolles, de Boston, a cherché à corriger plus parfaitement l'objectif en répartissant les courbes sur quatre lentilles au lieu des trois que l'on emploie habituellement. Nous n'avons point vu jusqu'ici d'objectif construit par lui d'après ce principe; mais les objectifs à quatre lentilles d'autres constructeurs, que nous avons eu l'occasion d'étudier, montrent que l'on peut ainsi obtenir un perfectionnement remarquable. Ce système d'objectifs à quatre lentilles a été adopté par beaucoup de constructeurs.

M. Wenham, dans sa combinaison de lentilles, a tendu à diminuer les surfaces réfléchissantes. Au lieu des cinq lentilles simples que l'on emploie habituellement, comme nous l'avons vu plus haut, M. Wenham n'en prend que trois dont deux en crown et une en flint lourd.

Les objectifs construits par MM. Ross et C° sur ce principe sont les 1/2, 1/5°, 1/7°, 1/10°, 1/15° et 1/25° de pouce.

Tous ces objectifs sont réellement excellents, surtout le 1/2 pouce et le 1/7° de pouce qui sont d'une perfection hors ligne.

Une particularité que ces objectifs partagent avec beaucoup d'objectifs américains c'est que, à partir du 1/5° de pouce, on peut les employer à volonté à sec ou immergés.

Il suffit de rapprocher un peu les lentilles à l'aide de la correction, pour que l'objectif que l'on vient d'employer à sec fonctionne parfaitement à immersion.

MM. Powell et Lealand ont fait des essais dans une autre voie, et c'est à la modification des courbes qu'ils se sont arrêtés. Ils ont construit ainsi d'après une formule nouvelle un 1/4 et 1/8° de pouce. Nous possédons ce dernier et en sommes excessivement satisfait.

Cet objectif, qui, en réalité, est 1/10° de pouce, est monté à correction. Cette correction est construite de façon que la vis ne fait qu'un seul tour partagé en 50 divisions, et que les lentilles supérieures qui seules sont mobiles reviennent automatiquement à 0, par un mécanisme intérieur, lorsque la correction arrivée à 50 est légèrement forcée. L'objectif peut s'employer à sec ou à immersion par le changement de la frontale. La définition est parfaite et la puissance de pénétration très-notable. Le grossissement, qui avec l'oculaire A n'est que de 500 diamètres environ, peut, à l'aide des oculaires, être poussé jusqu'à 3 à 4,000 diamètres sans que les images soient notablement altérées.

Cet objectif, excellent pour les études histologiques, peut résoudre l'*Amphipleura pellucida* au simple éclairage de la lampe.

M. Hasert, lui, a employé le système d'objectifs à quatre lentilles imaginé par Tolles.

Le nouvel objectif de **M.** Hasert a donc quatre lentilles, une frontale biconvexe, une seconde plano-convexe, une troisième concavo-convexe et enfin une dernière et très-grande plano-convexe. L'objectif a un foyer d'environ 1/9ᵉ de pouce de foyer, donne de belles images avec les oculaires faibles et supporte très-bien les oculaires forts.

Il permet très-bien la résolution de l'*Amphipleura pellucida*. Nous sommes persuadé qu'il rendra de grands services, surtout aux nombreux micrographes qui s'occupent aujourd'hui de l'étude si intéressante des diatomées.

§ 8. — **De l'Oculaire.**

L'image formée par l'objectif du microscope est agrandie à son tour par l'oculaire; on nomme ainsi le verre placé à la partie supérieure du tube. Anciennement l'oculaire ne se composait que d'une seule lentille, généralement biconvexe. Aujourd'hui on se sert habituellement de l'oculaire d'Huygens. Cet oculaire est formé de deux lentilles plano-convexes, fixées aux deux extrémités d'un tube de cuivre et disposées de telle façon que l'image se forme entre les deux lentilles. La convexité des deux verres est toujours tournée vers l'objet. La lentille la plus rapprochée de l'œil est l'*oculaire* proprement dit et sert à agrandir l'image; la seconde porte le nom de *verre de champ* ou verre collecteur; elle diminue un peu la grandeur de l'image, mais elle la rend plus nette. Un diaphragme est placé à peu près au foyer du verre oculaire.

Tous les fabricants ne donnent point la même force à leurs oculaires. Hartnack joint à ses grands instruments cinq oculaires. Ils grossissent 2,5 — 2,6 — 3,3 — 5 — 4 — 7,3 fois l'image.

Nachet construit quatre oculaires dont les trois premiers grossissent l'image 2,6 — 3,5 et 5 fois.

D'autres opticiens construisent des oculaires qui grossissent l'image jusqu'à 15 fois. Tels sont les Anglais entre autres. Ils numérotent leurs oculaires de A à F.

Oculaires spéciaux. — *1° Oculaires holostériques.* — Ces oculaires qui, sous le nom de *solid eye-piece* paraissent avoir été imaginés par M. Tolles, de Boston, sont fabriqués aussi en Europe par M. Hartnack qui leur a donné le nom d'oculaires holostériques.

Ces oculaires sont faits d'un seul morceau de crown bien pur et bien limpide, taillé en cylindre et ayant à ses extrémités des surfaces convexes à courbes inégales ; ces courbes sont calculées de façon que l'image se forme à l'intérieur du cylindre de crown à l'endroit où se trouve d'ordinaire le diaphragme que, dans cet oculaire-ci, on remplace par une entaille circulaire remplie de mastic noir.

L'emploi de ce système est fort avantageux pour les oculaires puissants, la perte de lumière étant moindre que dans les oculaires ordinaires.

2° Oculaires de Ramsden. — L'oculaire de Ramsden ou oculaire positif est composé, comme l'oculaire d'Huygens, de deux lentilles plano-convexes, mais il en diffère en ce que la face convexe de ces lentilles est en regard et que les lentilles sont un peu plus rapprochées. Cet oculaire agit comme une loupe, l'image ne se forme pas entre les deux lentilles, mais un peu en dessous de celle qui est la plus rapprochée de l'objectif.

L'oculaire de Ramsden s'emploie spécialement dans les mensurations micrométriques ; son avantage sur l'oculaire ordinaire consiste en ce que l'image microscopique et le micromètre sont agrandis également et que les lignes micrométriques extrêmes ne paraissent point courbées comme dans l'oculaire d'Huygens.

3° Oculaire orthoscopique. — Cet oculaire, imaginé par Kellner, de Wetzlar, donne des images plus nettes et un champ bien plus grand que l'oculaire ordinaire.

Dans cet oculaire tel qu'il est construit par Ross et Cie, par Leitz (successeur de Kelner), etc., le verre de l'œil qui est achromatisé est concavo-convexe à surface concave tournée vers l'œil de l'observateur et le verre de champ est biconvexe.

4° *Oculaire aplanatique.* — Plössl, de Vienne, est le constructeur de cet oculaire qui donne des images fort claires et fort nettes ; son grossissement est très-faible. Il est formé par deux lentilles plano-convexes achromatiques.

DES PARTIES ACCESSOIRES.

§ 1er. — Appareil de polarisation.

La polarisation est une modification des rayons lumineux en vertu de laquelle, une fois réfléchis ou réfractés, ils deviennent incapables de se réfléchir ou de se réfracter de nouveau suivant certaines directions.

Lorsqu'on examine un dessin quelconque à travers un cristal de spath d'Islande, on aperçoit de ce dessin une image double qui provient de ce que le rayon incident est réfracté deux fois. L'un de ces rayons suit la loi ordinaire et se nomme *rayon ordinaire*; l'autre, qui ne la suit pas, reçoit le nom de *rayon extraordinaire*.

Les substances qui jouissent de la propriété de réfracter deux fois le rayon sont dites douées de la double réfraction.

C'est un appareil en spath d'Islande et nommé *prisme de Nicol* que l'on emploie le plus souvent dans le microscope pour polariser la lumière.

Le prisme de Nicol est un parallélipipède de spath d'Islande dont la longueur égale 3,7 fois son épaisseur. Ce parallélipipède est scié en deux suivant la diagonale AB (fig. 40) qui joint les sommets de ses angles obtus. Les plans de section soigneusement repolis sont ensuite recollés avec du baume de Canada. Or,

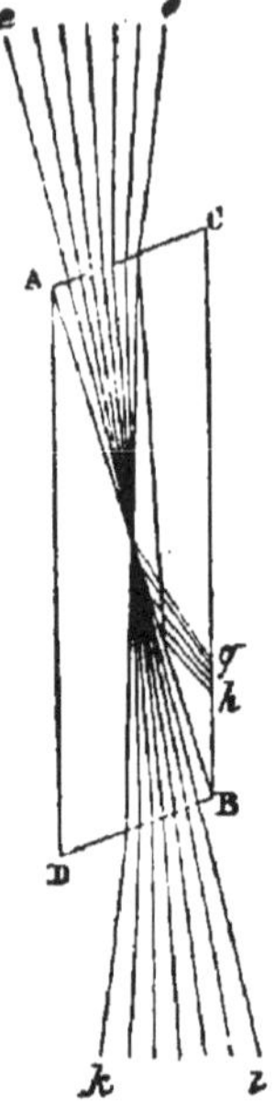

Fig. 40.

l'indice de réfraction de cette résine (15,49) est intermédiaire entre l'indice ordinaire du spath (16,58) et le minimum de son indice extraordinaire (14,83).

L'angle-limite pour le rayon ordinaire sur le baume de Canada étant 69°,5, tout rayon réfracté ordinaire qui incide sous un angle plus oblique subit la réflexion totale.

Soit le rayon *o* qui pénètre obliquement à la face AC. Il subira une réfraction qui fera changer sa direction. Supposons qu'il forme avec le plan de section AB un angle de 20°,5 ; ce rayon limitera le champ privé des rayons ordinaires, puisque tous les rayons de cette espèce arrivant sous un angle plus considérable subiraient sur la couche de baume une réflexion totale. Ainsi tous les rayons compris entre les directions extrêmes *o* et A*e*, réfractés ordinairement dans le spath, seront réfléchis et formeront un cône lumineux *h g* qui se perdra sur la face noircie CB. Au contraire, les rayons extraordinaires, à cause de leur indice inférieur à celui du baume seront transmis à travers la substance collante et viendront s'épanouir à la sortie dans l'espace *i k*.

La lumière ainsi polarisée à l'aide d'un prisme de Nicol appelé *polarisateur* et placé sous la platine à la place des diaphragmes passe à travers l'objet et est reçue par l'objectif au-dessus duquel, à une distance variable, elle rencontre un deuxième prisme de Nicol que l'on nomme l'*analyseur* et qui permet de reconnaître que la lumière est polarisée.

Lorsque l'analyseur et le polarisateur sont placés de telle façon que leurs faces de polarisation soient parallèles, le champ est éclairé ; les tourne-t-on au contraire de façon à ce qu'ils fassent l'un avec l'autre un angle de 90°, alors le champ paraît obscur.

La polarisation est d'autant plus complète que le champ paraît plus noir ou plus éclairé.

Beaucoup de substances exercent sur la lumière polarisée des effets caractéristiques qui permettent soit de les reconnaître, soit même d'en déterminer la structure : quelques-unes apparaissent simplement éclairées dans le champ noir de l'instrument, d'autres en même temps revêtent les plus vives couleurs.

Outre l'importance que la polarisation offre au savant, certaines substances présentent au simple amateur un des plus beaux spectacles auxquels il puisse assister ; aussi n'est-il guère de microscope un peu complet qui ne soit muni d'un appareil de polarisation.

Les substances qui exercent une action quelconque sur la lumière polarisée sont dites *anisotropes,* celles qui laissent au contraire le champ obscur reçoivent le nom de substances inactives ou *isotropes.*

On peut augmenter notablement la sensibilité de l'appareil de polarisation à l'aide de lames minces de gypse et de mica que l'on fixe au-dessus du polarisateur.

L'appareil de polarisation tel qu'on l'applique ordinairement aux microscopes est formé de deux prismes de Nicol, dont l'un se place sous la platine du microscope et l'autre s'adapte à l'extrémité inférieure du tube, immédiatement au-dessus de l'objectif; un bouton ou un cordon molleté, saillant, permet de faire tourner ce prisme dans le tube qui le renferme.

Quelques constructeurs placent l'analyseur au-dessus de l'oculaire, mais cette disposition a l'inconvénient de rétrécir considérablement le champ de vision. M. Harting recommande un moyen qui tient le milieu entre les deux positions précédentes : il place l'analyseur à la partie inférieure du tube de l'oculaire.

MM. Hartnack et Prazmowski ont imaginé une nouvelle disposition de l'appareil de polarisation et l'ont fait breveter. Cet appareil diffère du prisme de Nicol par une forme particulière donnée aux prismes de spath d'Islande. L'analyseur se laisse placer très-commodément entre l'œil et l'oculaire sans rien ôter du champ de vision. Pour la description complète de ces nouveaux prismes on peut consulter les *Annales de la Société phytologique et micrographique de Belgique,* année 1867.

Beaucoup de condenseurs anglais sont munis d'un polarisateur qui s'écarte à volonté : tels sont ceux de M. Swift, que nous décrirons plus loin, dont l'un est parfait et se plie à toutes les recherches imaginables; excellent aussi est celui que MM. Ross et C° adaptent à leur microscope et qu'ils désignent sous le nom de *Darker's revolving selenite stage.*

Darker's revolving selenite stage. — Cet appareil qui s'adapte sur le substage ou platine accessoire, se compose d'un tube renfermant trois cadres métalliques. Chacun de ceux-ci contient une lame de sélénite éclairant le champ polarisé d'une couleur différente.

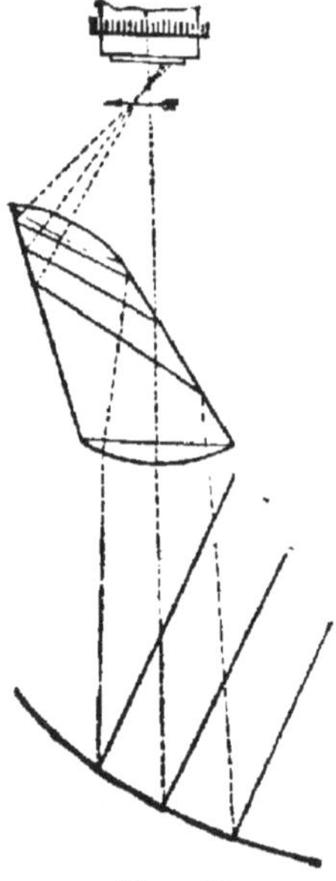

Chacun de ces cadres peut tourner isolément sur lui-même et peut en outre, à l'aide d'un petit levier, être éloigné de l'axe de l'instrument. On peut, de cette façon, employer une ou plusieurs des lames à la fois. Le prisme de Nicol se visse en dessous de cet appareil.

§ 2. — **Prisme oblique.**

On désigne sous le nom de prisme oblique un prisme dont les angles sont disposés de façon à projeter un faisceau de lumière oblique sur l'objet que l'on examine (fig. 41).

Ce prisme s'adapte au-dessous de la platine et, par un mécanisme quelconque,

Fig. 41.

il doit pouvoir en être éloigné ou rapproché.

Le prisme oblique est un accessoire excellent pour les microscopes à tambour où, sans cet appareil, on est privé des avantages de la lumière excentrique.

§ 3. — Oculaire à dissection et prisme redresseur.

On désigne sous le nom d'oculaire à dissection un oculaire spécial destiné à redresser l'image qui toujours se présente renversée.

Cet oculaire est formé de deux oculaires ordinaires placés chacun aux extrémités d'un tube de laiton. En réalité ce n'est autre chose que l'oculaire terrestre que l'on adapte aux lunettes astronomiques.

En tirant plus ou moins ce tube on obtient un microscope pancratique, c'est-à-dire dont le pouvoir amplifiant augmente proportionnellement à sa distance de l'objectif. C'est ainsi qu'avec l'oculaire à dissection de M. Hartnack, adapté à son microscope, le pouvoir amplifiant varie de 6 à 50 diamètres avec l'objectif n° 2, et de 30 à 110 diamètres avec le n° 4.

L'oculaire à dissection est un accessoire excellent, alors que l'on veut se servir du microscope composé pour faire des dissections ou pour trier des diatomées; sans lui on a beaucoup de peine à diriger convenablement les aiguilles, parce que tous les mouvements doivent se faire en sens opposé à ce que l'on voit.

Pour remplir le même but M. A. Chevalier fabrique un *prisme redresseur,* que l'on place sur l'oculaire. Nous estimons beaucoup cette dernière pièce, dont l'usage est très-commode, quand il s'agit de dissections continues et qui ne nécessitent pas à chaque instant un changement d'amplification.

Le prisme redresseur de M. Arthur Chevalier a l'avantage de s'appliquer immédiatement sur tout oculaire quelconque, mais il diminue le champ de vision. Pour remédier à

Fig. 42.

cet inconvénient M. Nachet construit un oculaire spécial (fig. 42) qui renferme un prisme à quatre faces dont les angles sont calculés de telle façon que les rayons formant l'image y sont réfléchis trois fois avant d'arriver à l'œil, et donnent sur la rétine une image renversée de celle qui est fournie par l'objet; or, comme l'image donnée par l'objectif est renversée par rapport à l'oculaire, celle qui est fournie par le prisme est redressée par rapport à l'objet.

§ 4. — Oculaire micromètre.

L'oculaire micromètre est l'appareil qui sert au micrographe à mesurer la grandeur réelle de l'objet qu'il étudie. On en construit diverses espèces qui toutes reposent sur le même principe qui est celui-ci : établir au foyer du verre oculaire une échelle fixe dont on connaisse exactement la valeur, afin que l'on puisse comparer la grandeur de l'objet aux divisions de cette échelle.

L'oculaire micromètre le plus usité consiste en un oculaire ordinaire contenant une lame de verre sur laquelle sont tracées des ·lignes équidistantes, généralement c'est un centimètre divisé en 100 parties. Ce verre peut être fixé dans une position invariable, c'est ce que font la plupart des constructeurs, ou bien il peut être mobile tout en restant dans le même plan;

Fig. 43.

ce dernier modèle, adopté par M. Hartnack et M. Bénèche (fig. 43), est plus coûteux que l'oculaire micromètre ordinaire, mais, par contre, présente plus de facilité pour faire coïncider le bord de l'objet avec l'une des divisions de l'échelle.

Le micromètre oculaire que nous venons de décrire est d'une

précision suffisante; toutefois les Anglais emploient un micromètre infiniment plus précis et en même temps encore plus commode : c'est le micromètre à fils parallèles ou micromètre de Ramsden, que l'on utilise aussi dans les observations astronomiques.

L'instrument se compose d'un oculaire positif fixé devant une plaque de cuivre divisée en parties égales par des dentelures; au milieu de la plaque se trouve fixé un fil d'araignée qui partage en deux le champ du microscope. Sous cette plaque immobile, se trouve un cadre en cuivre qui est mobile dans le même plan et sur lequel est fixé un deuxième fil d'araignée, placé parallèlement au premier. Ce cadre est ajusté de telle façon que le fil qu'il porte peut venir se cacher sous le premier fil et s'en écarter à toutes les distances voulues. Cet écartement se fait en tournant un bouton placé sur le côté de l'oculaire et qui porte un tambour divisé en cent parties, chacune de ces divisions venant se placer successivement devant un index.

L'écartement des dents que l'on voit dans le champ est tel que le fil se trouve exactement au milieu d'un espace interdentaire chaque fois que le tambour revient à la division marquée 0. On place donc l'objet de telle façon que les fils en touchent les deux bords ; on compte alors le nombre de dents que l'on multiplie par 100 et l'on y ajoute le nombre de divisions marqué par le tambour. Le total donne la grandeur relative de l'objet.

Ce micromètre permet de mesurer des corps infiniment petits; il est donc fort précieux pour mesurer le nombre de stries des diatomées sur un espace donné.

La valeur de chaque division du tambour doit être déterminée préalablement par l'observateur (le tube gardant une longueur invariable) aussi bien dans le micromètre à fils parallèles que dans le micromètre oculaire ordinaire. Nous indiquerons comment cela se fait, au chapitre traitant de la mensuration des objets microscopiques.

§ 5. — **Micromètre objectif.**

Le micromètre objectif consiste en une lame de verre sur laquelle sont gravées des divisions fort fines. Les premiers micromètres utiles qui paraissent avoir été construits sont ceux de Lebaillif. Nous possédons la machine ingénieuse que ce savant fit, il y a cinquante ans, pour les tracer et qui remplit admirablement son but. Lebaillif allait jusqu'à diviser le millimètre en 500 parties. Des perfectionnements que nous avons apportés à cet instrument nous ont permis de pousser ce nombre infiniment plus loin.

Le micromètre employé habituellement est un millimètre divisé en 100 parties.

Ce micromètre est l'échelle dont on se sert pour établir la valeur des divisions du micromètre oculaire.

§ 6. — **Spectroscope.**

Fig. 44.

M.H.-C.Sorby a imaginé un spectroscope qui s'applique au microscope de Ross comme un oculaire ordinaire.[1]

Cet instrument (fig. 44) se compose d'un tube contenant une série de prismes de flint et de crown, superposés et placés au-dessus d'un oculaire ordinaire, mais achromatique et dont les lentilles sont susceptibles de se rapprocher ou de s'éloigner.

Entre ces lentilles se trouve un diaphragme à fente pouvant être agrandie ou diminuée à volonté à l'aide d'un bouton saillant à l'extérieur du tube, et latéralement à cette fente se trouve placé un petit prisme. Celui-ci sert à donner le spectre de la lumière dont on se sert dans l'observation et qui est réfléchie par un miroir latéral. De cette façon, l'œil reçoit en même temps le spectre normal et celui de l'objet que l'on étudie. Cet instrument rend de vrais services, mais exige naturellement un peu d'habitude de la part de l'observateur qui l'emploie.

§ 7. — **Chambres claires.**

Le but de la chambre claire est de projeter sur le papier l'image de l'objet que l'on voit au microscope, et de telle façon qu'une main inexercée au dessin puisse en suivre les contours sans difficulté.

On fabrique diverses espèces de chambres claires ; elles consistent ordinairement en des prismes que l'on place devant l'oculaire.

Un appareil de cette nature, très-commode, c'est la chambre claire d'Oberhauser. Elle se compose d'un prisme plus petit que la pupille et fixé à demeure devant un oculaire spécial. Au-dessus de ce prisme est annexé un anneau de laiton noirci, près duquel on approche l'œil. De cette façon l'on voit en même temps et le papier et l'image réfléchie par le prisme.

L'oculaire s'adapte à une pièce coudée renfermant un prisme rectangulaire à l'intersection du coude. Le tout se fixe au microscope vertical qui se transforme par ce moyen en microscope horizontal. On peut, à volonté, enlever l'oculairechambre claire et se servir du reste de l'instrument comme

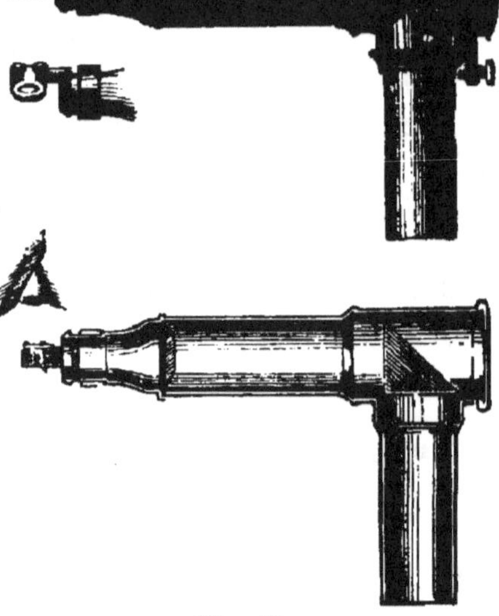

microscope horizontal or-
dinaire.

Nous donnons ici, fi-
gures 45, le dessin de la
chambre claire d'Oberhau-
ser, telle qu'elle est construite par M. Bénèche, à
Berlin.

L'appareil que nous ve-
nons de décrire est très-
utile quand on se sert de
grossissements faibles et
moyens; mais il n'est pas
également facile à manier
pour les grossissements
très-puissants, à cause de
la grande quantité de lu-
mière absorbée par les
deux prismes.

Fig. 45.

Une chambre claire extrêmement facile à employer aussi bien
avec les grossissements forts que faibles est celle que con-

struit M. Arthur Chevalier et
qui est destinée à projeter
sur une surface horizontale
l'image donnée par un mi-
croscope vertical. Elle consiste (fig. 46) en un petit
miroir d'acier, à une certaine
distance duquel se trouve un

Fig. 46.

prisme dont l'hypoténuse est étamée.

La chambre claire de Nachet est également fort bonne
(fig. 47 ci-après). Elle est formée d'un prisme rhomboïdal dont
l'une des faces placée obliquement devant l'oculaire porte un
deuxième prisme très-petit. Le tout est renfermé dans une

Fig. 47.

petite boîte de cuivre que l'on peut à volonté rapprocher ou écarter du verre oculaire.

La figure 48 ci-dessous montre comment on dispose le microscope, quand il peut s'incliner, pour l'adaptation de la chambre claire. Il faut, quand on emploie cet appareil, régler l'éclairage du microscope de telle façon qu'il soit à peu près égal à celui du papier sur lequel on dessine; quand la lumière est plus intense sur le papier que dans le microscope, on ne parvient pas à voir suffisamment bien la pointe du crayon. On diminue donc la lumière du papier, au besoin par un écran.

Fig. 48.

§ 8. — **Condenseurs**.

L'appareil d'éclairage de Dujardin, nommé aussi *concentrateur*, est formé de trois lentilles plano-convexes. Ces lentilles sont enchâssées dans un tube de cuivre disposé de façon à pouvoir être élevé et abaissé sous la platine. L'avantage de cet accessoire consiste à permettre de projeter sur l'objet un faisceau de lumière très-intense et à diminuer en même temps les effets de diffraction. En effet, l'objet qu'on regarde se confondant avec l'image du ciel qui est la source lumineuse, il n'y a plus de diffraction possible.

L'appareil de Dujardin est excellent quand il s'agit d'éclairer suffisamment les objets d'une certaine épaisseur. Pour s'en servir, on emploie le miroir plan ou le prisme (s'il y en a un) et l'objet étant mis au point, on abaisse ou l'on monte le concentrateur jusqu'à ce qu'on voie nettement l'image d'un objet éloigné servant de mire.

C'est l'appareil de Dujardin qui a été l'origine des condenseurs actuellement si perfectionnés et si employés, surtout en Angleterre. On en a modifié la forme de cent façons différentes. Nous allons décrire quelques-uns des condenseurs habituellement employés :

Ross 4/10 condenser. — Cet appareil qui est excellent se compose d'un objectif de 4/10es de pouce de foyer sous lequel sont adaptés deux diaphragmes concentriques et pouvant tourner ensemble ou isolément à volonté. Le premier, ou diaphragme supérieur, se compose simplement d'une plaque tournant sur son axe et percée de trous plus ou moins grands comme le sont les diaphragmes tournants ordinaires. Le second, placé immédiatement sous le premier, possède une série d'ouvertures marginales et une autre série d'ouvertures radiales allongées.

Condenseur de Swift. — Nous avons adapté cet appareil à notre grand microscope de Ross; nous nous en servons fort souvent et nous le trouvons bien supérieur à tous les autres condenseurs (celui d'Abbe excepté) que nous possédons ou que nous avons eu l'occasion d'employer.

Fig. 49.

Cet appareil qui peut être appliqué à tout microscope dont la platine est suffisamment élevée est une combinaison qui remplace à elle seule tout le substage des instruments anglais (fig. 49).

La combinaison optique est formée de trois lentilles superposées ayant un angle d'ouverture de 140°. La lentille supérieure peut s'enlever à volonté et être remplacée par un verre finement dépoli, de façon à produire, le soir, les effets de lumière diffuse. Un verre bleuâtre se place à volonté sous la combinaison optique de façon à adoucir la lumière jaune des lampes et à la rendre plus agréable à l'œil.

Sous l'objectif se trouve placé le diaphragme qui est à contraction, système que nous avons déjà décrit.

L'ouverture centrale peut être agrandie ou rétrécie à l'aide du levier B placé sur le côté de l'appareil.

Entre le diaphragme et la combinaison optique se trouvent deux disques mobiles sur leur centre. Celui de dessous a quatre grandes ouvertures dans lesquelles on peut déposer des lames de cuivre présentant des ouvertures radio-marginales ou périphériques, ou bien encore une des lames de sélénite enchâssées dans une monture de cuivre. L'appareil est accompagné de deux lames pareilles, donnant l'une le champ bleu et l'autre le champ rouge.

Le disque supérieur n'est que partiel, il renferme deux cellules à bords dentés et s'engrenant de façon que chacune de ces cellules puisse tourner sur elle-même lorsque, à l'aide du doigt, l'on imprime un mouvement de rotation à l'autre. Chaque cellule peut être amenée sous le concentrateur; on place dans l'une de ces cellules une lame de mica, préparée de la même façon que les sélénites et dans l'autre on pose une lame de cuivre à ouverture marginale.

Tout l'appareil doit pouvoir se rapprocher ou s'éloigner de la préparation, ce que l'on obtient à l'aide de la crémaillère G.

Un prisme de Nicol F, porté par un bras placé excentriquement, peut, à volonté, être placé dans l'axe optique.

Pour se servir de l'instrument on coiffe la lentille A d'un capuchon en cuivre portant au centre une toute petite ouverture. On voit à l'aide d'un objectif faible si cette ouverture se trouve au centre du champ, sinon on l'y amène à l'aide des deux vis C et c placées sur les côtés du condenseur.

L'appareil est alors éclairé à l'aide du miroir plan et de façon que, l'objet étant mis à point, l'image d'un objet éloigné soit vue nettement. On tourne ensuite le miroir vers le ciel et on règle la quantité de lumière nécessaire à l'aide du diaphragme à contraction.

Pour les effets de lumière oblique on amène d'abord dans l'axe un des diaphragmes à ouverture périphérique proportionné à l'objectif employé et, ensuite, la cellule engrenante contenant le diaphragme à ouverture radio-marginale que l'on fait tourner sur lui-même jusqu'à ce que l'on ait obtenu le résultat désiré.

L'éclairage sur champ noir s'obtient avec les disques à ouverture périphérique; lorsqu'on se sert d'objectifs très-faibles, d'un à trois pouces de distance focale, il faut enlever la lentille supérieure du condenseur.

Condenseur de Reade. — Il est composé de deux lentilles, très-grandes et presque demi-sphériques, placées l'une au-dessus de l'autre à une faible distance.

Entre les deux lentilles, se glisse une plaque ayant deux ouvertures triangulaires allongées permettant le passage d'un faisceau de lumière. Ces ouvertures sont couvertes par des lamelles de cuivre que l'on peut fermer à l'aide de petits leviers, de façon à permettre le passage de la lumière par l'une d'elles ou par les deux à volonté. Nous avons obtenu d'excellents résultats de cet appareil pour les effets de lumière oblique.

Paraboloïde de Wenham. — Cet appareil se compose d'un cône en crown évasé en parabole et dont le centre est couvert par une petite plaque en cuivre noirci et pouvant s'abaisser et monter.

Cet appareil sert à rendre visibles les stries des diatomées et à montrer les objets transparents éclairés comme objets opaques sur fond noir.

Spotted Lens. — Lentille biconvexe ou plano-convexe, dont le centre est caché par un disque noir. Elle rend de vrais services pour rendre visibles les stries des diatomées et peut dans beaucoup de cas remplacer un condenseur plus parfait.

Wenham's reflex illuminator. — Cet appareil sert à produire l'éclairage sur champ noir avec les très-forts grossissements ; son emploi permet de résoudre les stries les plus difficiles, telles que celles de l'*Amphipleura,* mais il exige que l'objet se trouve sur le porte-objet et non sur le couvre-objet, attendu que c'est ce dernier qui sert de réflecteur. Il est composé d'une lentille plano-convexe qui concentre la lumière sur un cylindre de verre coupé obliquement à sa face supérieure.

Pour l'employer on commence par placer au centre du champ un point de repère qui se trouve sur la monture de cuivre du cylindre de verre. On réunit ensuite le condenseur à la face inférieure du porte-objet par l'intermédiaire d'une goutte d'eau et l'objet étant bien éclairé, on fait tourner sur lui-même le condenseur de façon à éclairer l'objet successivement dans toutes les directions.

Wenham's diffusion condenser. — C'est un condenseur ordinaire dont les lentilles sont surmontées d'un petit capuchon contenant une lamelle opaque. Ce condenseur sert à donner une lumière diffuse, fort douce, pour les observations à la lumière artificielle.

Les différents appareils dont nous venons de parler sont représentés par les figures 50 à 60.

Fig. 50, 52, 53, 54, 55, 51,

50 et 51, verres mats et teintés pour l'éclairage du soir ;
52, *diffusion condenser ;*
53, paraboloïde ;
54, *reflex illuminator ;*
55, grand et petit *spotted lens.*

Fig. 56, 57, 58, 59, 60,

56, éclairage Dujardin, modifié par Gillet ;
57, condenseur de Reade ;
58, petit condenseur de Ross ;
59, condenseur 4/10ᵉˢ de Ross ;
60, oculaires disposés pour servir de condenseur.

Prisme d'Amici. — Le prisme d'Amici, actuellement peu employé, est un prisme dont deux des côtés ont une surface sphérique.

Il remplit à la fois l'emploi de condenseur et de réflecteur. Cet accessoire est assez commode pour résoudre les tests usuels.

Condenseur du professeur Abbe. — Cet appareil est, de tous les condenseurs que nous connaissons, le plus parfait, celui qui produit le plus d'effets divers, avec des moyens très-simples, et celui qui coûte également le moins. Il ne s'adapte malheureusement que difficilement à d'autres microscopes que ceux que M. Zeiss construit spécialement pour le recevoir.

Le condenseur proprement dit est composé essentiellement de deux lentilles non achromatiques dont la supérieure plano-convexe est plus qu'hémisphérique.

Ces deux lentilles sont enchâssées dans un anneau de cuivre et viennent se placer dans le microscope, dans une position fixe, immédiatement sous la platine et de telle façon que la surface supérieure de la lentille de dessus du condenseur reste à une fraction de millimètre en dessous de la préparation. Il résulte de cette disposition que le foyer du condenseur tombe presque sur l'objet examiné et que le condenseur forme pour ainsi dire un tout continu avec la préparation. En effet, on peut, lorsqu'il s'agit d'éviter toute perte de lumière, unir la préparation au condenseur en déposant une goutte d'eau ou de glycérine à la face supérieure de ce dernier.

La tige qui porte le condenseur se termine inférieurement par un miroir plan qui peut tourner autour d'un point fixe situé dans l'axe de l'instrument.

Entre ce miroir et le condenseur se trouve placée la pièce spéciale et originale qui est vraiment l'âme de l'appareil. Cette pièce est le diaphragme.

Il consiste en une espèce de platine percée d'une grande ouverture et supportant un cadre circulaire dans lequel on dépose des rondelles à ouvertures centrales de grandeurs diverses ou à ouverture périphérique. Ce cadre possède deux mouvements : l'un, de rotation sur lui-même, l'autre de translation et, en outre, il peut, à l'aide d'une charnière excentrique, être retiré complétement de dessous le microscope.

Le cadre occupant sa position normale, on produit toutes les modifications de direction des rayons incidents à l'aide de mouvements qu'on lui imprime et à l'aide d'un bouton sortant de dessous la platine. D'une part, en faisant tourner ce bouton sur lui-même, le pignon qui le termine roulant sur une crémaillère, le disque est déplacé excentriquement et produit les effets de lumière oblique ; ensuite, en faisant tourner le cadre sur lui-même, cet éclairage oblique est promené tout autour de l'objet dans un arc de 120° remplaçant ainsi la platine tournante.

Pour revenir à la lumière centrique on n'a qu'à tourner le bouton en sens inverse et bientôt la détente d'un ressort indique que l'ouverture est replacée parfaitement dans l'axe du microscope.

On voit donc qu'avec ce condenseur on peut en un instant passer de l'éclairage centrique à l'éclairage oblique sans ennuis, sans tâtonnements ; le miroir une fois placé de façon que l'appareil produise son maximum d'effet, il peut fonctionner aussi longtemps que la source lumineuse ne change pas de position.

Tel que nous venons de le décrire, l'appareil est excellent pour les recherches journalières ; il permet de résoudre les stries, même difficiles ; c'est ainsi qu'en plaçant un simple verre bleu devant le microscope et en employant alors les rayons solaires nous n'avons pas de peine à résoudre l'*Amphipleura*. Lorsque cependant on veut obtenir le maximum d'obliquité, le condenseur ne suffit plus, parce que, lorsque le diaphragme est placé très-excentriquement, il se produit une réflexion assez considérable sur les surfaces du condenseur en même temps qu'il se forme des images secondaires en dessous de l'objet et celles-ci, participant à la formation de l'image perçue

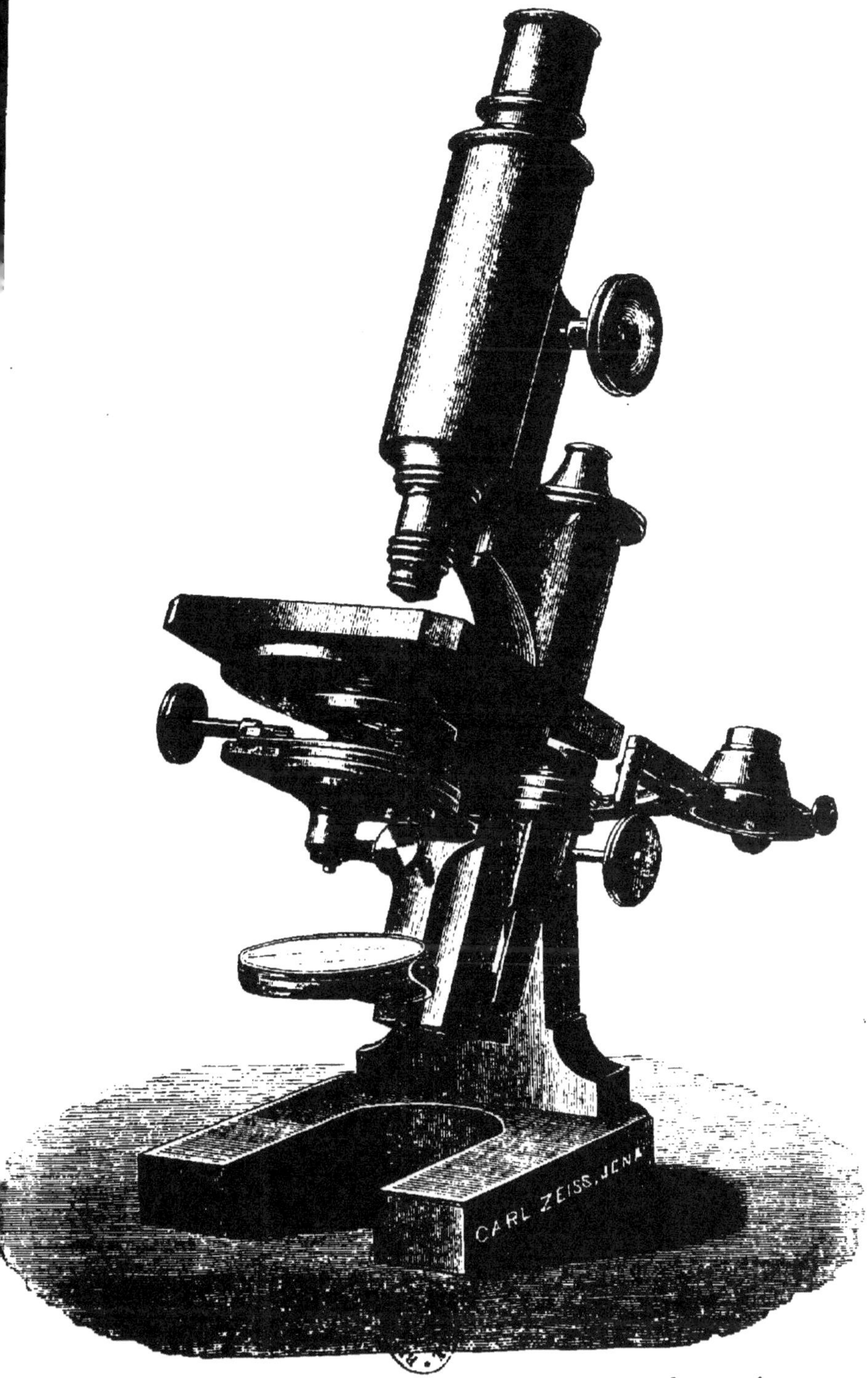

Grand microscope de ZEISS, muni du condenseur du professeur ABBE.

par l'œil, la rendent moins claire et mal définie. Il faut donc, dans ces cas, à la vérité très-rares, enlever le condenseur et remplacer l'appareil enlevé par un miroir concave articulé de la façon ordinaire. C'est pour obtenir ces effets que dans les microscopes de Zeiss le condenseur glisse dans une rainure où il peut être remplacé par un miroir doublement articulé et pouvant être tourné tout autour du microscope.

Le condenseur fonctionne également bien pour la lumière polarisée; on n'a qu'à remplacer, dans le cadre, l'un des disques diaphragmes par un disque portant un prisme de Nicol et, enfin, le même appareil, quand on emploie le diaphragme à ouverture annulaire, donne d'admirables images positives sur fond noir.

§ 9. — **Diaphragmes à verres colorés.**

Un accessoire parfois utile est le diaphragme à verres colorés que M. Hartnack joint à ses grands instruments. Il consiste en une plaque de carton noirci, en forme de quadrilatère et percée d'un trou. Un disque de carton noirci et percé de trous de différentes grandeurs est fixé sur le premier carton et peut tourner sur un axe, de façon à présenter successivement les différentes ouvertures devant celle du carton carré. Le tout est fixé sur un pied et peut s'abaisser et s'élever de même que s'incliner dans toutes les directions. A ce carton est jointe une série de verres colorés qui s'appliquent avec un peu de cire devant la grande ouverture de la plaque fixe.

§ 10. — **Centering glass.**

Cet accessoire se compose d'une lentille recouverte d'une lame de cuivre percée d'un petit trou correspondant au centre de la lentille. Cet appareil se glisse sur un oculaire faible avec lequel il forme une espèce de télescope qui permet de s'assurer si le centrage des condenseurs est parfaitement réglé par rapport à celui des objectifs; ce que l'on reconnaît quand les ouvertures des divers diaphragmes de l'intérieur du microscope et du condenseur coïncident parfaitement.

§ 11. — Des Lampes.

Le micrographe n'est pas toujours libre d'employer son temps comme il le voudrait, bien souvent il doit remettre au soir les observations qu'il aurait faites plus facilement le jour. Heureusement, il y a peu d'observations qui ne puissent se faire à la lumière artificielle; l'étude des diatomées et la résolution des tests se font même mieux à la lumière de la lampe qu'à la lumière du jour.

On peut pour ces observations se servir d'une lampe à huile, mais une lampe à pétrole est bien préférable, car la lumière en est plus blanche.

Le gaz peut être également employé.

Une lampe à pétrole ordinaire suffit pour la plupart des recherches. Les constructeurs anglais ont cependant imaginé diverses espèces de lampes qui jouissent de quelque avantage. Telle est la

Fig. 61.

lampe livrée par MM. Ross et Cie sous le nom de *Fiddian's lamp*.

Cet appareil (fig. 61 ci-dessus) se compose d'une tige pouvant prendre toutes les inclinaisons et portant une lampe à pétrole susceptible de se mettre à la hauteur voulue à l'aide d'une crémaillère. Le verre est remplacé par un tube en cuivre rouge, revêtu à l'intérieur d'une couche de plâtre très-blanc pour mieux réfléchir la lumière, et muni antérieurement d'un verre plan pour le passage de la lumière. Une loupe très-puissante, pouvant prendre toutes les inclinaisons et toutes les directions, est placée devant l'ouverture, mais elle peut aussi s'en éloigner et être remplacée par un disque blanc mat pour les faibles grossissements.

Cette lampe est d'une construction excellente et nous a rendu de bons services.

M. Swift construit également des lampes fort bonnes. L'une d'elles se rapproche beaucoup du modèle que nous venons de décrire. Elle coûte environ 2 livres, est alimentée par l'huile de colza et est destinée pour les voyages. La cheminée est en tôle, la flamme peut être ajustée à toute hauteur variant entre 10 et 30 centimètres, et tout l'ensemble se renferme dans une boîte ayant 18 centimètres de hauteur. La lumière que fournit cette lampe est excellente et le réservoir contient une quantité d'huile suffisante pour alimenter la flamme quatre heures durant.

§ 12. — **Indicateurs.**

Les indicateurs sont des appareils destinés à faire retrouver un objet confondu entre beaucoup d'autres; exemple : un certain frustule de diatomée dans une préparation qui en contient un grand nombre. Les indicateurs sont donc d'une utilité fort grande surtout au naturaliste qui s'occupe des diatomées.

Dans certains microscopes anglais, de même que dans le

grand modèle de M. Nachet, c'est le chariot lui-même qui remplit les fonctions d'indicateur, ce qui est infiniment commode. En effet, avant de commencer l'examen d'une préparation, on la fixe dans une position invariable en la faisant butter contre des barrettes de cuivre placées en équerre.

On fait ensuite passer dans le champ toutes les parties successives de la préparation et lorsqu'on est arrivé en vue d'un objet déterminé, on n'a qu'à noter les deux chiffres (longitude et latitude) marqués par les index des plaques du chariot pour retrouver plus tard le même objet en remettant le chariot sur les mêmes chiffres.

Lorsque le chariot n'est pas divisé, on peut employer le chercheur de Maltwood.

C'est une photographie faite en forme de préparation et contenant une série de 2,500 numéros placés comme l'indique la figure 62 qui en représente un fragment.

10 8	11 8	12 8	13 8	14 8
10 9	11 9	12 9	13 9	14 9
10 10	11 10	12 10	13 10	14 10
10 11	11 11	12 11	13 11	14 11
10 12	11 12	12 12	13 12	14 12
10 13	11 13	12 13	13 13	14 13
10 14	11 14	12 14	13 14	14 14

Fig. 62.

Lorsqu'on veut retrouver, dans une préparation, un objet vu une fois, on remplace l'objet par le Maltwood's Finder, on lit les deux numéros de la case se présentant dans le champ et on les note sur la préparation. Après, quand on veut revoir l'objet, on met ce chercheur sur la platine et on la fait manœuvrer jusqu'à ce que les numéros indicateurs se présentent dans le champ, alors on l'enlève, on place la préparation dans la même position et l'objet cherché est trouvé.

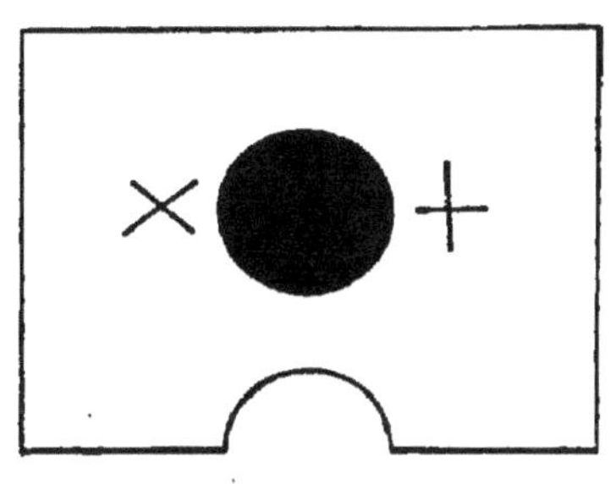

Fig. 63.

Enfin, lorsque le microscope n'a pas de chariot, on peut encore se tirer d'affaire par un moyen détourné. On marque préalablement vis-à-vis l'une de l'autre, à côté de l'ouverture de la platine, deux croix disposées comme l'indique la figure 63.

Lorsque l'on trouve alors dans une préparation un objet que l'on veut pouvoir retrouver, on marque sur la lame du porte-objet, à l'aide d'un diamant à écrire, deux croix de façon à recouvrir celles de la platine. On n'a plus alors plus tard qu'à placer la préparation de manière que les croix se recouvrent de nouveau pour que l'objet se retrouve dans le champ.

§ 13. — **Revolver.**

Fig. 64.

Sous le nom de *revolver* M. Nachet a imaginé une pièce que les Anglais de leur côté désignent sous le nom de *Brooke's double nose-pièce*, et qui permet de changer instantanément d'objectif.

La figure 64 représente un pareil revolver construit par M. Swift.

On fabrique aussi des revolvers qui portent jusqu'à cinq objectifs ; nous en possédons un semblable qui nous a été construit par MM. Seibert et Krafft, à Wetzlar, et dont le centrage est fait avec une rare précision.

CHAPITRE II.

DES MICROSCOPES A PROJECTION.

—

Microscope solaire, Microscope à gaz.

La difficulté qu'il y a à montrer successivement à un certain nombre de personnes les objets microscopiques sur lesquels on veut appeler leur attention, et la perte de temps qui en résulte nécessairement, a fait depuis longtemps songer à des appareils spéciaux qui permissent d'éviter ces inconvénients. De là l'origine des microscopes de projection.

Ces appareils reposent tous sur le même principe qui est aussi celui de la lanterne magique : les rayons provenant d'une source de lumière, sont reçus par une lentille convexe (ou une réunion de lentilles jouant le même rôle) qui les concentre sur l'objet; de là, ces rayons parviennent à un objectif placé à une distance un peu plus grande que la distance focale principale. Grâce à cette disposition, il se forme une image réelle et très-amplifiée de l'objet et cette image est reçue sur un écran plus ou moins éloigné.

On distingue plusieurs espèces de microscopes à projection qui, en réalité, sont à peu près le même instrument, mais dont le nom varie d'après l'appareil d'éclairage. Ce sont le microscope solaire, le microscope photo-électrique et le microscope à gaz.

Tous ces appareils exigent une chambre ou une salle complétement obscure, afin qu'aucune lumière autre que celle fournie par l'instrument ne vienne frapper les yeux des spectateurs, et ne diminue par suite l'intensité de l'image qui doit être reçue sur un écran bien tendu et formé soit de papier blanc résistant, soit d'une toile bien blanche. Lorsque les spectateurs sont placés du côté de la toile opposé à celui où est placé l'appareil, il faut alors que la toile soit mouillée immédiatement avant les expériences ou bien, ce qui vaut mieux, qu'elle soit encollée avec une ou deux couches de gélatine. Le but de cet encollage est de fermer les interstices qui se trouvent entre les fils de la toile.

Le plus ancien des appareils dont il est ici question est le microscope solaire dont l'invention est généralement attribuée à Lieberkuhn. Toutefois les recherches de M. Harting prouvent incontestablement que cet appareil est dû au Père Kircher et que Lieberkuhn, qui avait fait connaître cet appareil en Angleterre et s'en était attribué l'invention, n'avait fait qu'imiter un appareil construit par Fahrenheit qui demeurait alors à Amsterdam. C'est dans cette ville, entre les mains de George Clifford et de Henri de Raad, que Lieberkuhn avait vu cet appareil.

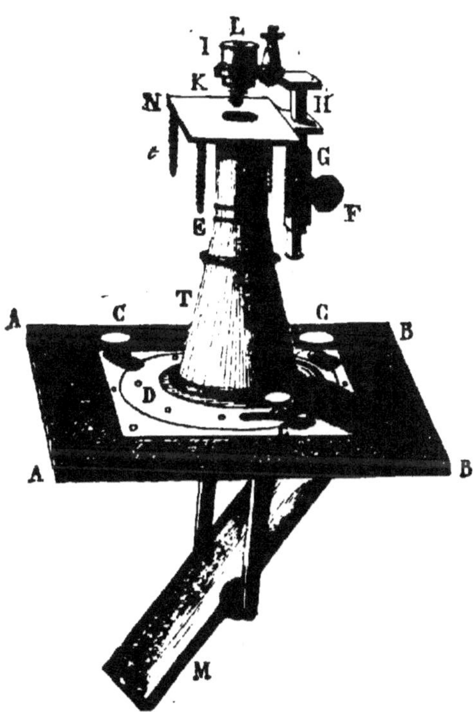

Fig. 65.

Le microscope solaire a reçu de Charles Chevalier de très-importantes modifications; c'est le modèle combiné par cet illustre opticien (fig.65 ci-dessus) dont nous allons donner la description.

AABB, plaque de bois, ou panneau de volet, percée d'une ouverture circulaire qui doit être située exactement en face du tube T de l'instrument.

aabb, plaque en cuivre fixée sur la précédente au moyen de boutons à vis, M miroir plan réflecteur qui peut se mouvoir circulairement à l'aide du bouton C, qui fait tourner le disque D au moyen d'un engrenage.

C second bouton qui imprime au réflecteur un mouvement vertical.

Afin de donner toute l'exactitude et la solidité possibles au mouvement vertical de l'appareil, Charles Chevalier a placé sur le côté de l'instrument une roue d'engrenage.

T est un tube conique qui porte à son extrémité évasée le grand verre condensateur; le sommet du cône est terminé par un tube E qui reçoit un autre tube *t*, dont l'extrémité est garnie, près du porte-objet, d'un second verre condensateur qui reçoit généralement le nom de *focus*.

Charles Chevalier a rendu cette lentille mobile au moyen d'une crémaillère. On peut donc changer le foyer de cette lentille, ou, en d'autres termes, placer l'objet plus ou moins près de son foyer, et cette circonstance est importante, car certains objets exigent peu de lumière et d'ailleurs il en est qui seraient consumés ou altérés à l'instant même s'ils étaient placés exactement au foyer des condensateurs. Au niveau de E le tube est mobile, ce qui permet aussi de régler l'éclairage.

N représente la platine formée de deux plaques qui s'écartent et se rapprochent à volonté au moyen de petits ressorts hélicoïdes. Autrefois on ne pouvait employer que des préparations d'une certaine forme; la disposition de Charles Chevalier permet de soumettre à l'action de l'instrument tous les corps imaginables, et notamment les boîtes à parois parallèles transparentes.

Voyons maintenant comment est construit le système amplificateur. H est une tige carrée que le bouton d'engrenage F fait glisser dans la boîte G ; à son extrémité se trouve fixée à angle droit la pièce I, qui reçoit les trois lentilles achromatiques K, et dans certaines circonstances la lentille concave L, dont nous reparlerons. Tout près de L se trouve une vis de rappel pour mettre exactement au foyer.

Charles Chevalier a aussi appliqué au microscope solaire l'emploi de la vis de rappel pour les mouvements lents. Aussitôt qu'il parvint, en 1823, à faire des lentilles achromatiques, il les adapta au microscope solaire.

Avant d'indiquer la marche à suivre pour faire usage de l'instrument solaire, expliquons en quelques mots la théorie de l'instrument.

M (fig. 66) représente le miroir, C le grand condensateur,

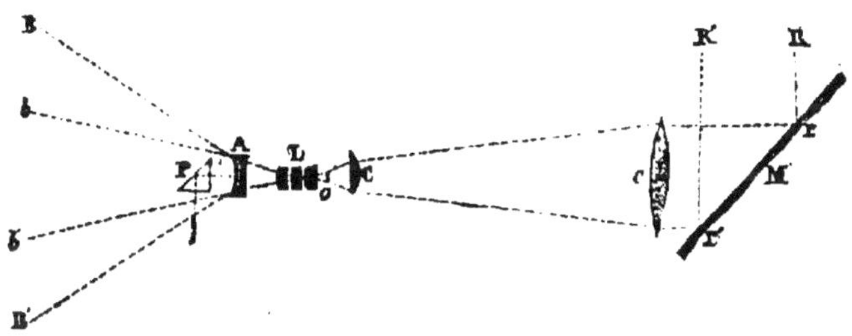

Fig. 66.

G le *focus*, L les trois lentilles achromatiques, A la lentille concave achromatique, P est un prisme rectangulaire que l'on adapte ou que l'on supprime à volonté, R R' représentent les rayons solaires réfléchis en *rr'* par le miroir M, réfractés par le condensateur C, et, enfin, par la lentille *c* qui les concentre sur l'objet *o*. Les rayons qui partent de l'objet sont repris et réfractés de nouveau par les lentilles L, et vont, après s'être entre-croisés, former, sur un écran placé au-devant de l'instrument, une image renversée de l'objet, d'autant plus grande que l'écran est plus éloigné de l'objectif.

Nous avons signalé l'emploi de la lentille plano-concave achromatique A (fig. 66), voici les avantages que l'on en retire.

Il arrive souvent que la chambre où l'on fait les expériences n'est pas assez profonde et que l'on ne peut obtenir l'amplification désirable. En plaçant devant les lentilles le verre achromatique concave dont nous avons parlé, on remédie à cet inconvénient, car l'image produite est bien plus grande que si la lentille n'était pas employée. Du reste, la figure fera parfaitement comprendre cet effet : la plus grande divergence des rayons BB' produira une image plus grande que si elle était formée par la prolongation des rayons bb', arrêtés à la même distance. Le verre concave peut être supprimé suivant les effets que l'on désire obtenir.

La figure fait également comprendre l'effet du prisme P, qui permet de reporter l'image, soit latéralement, soit sur le parquet ou au plafond.

Voyons maintenant comment on emploie le microscope solaire :

La chambre servant aux observations devra, autant que possible, n'avoir qu'une fenêtre exposée au midi. Cette fenêtre sera parfaitement calfeutrée à l'aide de volets, puis on enlèvera un des carreaux que l'on remplacera par un panneau de bois que l'on percera d'une ouverture circulaire assez grande pour faire y passer le miroir de l'instrument. C'est sur ce panneau que l'on fixera la plaque aa, bb, que l'on maintiendra à l'aide des boutons à vis qui seront serrés dans des écrous placés dans le panneau.

Le miroir M se trouvera donc en dehors de la fenêtre ainsi que le grand verre condensateur.

On enlèvera alors le porte-objectif L et on fera mouvoir le miroir M en tournant peu à peu les boutons cc jusqu'à ce que le soleil vienne se réfléchir dans le miroir M qui renverra les rayons solaires sur le condensateur. Puis, saisissant l'engrenage du *focus*, on le fera mouvoir jusqu'à ce qu'on obtienne sur l'écran un disque parfaitement éclairé. Il ne restera plus qu'à remettre en place le porte-objectif et à glisser la préparation entre les deux plaques à ressort de la platine.

On cherchera ensuite le foyer en faisant mouvoir les lentilles à l'aide du bouton F.

On sait que le *focus* est destiné à régler la lumière et que l'on peut avec lui éclairer peu ou fortement l'objet, suivant que l'on fait arriver sur ce dernier le foyer des rayons lumineux ou qu'on place l'objet en dedans de ce foyer. Les objets délicats, vivants, etc., ne doivent donc pas être placés au foyer des rayons lumineux, mais bien en dedans. Du reste, un peu d'habitude apprendra de suite ces petites précautions. On devra aussi surveiller l'état de la lumière, car le mouvement de la terre oblige nécessairement à déplacer de temps à autre le réflecteur.

La connaissance intime des objets à observer donnera le secret de l'éclairage et l'on comprendra tout de suite que si, sur un animal vivant, tel que ceux que l'on emploie quand on veut observer la circulation du sang, on projette le foyer des rayons solaires, il y aura cessation de la vie, et par conséquent du phénomène; d'autres fois, cette concentration de la chaleur est nécessaire, par exemple, lorsqu'il s'agit de faire cristalliser des solutions salines. Il est donc important de savoir régler la lumière avec le *focus*. On peut également, pour cet usage, se servir du tube E, que l'on fait glisser dans le tube T. L'image produite par le microscope est reçue sur un écran, qui doit être parfaitement tendu et parallèle au microscope. Plus l'écran sera près, plus l'image sera petite et *vice versâ*. Cependant l'écran ne peut être reculé que dans certaines limites, sinon la lumière devient insuffisante. Du papier blanc bien tendu sur un châssis formera un des meilleurs écrans. On peut aussi employer du papier végétal ou projeter l'image sur une muraille bien blanche et unie.

En se plaçant derrière l'écran, lorsqu'il est en papier mince, on voit distinctement les objets et l'on peut les dessiner. Lorsque l'on montre à un plus ou moins grand nombre de spectateurs les merveilleux effets du microscope solaire, on les fait placer derrière l'écran, afin qu'ils ne puissent voir que l'objet, et que rien ne distraie leur esprit.

Afin d'obvier aux inconvénients de la lumière solaire, surtout lorsqu'il s'agit de démonstrations scientifiques, on a recours à l'emploi de la lumière oxy-hydrique ou de la lumière électrique. On emploie donc le microscope à gaz ou le microscope photo-électrique, qui, nous l'avons déjà dit, ne sont autres que l'instrument solaire modifié relativement à la source lumineuse.

Le microscope à gaz employé premièrement par M. Cooper, de Londres, fut importé en France par M. Warwick, mais l'appareil était dangereux à employer, et Charles Chevalier et Galy-Cazalat le modifièrent de façon à le rendre tout à fait maniable.

On comprend que, malgré l'utilité de cet instrument, son usage soit restreint.

Le microscope photo-électrique fut d'abord construit par Charles Chevalier, d'après les idées de MM. Donné et Foucault. Cet instrument a été perfectionné, relativement à la forme et à l'éclairage, par M. Duboscq, opticien, qui en a fait un appareil commode à employer. Comme le microscope à gaz, le microscope photo-électrique est d'un usage restreint, mais pour la régularité des effets, la vivacité de l'éclat de la lumière, on doit certes préférer la lumière du gaz oxy-hydrogène.

Lorsqu'on a affaire à un grand auditoire, les objets très-délicats ne peuvent être vus à une certaine distance, on peut alors remplacer l'objet lui-même, soit par une photographie, soit par un bon dessin tracé sur verre.

Les démonstrations à l'aide du microscope à gaz oxy-hydrique sont d'une grande utilité. Nous nous en servons avec beaucoup de succès depuis une dizaine d'années pour nos cours, et nous avons imaginé un appareil simple, très-facile à manier et fonctionnant de la manière la plus régulière. Depuis plusieurs années notre appareil fonctionne journellement à

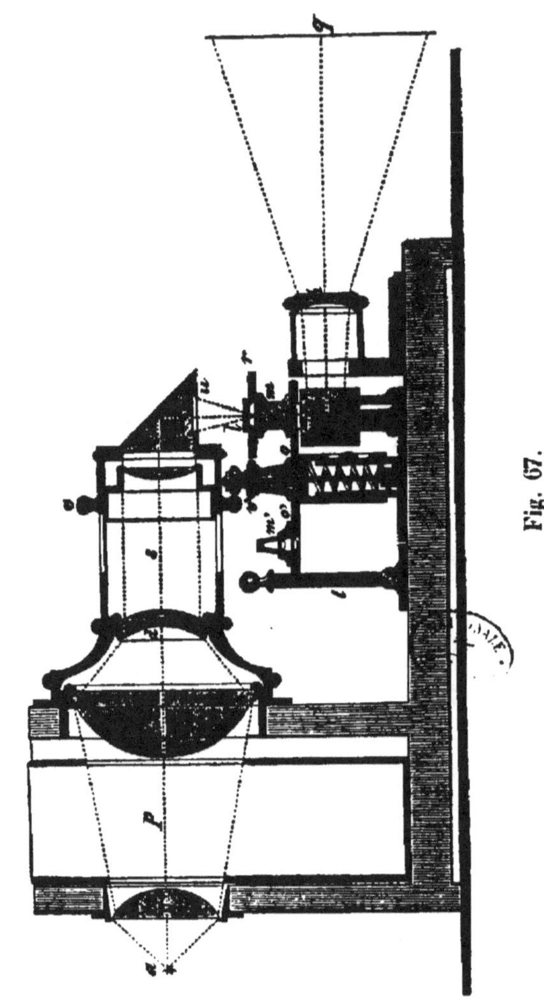

Fig. 67.

l'École supérieure de pharmacie de Paris pour le cours de matière médicale de M. Planchon qui s'en loue beaucoup. Plus récemment le même appareil a été adopté par l'École industrielle d'Anvers, de même que par l'École de médecine de Nantes.

Dans cet appareil la source lumineuse est un cylindre de chaux rendu incandescent par un jet de gaz oxygène et hydrogène qui arrivent à volonté, soit séparés, soit combinés. Le condenseur a trois pouces et demi de diamètre et les courbes des lentilles sont calculées de façon à utiliser entièrement les rayons émis par la source lumineuse. Devant le condenseur se trouve le microscope muni d'un mouvement prompt et d'un mouvement lent. L'objectif employé est le 2/3 de pouce de Ross ayant à sa partie antérieure un amplificateur achromatique.

On peut instantanément remplacer le microscope par un objectif spécial permettant de projeter les dessins et les photographies.

Une des qualités les plus précieuses de cet appareil c'est qu'il n'exige qu'une distance de 2 à 3 mètres entre l'instrument et l'écran. L'appareil à photographies, notamment, fournit une image de 2 1/2 mètres de diamètre à 3 mètres de distance.

La production de l'oxygène se fait en 20 minutes environ à l'aide de cornues spéciales en tôle qui sont à l'abri de toute explosion.

Le Dr Hugo Schröder s'est également occupé, dans ces derniers temps, des microscopes à projection et il a construit pour l'aquarium microscopique de Berlin un instrument très-complet, mais assez compliqué et par suite coûteux. Nous allons le décrire d'après le dessin qu'il nous en a communiqué (fig. 67 ci-contre).

La source lumineuse *a* est la lumière Drummond ; les rayons en sont concentrés à l'aide des deux lentilles *b* et *c*, toutes deux en crown, et passent ensuite par la lentille double, corrigée par excès, *d e*, dont *d* est une lentille concave en flint lourd et *e* une lentille convexe en crown léger réunies par l'intermédiaire de baume de Canada. Cette lentille rend parallèles les rayons concentrés par les lentilles précédentes.

Ces rayons parallèles sont à leur tour convergés plus ou moins, suivant la nécessité, à l'aide de la lentille f qui joue le rôle du *focus* du microscope solaire et qui peut, au moyen des boutons v et v', s'éloigner ou se rapprocher des précédentes.

Les rayons sont ensuite changés de direction et projetés sur la surface horizontale l à l'aide du prisme g dont l'hypothénuse est argentée. Ce changement de direction était nécessité ici pour l'observation commode des animaux microscopiques.

Les objectifs, au nombre de six, sont placés sur une plaque tournante o se mouvant sous l'objet.

Un second prisme h change encore une fois la direction des rayons qui, avant de sortir de l'appareil, sont encore rendus plus divergents par l'amplificateur concave $i\,k$.

CHAPITRE III.

DU MICROSCOPE SIMPLE.

———

Le microscope simple, dont on s'est servi pour toutes les études sérieuses jusqu'à ce que l'on eût trouvé le moyen de rendre le microscope composé achromatique, se compose essentiellement d'un verre grossissant fixé à une tige mobile et au-dessous duquel les rayons sont réfléchis par un miroir sur une plaque de verre ou de cuivre et qui sert de platine.

De nos jours, on ne se sert plus guère du microscope simple, si ce n'est pour les dissections microscopiques qui se font à des grossissements de 15 à 60 diamètres.

Anciennement, on se servait de lentilles biconvexes. Actuellement, on emploie généralement des doublets dont la première idée est due à Wollaston. Charles Chevalier reprit l'idée de Wollaston et fit les doublets tels qu'on les construit encore actuellement. Le doublet de Chevalier est une combinaison de deux lentilles plano-convexes à foyer égal et dont la convexité est tournée vers l'œil (fig. 68 et 69).

Fig. 68.

Fig. 69.

N. B. — **La figure 68 représente le doublet tout monté, et la figure 69 montre la disposition des verres : A, verre supérieur; B, verre inférieur; O, diaphragme intermédiaire.**

Un petit diaphragme destiné à corriger l'aberration de sphéricité est posé entre les deux lentilles, qui sont de grandeur

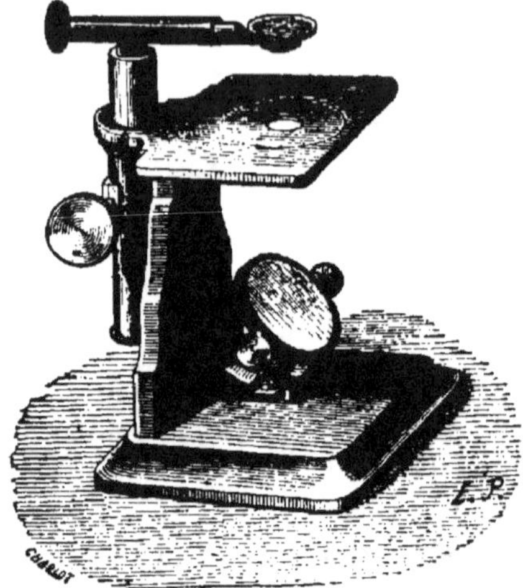

Fig. 70.

inégale, mais de même foyer. L'avantage des dou-blets sur les lentilles bicon-vexes est qu'à grossisse-ment égal les premiers donnent une image beau-coup plus nette et bien plus exempte d'aberration de sphéricité.

Plusieurs opticiens s'oc-cupent spécialement de la construction des micros-copes simples; mais c'est M. Chevalier qui s'est fait la plus grande réputation en ce genre.

M. A. Chevalier fabrique plusieurs modèles de mi-croscopes simples. L'un de ces microscopes (fig. 70) se livre à 50 francs, accom-pagné d'un doublet gros-sissant 40 fois. Un autre modèle, plus perfectionné (fig. 71), est accompagné de deux doublets et se vend 100 francs. Il est formé d'un pied lourd fai-sant corps avec la platine et portant à sa partie infé-rieure le miroir réflecteur. Le doublet est porté par un bras mobile d'avant en

Fig. 71.

arrière, au moyen d'une crémallère, et qui peut également, en tournant sur son axe, décrire un arc de cercle complet, de façon à parcourir successivement toute la surface de la platine.

Fig. 72.

Enfin un dernier modèle (fig. 72), encore plus soigné et à colonne carrée, se vend aujourd'hui 130 francs.

M. Chevalier livre des doublets séparément; leurs prix varient, savoir: doublets grossissant de 12 à 120 fois : 10 francs; idem de 130 à 240 fois : 15 francs; idem 480 fois : 20 francs; idem 500 fois : 25 francs.

M. Nachet s'occupe aussi de la construction de microscopes simples. Un de ses instruments, ayant un mouvement de crémaillère à deux boutons destiné à mettre au foyer, et une platine portant deux ailes devant servir d'appui aux mains pour les dissections minutieuses, est livré à 60 francs avec deux doublets (fig. 73).

Enfin un appareil binoculaire de dissection (fig. 74 ci-après), que nous avons pu examiner dans le temps et au moyen duquel le relief des sujets qu'on

Fig. 73.

dissèque est apprécié d'une manière complète, se vend aussi 60 francs.

Fig. 74.

Le même opticien livre encore des doublets séparément. Le prix est de 6 francs pour ceux de 20 à 5 millimètres et de 10 francs pour ceux de 5 à 2 millimètres de foyer.

La maison Carl Zeiss, d'Iéna, s'est également acquis une juste notoriété pour ses microscopes simples et elle a imaginé, il y a quelques années, une combinaison adoptée par un grand nombre d'observateurs, et qu'on ne saurait trop recommander.

Cette combinaison est formée par un objectif composé de trois lentilles achromatiques vissées à l'extrémité inférieure d'un tube qui, à sa partie supérieure, porte un oculaire achromatique concave.

On peut employer les lentilles soit isolément, dans ce cas, elles donnent un grossissement de 15, 20 et 30 fois; soit réunies à l'oculaire une ou deux ou les trois à la fois, les grossissements sont alors de 40, 60 et 100 fois. La distance focale est excessivement grande, elle est de 9 millimètres pour le plus fort grossissement et de 30 millimètres pour le plus faible.

Cette excellente combinaison qui peut s'appliquer au premier microscope simple venu, ne coûte que 30 marcs, soit fr. 37-50.

LIVRE II.

CHAPITRE PREMIER.

EMPLOI DU MICROSCOPE.

---

§ 1er. — Situation et disposition du cabinet de travail.

L'orientation du cabinet où l'on fait les observations n'est point indifférente. La meilleure chambre est celle dont les fenêtres s'ouvrent au nord ou à l'ouest et mieux encore dans ces deux directions à la fois. Quoi qu'il en soit, si la chose est impossible, on peut toujours s'en tirer et celui qui observera dans un appartement exposé au sud travaillera encore fort bien en garnissant les fenêtres d'un rideau blanc par lequel il se protégera contre les rayons solaires directs. On agira de même pour les fenêtres exposées à l'ouest. Cette dernière exposition est particulièrement favorable aux expériences de photographie microscopique de même que pour les études dans la lumière monochromatique pour lesquelles le soleil est nécessaire.

Une grande table bien solide est le meuble le plus indispensable. On la placera dans le voisinage de la fenêtre. Cette table aura autant que possible des tiroirs placés aux extrémités, de façon que l'observateur, étant assis, puisse les ouvrir sans se déranger. Les tiroirs auront un certain nombre de compartiments dans lesquels on disposera tous les accessoires et les outils d'un usage habituel.

Les observations étant suspendues, les microscopes doivent être recouverts d'un globe en verre, car les instruments pourraient s'endommager si on les ôtait trop souvent de leur boîte pour les y remettre après chaque séance.

§ 2. — Choix de la lumière.

On travaillera autant que possible à la lumière du jour. Si, par suite de circonstances majeures, on ne peut observer que le soir, il faut employer une flamme tranquille et blanche. Les lampes à pétrole remplissent le mieux et le plus économiquement le but. On disposera en outre sur le diaphragme un petit verre mat pour adoucir le trop vif éclat de la lumière. On y réussit aussi en interposant un verre bleu, choisi de façon que la couleur du verre étant complémentaire de celle de la flamme, l'on obtienne une lumière blanche.

Dans la journée, la lumière du soleil réfléchie par les nuages blancs ou par un mur de même couleur doit être préférée. La couleur bleue du ciel ne permet point l'observation des détails très-délicats.

Jamais, dans les observations ordinaires, on ne peut utiliser la lumière solaire. On doit rechercher la lumière la plus douce possible, en la modérant encore par l'emploi de diaphragmes et en ne perdant pas de vue que les plus petites ouvertures du diaphragme sont réservées aux plus forts grossissements. Les grands instruments permettent en outre de modifier l'éclairage en élevant ou en abaissant les diaphragmes ; c'est là une excellente disposition et qui permet une graduation parfaite de l'éclairage.

Les instruments complets ont deux miroirs : le plan est utilisé pour les grossissements faibles ; le concave, concentrant une grande quantité de lumière, est employé pour les forts grossissements, ainsi que nous l'avons déjà dit.

On peut encore placer dans le trajet lumineux divers systèmes d'éclairage dont nous avons parlé plus haut. Il va sans dire qu'on doit employer le miroir plan, quand on se sert d'un appareil destiné à concentrer la lumière, et qu'un prisme rectangulaire qui n'a qu'une seule surface réfléchissante est encore préférable. Un mode d'éclairage, dont on n'a reconnu les grands avantages que dans ces dernières années, est celui dit *éclairage oblique*. On doit l'employer quand on veut distinguer nettement la composition des surfaces des objets les plus délicats, tels, par exemple, que certaines diatomées dont les stries sont d'une ténuité extrême. Pour l'obtenir, on place le miroir latéralement et on lui fait prendre successivement divers angles par rapport à la platine:

Quand il s'agit d'examiner des objets opaques, ceux-ci doivent être disposés sur une plaque de couleur foncée, s'ils sont clairs; de couleur claire, s'ils sont sombres. Ensuite, comme la lumière du jour ou d'une lampe est insuffisante, on en réunit les rayons en faisceau, sur l'objet, en interposant, à l'extérieur de l'instrument, une lentille plano-convexe, le côté plan tourné vers la préparation. Cette lentille est toujours montée sur un pied isolé dans les grands instruments et il importe de la placer de façon que le foyer en tombe à peu près sur l'objet.

Pour ce même usage, on se sert également avec avantage du miroir de Lieberkuhn dont nous avons déjà parlé et que M. Chevalier construit parfaitement.

Enfin certains objets doivent être examinés avec la lumière polarisée. A cet effet, on dispose le prisme inférieur sous l'objet et l'on remplace le cône, qui termine le tube de l'instrument à sa partie inférieure, par la pièce contenant l'analyseur et à laquelle les objectifs doivent être vissés. Après avoir mis l'objet au foyer et si, bien entendu, le prisme est surmonté d'une lentille concentratrice, on fait monter ou descendre le polarisateur jusqu'à ce que le contour des objets observés soit bien net.

Lumière monochromatique. — Depuis quelque temps les micrographes, surtout ceux qui s'occupent de l'étude des diatomées, se servent d'un éclairage spécial pour l'étude des stries difficilement visibles. Ils emploient la lumière monochromatique, c'est-à-dire, qu'ils ne font usage que d'un seul des rayons du spectre, et c'est le rayon bleu qui est préféré comme permettant d'obtenir le maximum d'effet. La lumière monochromatique peut s'obtenir de plusieurs façons : d'abord en décomposant la lumière blanche par un prisme, ensuite en tamisant la lumière à travers une cuvette contenant une solution de sulfate de cuivre ammoniacal. On installe dans la fenêtre une planche portant une monture de microscope solaire dont on enlève l'objectif et le focus; on introduit dans l'appartement un rayon de soleil que, à l'aide du miroir articulé du microscope solaire, on fait tomber sur le miroir, placé obliquement, du microscope d'étude. La cuve est mise tout près du microscope solaire et la solution employée doit être d'un beau bleu suffisamment foncé. C'est cette méthode d'opérer que nous avons employée pendant longtemps, mais depuis que nous possédons l'excellent condenseur du professeur Abbe nous n'avons plus besoin d'une installation aussi compliquée. Nous nous contentons de placer le diaphragme aussi excentriquement que possible et de recevoir les rayons solaires sur le miroir plan après leur avoir fait traverser 3, 4 ou 5 verres d'un bleu foncé que l'on place simplement à quelques centimètres de distance devant le microscope. Le nombre des verres bleus doit être proportionné à l'intensité de la lumière solaire, et l'on s'abrite de la lumière superflue à l'aide d'un écran de carton.

En agissant ainsi et en employant les objectifs parfaits que l'on possède aujourd'hui, comme par exemple le nouveau 1/8e de Powell et Lealand et ceux de Spencer et de Tolles, la résolution des tests les plus difficiles, tels que l'*Amphipleura*, même dans le baume, et celle des derniers groupes du test de Nobert, se fait fort aisément.

§ 3. — Du grossissement.

C'est une erreur généralement accréditée parmi les personnes étrangères aux observations microscopiques, que l'on voit d'autant mieux que le grossissement employé est plus considérable. C'est là une idée entièrement fausse et la plupart des observations, surtout celles d'anatomie végétale, se font à des grossissements de 50 à 200 diamètres. Les grossissements plus forts ne s'emploient que rarement et seulement pour élucider quelques détails. Quelle que soit l'observation à faire, il faut toujours commencer par étudier l'ensemble d'un objet à un faible grossissement. On passe ensuite successivement à des grossissements de plus en plus forts, mais seulement quand la nécessité en est démontrée.

§ 4. — Règles hygiéniques à observer dans les recherches microscopiques.

L'on entend dire très-souvent que les recherches microscopiques nuisent à la vue. Il n'en est absolument rien. Sans parler ici de Leuwenhoeck qui, à l'âge de quatre-vingt-dix ans, faisait encore des observations et ce à l'aide de microscopes simples, grossiers et fatigants, nous pouvons citer Schacht et M. Harting, qui tous deux nous ont assuré que leur vue n'avait pas souffert des observations continues auxquelles ils se sont livrés. Nous-même enfin, nous nous servons journellement du microscope depuis 1852; bien souvent nous avons prolongé jusque dans la nuit des observations commencées le matin et ce parfois plusieurs jours de suite, une fois même pendant près de deux mois sans interruption. Sauf peut-être une très-légère myopie, jamais ces recherches ne nous ont causé de dommage à la vue. Cependant, il s'en faut de beaucoup que les recherches microscopiques ne puissent jamais nuire; au contraire, elles peuvent très-bien, quand on les fait inconsidérément, amener des dangers réels. Mandl cite un micrographe qui perdit presque la vue pour avoir fait ses observations dans une chambre obscure où la lumière n'entrait que par une petite ouverture vis-à-vis du miroir. Un des algologues les plus illustres de notre époque, A. de Brébisson, nous écrivit aussi qu'ayant fait l'hiver, à une lumière artificielle très-vive, des observations prolongées et fatigantes dans le but de compter les stries des diatomées, il en était résulté une congestion violente qui, pendant près d'un an, l'avait forcé de suspendre tout travail. Mais rien de cela n'est à craindre pour celui qui observe les conseils suivants :

1° Ne faites point d'observations immédiatement après les repas;

2° Que le champ du microscope soit éclairé doucement. Évitez tout éclairage trop vif et surtout n'employez jamais la lumière solaire pour les observations ordinaires.

Ce n'est que dans les expériences de polarisation ou de photographie microscopique de même que pour l'éclairage monochromatique que la lumière solaire peut vraiment être utile;

3° Suspendez immédiatement vos observations dès que vous ressentirez la moindre fatigue dans l'œil. Ceci est de la plus grande importance.

La vue, comme les autres organes, doit être sagement ménagée. Du reste il est inutile d'appuyer davantage sur les conseils donnés : l'homme de science et le simple amateur en apprécieront toute l'importance.

§ 5. — **Test-objets**.

La puissance optique d'un microscope s'apprécie au moyen de certains objets parfaitement connus et qui servent d'étalons. On leur a donné le nom de *test-objets* ou simplement tests, mot anglais qui signifie objets d'épreuve.

Nous diviserons les tests en trois classes :

1° Tests organiques; 2° tests de Nobert ; 3° test dioptrique de Harting.

1° *Tests organiques*. — Nous désignons sous ce nom les objets tirés du règne organique. Leur nombre est grand, mais nous ne parlerons que des suivants, qui sont les plus importants :

Lepisma saccharina, Pieris Brassicae, Hipparchia Janira, Pygidium de la puce, Pleurosigma angulatum, Grammatophora subtilissima, Surirella Gemma, Vanheurckia rhomboïdes et viridula, Amphipleura pellucida.

Lepisma saccharina. — Ces écailles sont fournies par un insecte de l'ordre des Thysanoures connu sous le nom vulgaire de *petit poisson d'argent*, qui habite dans les fentes des planchers, armoires, etc. Les écailles présentent deux sortes de stries : les unes longitudinales et les autres obliques par rapport aux premières. On distingue deux formes dans les écailles du Lepisma. Dans les unes, qui sont plus ou moins rondes, les stries ne se distinguent qu'avec un instrument amplifiant de 100 à 150 diamètres. Dans les autres, dont la forme est conique, les stries se montrent à un grossissement de 30 à 40 fois.

Pieris Brassicae. — Les écailles du papillon du chou ont donné lieu pendant quelque temps à beaucoup de discussions.

Charles Chevalier les décrivit comme présentant des stries longitudinales granulées et simulant des rangées de perles. H. v. Mohl contesta la chose et prétendit en tirer un jugement défavorable pour les microscopes du constructeur parisien. Divers observateurs, Goring, Brewster, etc., émirent des opinions qui n'élucidèrent point la question dont la solution était réservée à M. Harting qui trouva le premier que tout dépendait de la façon d'éclairer l'objet. Il y a deux séries de lignes : les unes transversales, les autres longitudinales. On distingue très-bien ces deux séries de lignes en employant la lumière oblique ou convergente; mais en employant la lumière divergente, on ne voit que des lignes granulées.

Ce test est difficile et exige, avec un excellent instrument, un grossissement de 3 à 400 diamètres.

Hipparchia Janira. — Les écailles de ce papillon prises sur un individu femelle ont d'abord été recommandées par Amici et ensuite vantées par Schacht et H. v. Mohl comme étant un bon test pour essayer à la lumière oblique des objectifs de moyen grossissement. On y voit (fig. 75) des lignes longitudinales et transversales; ces dernières sont éloignées les unes des autres d'environ 1/1200 de millimètre. Les lignes doivent se montrer bien nettes à la lumière centrique lorsqu'on emploie des objectifs forts. Schacht recommande comme étant les plus difficiles les écailles longues et transparentes.

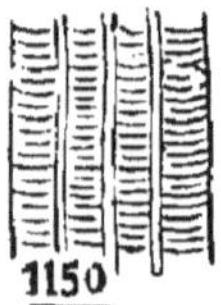

Fig. 75.

Pygidium de la puce. — Le pygidium de la puce est un excellent test pour juger de la bonne définition d'un objectif. Nous l'employons dans ce but depuis plus de 15 ans et nous sommes fort satisfait des résultats qu'il nous donne. Il faut toutefois se résoudre à préparer soi-même ce test, car nous n'en avons point encore vu de bon exemplaire, livré par un préparateur.

Le pygidium de la puce se compose de deux lobes et montre trente-deux à trente-huit poils longs et raides implantés au centre d'autant d'aréoles et entourés chacun d'un rang de petites élévations *cunéiformes*. Les espaces inter-aréolaires sont couverts de petites épines (fig. 76).

Un excellent objectif doit montrer ces aréoles nettement définies dans toutes leurs parties, et les élévations doivent paraître cunéiformes et non rondes comme elles sont figurées par Dujardin. En outre la couleur de l'objet doit être d'un jaune brunâtre bien pur sans la moindre apparence flouc ou laiteuse. Nous connaissons très-peu d'objectifs qui satisfassent complétement à ces conditions.

Depuis quelques années, le microscope s'étant perfectionné d'une façon extraordinaire, il a fallu chercher sans cesse de nouveaux tests de plus en plus difficiles. Les diatomées, qui présentent sur leur carapace des lignes très-fines, ont fourni ce qu'on cherchait. Nous allons examiner les tests de ce dernier genre les plus généralement employés :

Pleurosigma angulatum.—Étudié avec des objectifs médiocres ou à la lumière directe avec des objectifs non à immersion, ni à grand angle d'ouverture, le *Pleurosigma,* tel qu'il est livré ordinairement par les préparateurs, c'est-à-dire à sec, se présente comme dans la figure 77 ci-contre, sans la moindre apparence de stries. Mais que l'on emploie la lumière oblique et un bon objectif, l'on verra successivement apparaître trois séries de lignes se croisant sous un angle de 60°, comme on le voit dans la figure 78 ci-après où nous avons dessiné du

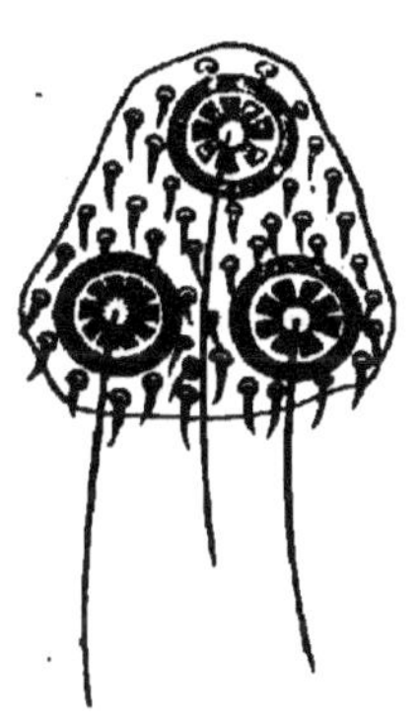

Fig. 76.

Fragment du pygidium de la puce $\frac{450}{1}$.

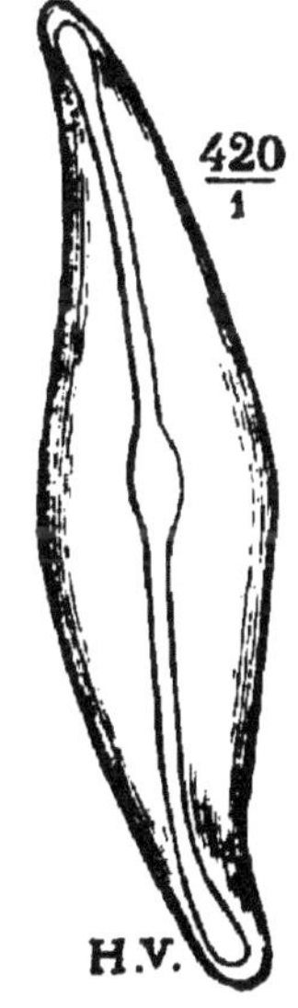

$\frac{420}{1}$

H.V.

Fig. 77.

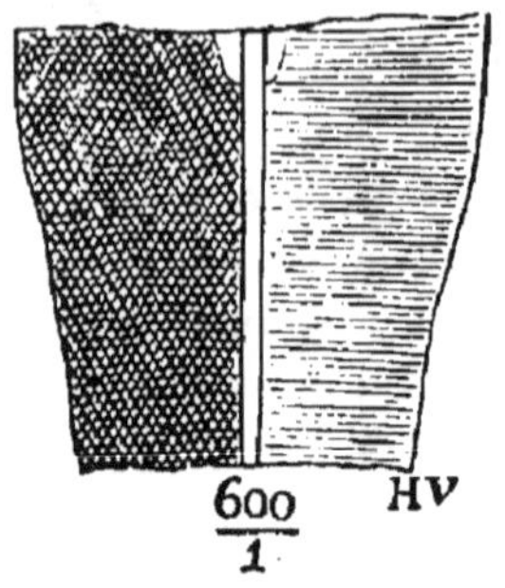

Fig. 78.

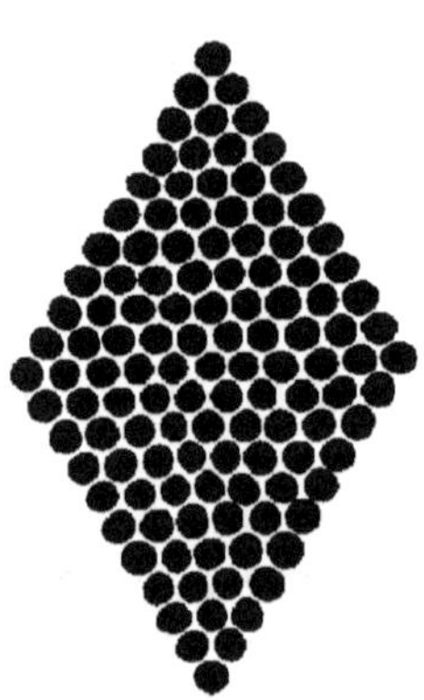

Fig. 79.

côté droit les lignes transversales et à gauche les deux autres sortes de lignes.

Les objectifs à immersion et les excellents objectifs à sec montrent dans la lumière centrique non une surface couverte de lignes, mais bien de petites perles. Ces petites perles sont-elles en relief ou sont-elles creusées dans la substance de la carapace? La question n'est pas encore complétement élucidée pour toutes les diatomées, mais pour la majorité des cas les perles paraissent être en relief.

L'apparence d'hexagones produite dans certaines conditions d'éclairage est une simple illusion d'optique. Nous croyons que c'est M. Nachet qui a appelé le premier l'attention sur ce point. Si l'on regarde d'un peu loin la figure **79** ci-contre, on croira voir des hexagones au lieu de perles qu'il y a réellement.

Grammatophora subtilissima. — Les carapaces de cette diatomée présentent au bord des lignes longitudinales et transversales. Ce sont ces dernières qui sont très-difficiles à voir et elles exigent un très-bon objectif.

Surirella Gemma. — Cette espèce est un des tests les plus difficiles qu'il y ait pour la résolution en perles. Il faut pour les voir employer les meilleurs objectifs à immersion et en outre la lumière oblique. L'emploi d'un microscope à platine tournante est ici d'un grand secours de même que celui du condenseur d'Abbe.

Ce *Surirella* offre, ainsi qu'on le voit dans la figure **80** ci-après qui en représente à peu près un quart, de grosses lignes bien marquées, entre lesquelles se montrent des lignes transversales plus fines, comme elles sont dessinées dans la partie A. Ce ne sont point ces dernières qui donnent au *Surirella Gemma* sa

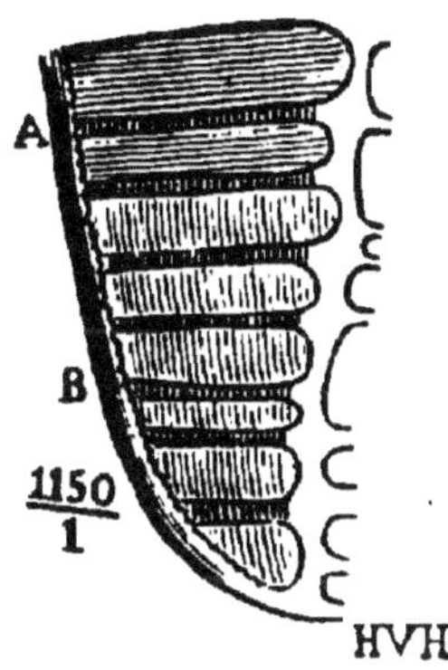

Fig. 80.

haute valeur comme test. Mais, en dirigeant convenablement le miroir et en faisant tourner la platine, on apercevra des lignes longitudinales délicates, plus fortement marquées sur les grosses lignes transversales. Ces lignes fines, marquées en B sont difficiles à voir. A l'aide d'un objectif n° 11 particulièrement réussi, M. Hartnack découvrit que ces lignes se laissent résoudre en hexagones très-aplatis et qui, par leur disposition, dessinent trois systèmes de lignes dont deux se coupent à angle très-aigu. Ici, comme dans d'autres espèces de diatomées, dit M. Hartnack, le dernier élément visible est un hexagone nullement régulier, comme

Fig. 81.

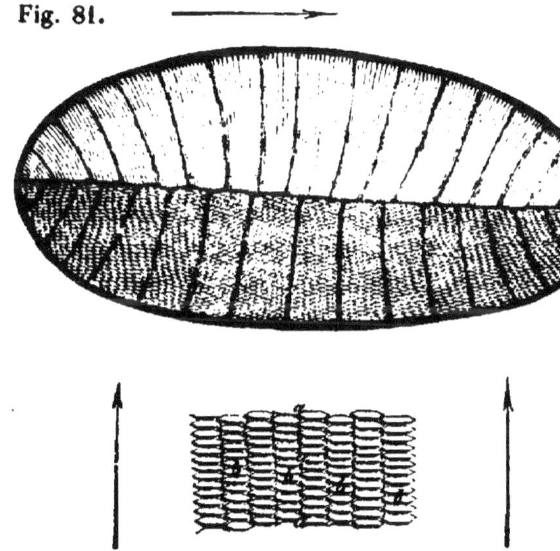

dans le *Pleurosigma*, mais très-écrasé. Les figures 81 et 82 font bien connaître cette disposition.

La figure 81 représente, d'après M. Hartnack, la partie supérieure du *Surirella Gemma* éclairée parallèlement à l'axe suivant la direction de la flèche. On ne

Fig. 82.

voit que le système de lignes perpendiculaires. La moitié inférieure est éclairée perpendiculairement à l'axe de la diatomée. C'est alors que l'on aperçoit les lignes qui se coupent sous une grande obliquité, et qui, par leur croisement, donnent les hexagones aplatis.

La figure 82 ci-dessus représente un dessin très-amplifié de ces hexagones. Les espaces *a a a* qui les séparent forment une ligne en zigzag, portant une ombre assez large pour être facilement aperçue. Ces zigzags proviennent des lignes perpendiculaires à la direction de l'axe. Les séparations *b b b* constituent d'autres lignes ondulées, très-fines, qui se croisent sous un angle très-aigu.

Telle est l'interprétation du *Surirella* donnée par M. Hartnack, mais cette opinion a été combattue par M. Woodward : « Un examen soigneux d'échantillons montés à sec m'a convaincu, dit-il, que l'opinion de M. Hartnack est fautive. Les stries fines sont, je pense, des séries de petites élévations hémisphériques, l'apparence d'hexagones est le résultat optique d'une définition imparfaite ou d'un éclairage non convenable. »

A l'aide d'excellents objectifs combinés avec le condenseur d'Abbe, nous avons pu nous convaincre que l'opinion de M. Woodward est parfaitement fondée et nous avons pu résoudre la surface de ce test en petites perles allongées, disposées alternativement, d'où l'apparence de lignes sinueuses qui sont produites par des objectifs moins parfaits.

Navicula rhomboïdes. — En 1862, on employa à Londres, pour juger les microscopes, une diatomée fossile que l'on désigna sous le nom de *Navicula affinis*. Plus tard on prétendit que l'on s'était trompé sur le nom de ce test et que c'était sous le nom de *Navicula Amici* que l'on devait le désigner. Feu notre ami M. de Brébisson, que nous consultâmes à ce sujet, nous répondit que le nom de *Navicula Amici* avait été inventé par certains constructeurs qui voulaient honorer le célèbre professeur italien, que le nom de *Navicula Amici* n'avait jamais été employé par aucun algologue et que la diatomée en question que nous lui soumîmes était le *Navicula rhomboïdes* type.

En 1868, M. de Brébisson nous écrivit qu'il avait de fort bonnes raisons pour détacher le *Navicula rhomboïdes* du genre Navicula et qu'il avait créé le genre *Vanheurckia* où rentraient certaines espèces des genres Navicula et Colletonema. C'est donc sous le nom de *Vanheurckia rhomboïdes* que M. de Brébisson désigne ce test qui est très-difficile. Cette diatomée a, sur la ligne médiane, une raie profonde et interrompue au centre de la carapace par le nodule médian. Parallèlement à la raie médiane, se montrent des lignes longitudinales fortement marquées et visibles même à l'éclairage centrique. Mais transversalement aux premières, se montrent en outre des lignes très-serrées et d'une ténuité extrême : ce sont ces dernières qui donnent au *Navicula affinis* sa valeur de test de premier rang. Elles exigent la lumière oblique et un éclairage modéré d'une façon convenable.

Vanheurckia viridula, Bréb. (1). — La diatomée dont il vient d'être question est devenue à peu près introuvable. Les préparations qui furent mises dans le commerce avaient été faites par Bourgogne au moyen d'un peu de poudre qui lui avait été donnée par Amici. Aujourd'hui Bourgogne n'en a plus et l'on ne sait plus où chercher la diatomée, qui était fossile.

Pour remédier à cette perte, nous nous sommes efforcé de trouver un test à peu près équivalent, et nous l'avons trouvé dans le *Vanheurckia viridula*. Cette diatomée est assez abondante dans divers endroits.

Le *Vanheurckia viridula* est assez semblable pour l'aspect général à l'espèce que nous venons de décrire précédemment,

---

(1) *Voir* aussi *Essai monographique sur le nouveau genre Vanheurckia*, par A. de Brébisson, dans la livraison XIII des *Annales de la Société phytologique et micrographique de Belgique*. Anvers, 1868.

sauf qu'il est un peu plus allongé et qu'il a les extrémités arrondies. Il a aussi des lignes longitudinales et des lignes transversales, les unes et les autres à peu près également difficiles à résoudre, ce en quoi il diffère du *Navicula* précédent, où les lignes longitudinales sont fort grosses et résolubles avec un objectif d'une puissance minime.

Lorsque l'éclairage est dirigé d'une façon convenable, on doit résoudre nettement ce test en perles fines.

Un échantillon de grandeur moyenne de cette espèce que nous avons étudié avec beaucoup de soin nous a présenté 2,700 lignes transversales au millimètre.

Le *Frustulia saxonica* (*Vanheurckia crassinervia*, de Bréb.) que l'on emploie assez souvent, paraît n'être qu'une forme à lignes très-difficilement résolubles, du *Vanheurckia rhomboïdes*, c'est un test très-variable et par suite peu à recommander.

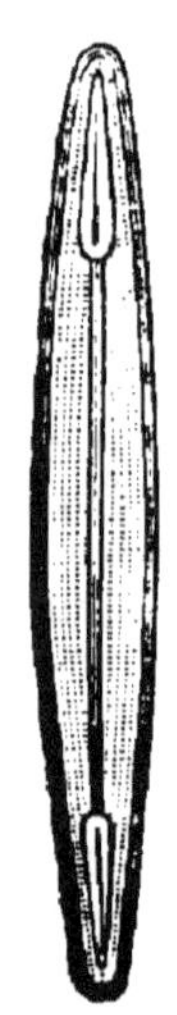

Fig. 83.
(D'après Schumann.)

Amphipleura pellucida. — L'*Amphipleura*, qui est actuellement la diatomée la plus difficile à résoudre, a des valves lancéolées à trois carènes dont une médiane ou dorsale et les deux autres marginales. Il n'y a pas de nodule central, mais deux nodules terminaux allongés qui terminent la carène dorsale (fig. 83).

Ce n'est que dans ces derniers temps que l'*Amphipleura* a acquis son importance comme test, et ce grâce aux perfectionnements considérables que certains objectifs ont reçus. En ce moment même, ce test ne peut guère encore être résolu, dans les conditions ordinaires d'éclairage, que par certains objectifs hors ligne tels que le nouveau 1/8e de Powell et Lealand et le 1/10e de Spencer.

Sauf avec ces objectifs, la façon la plus certaine et la plus facile d'en obtenir la résolution, c'est de se servir de la lumière monochromatique. Alors, on peut sans beaucoup de peine, avec des objectifs excellents, tels que l'ancien 1/8e de Powell, les objectifs à immersion de Ross, Zeiss, Bénèche, Hartnack, etc., faire apparaître les fines stries tranversales, avec le simple emploi du miroir placé obliquement. La résolution en perles est beaucoup moins facile.

1500
―――
1

Fig. 84.

Il a régné une grande diversité d'opinions sur le nombre de stries transversales que l'on peut y compter par millimètre. — Le nombre en a été exagéré et l'on a été jusqu'à prétendre qu'il y en avait 150,000 par pouce. Grâce aux admirables photographies de M. le Dr Woodward, il n'y a plus de contestation possible et l'on sait que le nombre des stries varie, d'après la petitesse des frustules, de 91 à 100 par millième de pouce. En prenant comme moyenne le nombre de 95, nous en aurons donc 3,700 par millimètre.

La figure 84 que nous donnons ci-contre est la reproduction exacte, comme finesse et distance des lignes, d'une photographie que nous a envoyée M. le Dr Woodward. C'est ainsi qu'on en obtient la résolution par l'emploi du verre bleu comme nous l'avons expliqué à l'article de la lumière monochromatique.

1°. — TEST ET PRÖBE-PLATTEN DE MÖLLER.

Un habile préparateur, M. Möller, de Weddel (Holstein), fabrique des tests fort précieux. Le test gradué ordinaire est formé de 20 diatomées placées sur une ligne et de plus en plus difficiles à résoudre.

Ce test peut jusqu'à un certain point remplacer le test de Nobert.

M. Möller arrange aussi des plaques contenant 100 et même

400 diatomées différentes, placées sur des lignes parallèles, de façon qu'à l'aide d'une seule préparation on peut étudier un grand nombre de genres et d'espèces de cette famille. Ces préparations, qui exigent une patience et une habileté toutes spéciales, sont naturellement assez chères. Quoi qu'il en soit, nous ne pouvons trop recommander aux micrographes de se procurer au moins le test gradué ordinaire, qui leur rendra les meilleurs services pour l'appréciation de la valeur relative des divers objectifs.

Nous donnons à la page suivante le nombre de stries des diatomées du test de Môller ainsi que de quelques autres diatomées souvent employées :

Nombre de stries des diatomées du Test de Möller avec l'indication des groupes de Nobert qui y correspondent.

	Nombre de stries de divers échantillons.	TEST DE MÖLLER. N°	Nombre de stries transversales (1). par millim.	TEST DE NOBERT à 19 groupes.
Lepisma saccharina (grand)	400 par mill.			
» » (petit) .	700 à 900			
Pinnularia nobilis	400 à 600	2	455	1er = 445 pr mill.
Hipparchia Janira.	1000 à 1200			
Navicula Lyra var.		3	640	2e = 605 »
» »		4	988	
Pinnularia interrupta var.		5	1055	4e = 1108 »
Stauroneis phœnicenteron.		6	1330	5e = 1329 »
Grammatophora marina. .		7	1429	
Pleurosigma balticum . . .	1400 à 1500	8	1500	
» acuminatum .		9	1734	
Nitzschia amphioxys. . . .		10	1736	
Pleurosigma angulatum . .	2200 à 2300	11	1738	7e = 1772 »
Grammatophora subtilissima	variable.	12	2429	
Surirella Gemma	»	13	2153	
Nitzschia sigmoidea	3000 à 3100	14	2551	
Pleurosigma Fasciola . . .		15	2225	9e = 2215 »
Surirella Gemma (long). .	3000 à 3200	16	2650	11e = 2658 »
Cymatopleura elliptica . .		17	2551	
Vanheurckia viridula moy.	2700			
» rhomboïdes .	3000			
» crassinervis (Frustulia saxonica). . .	3400 à 3500	18	3195	13e = 3101 »
Nitzschia curvula		19	3334	14e = 3325 »
Amphipleura pellucida . .	3700	20	5614	Entre 15e et 16e groupes.

(1) D'après Morley in Montly Mic. jour. T. XIII, p. 241.

2°. — TEST DE NOBERT.

Un habile opticien allemand, M. J.-A. Nobert, demeurant actuellement à Barth en Poméranie, a imaginé de tracer sur verre des séries de lignes de plus en plus rapprochées les unes des autres. Les tests ou tables d'épreuve, comme Nobert les nomme, sont vraiment merveilleux et l'on ignore absolument quel est le procédé employé par ce constructeur pour parvenir à tracer des lignes aussi fines et aussi rapprochées.

Nobert livre deux séries de tests. La première série la plus ancienne contient 30 groupes de lignes et coûte 30 thalers. Nous donnons ci-dessous, d'après M. Harting, le nombre des lignes de quelques groupes :

Le groupe n° 1 contient	443 lignes au millimètre.
» » » 5 »	806 » » »
» » » 10 »	1,612 » » »
» » » 15 »	2,215 » » »
» » » 20 »	2,653 » » »
» » » 25 »	3,098 » » »
» » » 30 »	3,544 » » »

Ce test se présente comme une préparation microscopique ordinaire. Les lignes sont tracées au centre d'un couvre-objet en verre et appliqué sur un porte-objet, en forme de préparation.

Il va sans dire que ces lignes deviennent de plus en plus difficiles à résoudre à mesure que l'on s'élève dans la série des groupes.

La construction des objectifs ayant fait des progrès, M. Nobert a construit un nouveau test n'ayant plus que 19 groupes, mais dont le 19ᵉ groupe est bien plus difficile que le 30ᵉ de la première série. Voici la distance et le nombre de lignes de ces 19 groupes :

Groupe.	Dans une ligne de Paris.	Dans un millimètre, d'après Harting, III, 374.	Nombre de lignes de chaque groupe.
1	1/1000e	443	7
2	1/1500e	665	10
3	2000e	886	13
4	2500e	1108	15
5	3000e	1329	17
6	3500e	1550	20
7	4000e	1772	23
8	4500e	1994	25
9	5000e	2215	27
10	5500e	2437	30
11	6000e	2658	34
12	6500e	2880	37
13	7000e	3100	40
14	7500e	3323	43
15	8000e	3544	45
16	8500e	3766	48
17	9000e	3987	51
18	9500e	4209	54
19	10000e	4430	57

Certains auteurs ont dit que les tests de Nobert sont de très-peu d'utilité pour le micrographe, ils disent que les tests diffèrent entre eux à cause de la pression plus ou moins forte du diamant, de la nature du verre, etc. En outre, dit-on, ils ne serviront jamais à caractériser un bon objectif, car ils ne peuvent être étudiés que dans la lumière très-oblique.

Nous contestons formellement tous ces points et nous sommes persuadé que l'on ne parle ainsi que faute d'avoir étudié suffisamment ce test dont le seul défaut est de coûter un peu cher.

D'abord, il peut servir tout aussi bien dans la lumière centrique que dans la lumière oblique ; ensuite ce test est bien loin d'être aussi variable qu'on le dit, les diatomées le sont infiniment plus et leur difficulté de résolution est influencée par une foule de circonstances d'âge, de localité, etc., comme le savent tous ceux qui ont fait une étude spéciale de ces êtres si intéressants.

Nous possédons les deux tests et nous nous en servons journellement depuis longtemps ; quoique ces deux séries de groupes datent d'une époque fort différente, ils sont parfaitement comparables entre eux et un objectif donné qui nous permettra de résoudre un certain groupe du premier test résoudra le groupe équivalent de l'autre test, rien de plus et rien de moins.

M. le colonel Dr Woodward a figuré les 19 groupes dans une série d'admirables photographies qu'il a faites pour l'Exposition de Philadelphie. L'illustre micrographe a bien voulu nous envoyer ces photographies, et ce que nous voyons est bien identique aux images obtenues par M. Woodward.

Ces photographies étaient accompagnées d'un imprimé intitulé : *Memorandum on the nineteen-band test plate of Nobert.* Cet éminent savant qui consacre tous ses instants à l'élucidation des points les plus difficiles de la micrographie et dont la compétence ne peut ici être révoquée en doute, s'exprime comme suit, dans ce memorandum ; nous sommes heureux de nous rencontrer avec lui sur tous les points :

« La plaque de Nobert, que nous venons de décrire, offre un admirable moyen de mesurer le pouvoir définissant des meilleurs objectifs. Elle paraît mieux adaptée à ce but que les diatomées qui sont si généralement employées, car les individus d'une même espèce varient considérablement pour la finesse des lignes. Quoiqu'il ne soit pas présumable que Nobert ait toujours atteint exactement le même degré de précision, l'examen d'un bon nombre de ces plaques montre que les déviations de la précision voulue sont si faibles qu'*elles sont pratiquement inappréciables.* »

3°. — TEST DIOPTRIQUE DE M. HARTING.

Pour remédier à la variabilité des tests ordinaires, le célèbre professeur de l'Université d'Utrecht a imaginé un test dioptrique toujours égal et permettant d'exprimer *en chiffres* la valeur d'un objectif. Nous allons décrire tout au long cette méthode qui est extrêmement ingénieuse. Énumérons d'abord les objets nécessaires et décrivons la disposition que doit avoir le microscope.

Celui-ci doit avoir, outre la platine ordinaire, un porte-objet accessoire mobile et pouvant donc monter et descendre. Le microscope dit de *Strauss*, de A. Chevalier, qui possède un diaphragme s'abaissant et s'élevant au moyen d'une crémaillère est éminemment propre à cet usage. Cependant nous verrons plus tard qu'en modifiant un peu la façon d'opérer, tout microscope ayant un diaphragme susceptible de monter et de descendre peut servir à cet usage.

On doit avoir en outre : 1° un flacon renfermant une solution assez épaisse et extrêmement limpide de gomme arabique dans l'eau ; 2° un petit morceau carré de toile métallique dont les mailles soient distantes d'environ 0,4 à 0,6 de millimètre ; 3° et, enfin, une série de petites bandelettes étroites de carton blanc ayant un diamètre depuis 3 jusqu'à 50 millimètres.

Maintenant que tout est prêt, nous pouvons opérer. On com-

mence par bien secouer la bouteille avec la gomme et l'on en
dépose une goutte sur une lame de verre. Si la goutte ne renferme pas assez de bulles d'air, on l'agite avec l'extrémité d'un
canif jusqu'à effet voulu. On place latéralement deux petits morceaux de papier et on couvre la goutte d'une lamelle mince. Le
porte-objet ainsi préparé est déposé sur la platine et on met la
toile métallique sur le diaphragme, puis on rapproche celui-ci
de la lame de verre portant la goutte.

On regarde par le tube du microscope et l'on promène le
porte-objet jusqu'à ce que l'on trouve une bulle d'air donnant
une très-petite image de la toile métallique.

On fait descendre alors le diaphragme. L'image devient de
plus en plus petite, mais en même temps elle monte un peu. Il
faut donc aussi remonter légèrement le tube du microscope au
moyen de la vis de rappel. En agissant ainsi, il arrive un
moment où l'on ne voit plus l'image, même en changeant la distance entre la bulle d'air et l'objectif. On remonte alors un peu
l'objectif jusqu'à ce qu'on aperçoive l'image au centre du petit
champ de vue de la bulle d'air. La dernière limite de visibilité
est alors atteinte.

Quand on est arrivé à ce point, on remplace la toile métallique par un des petits cartons dont le diamètre est exactement
connu. Le choix dépend de l'éloignement du porte-objet mobile.
Si la distance est assez considérable, on peut se servir d'un
carton ayant un diamètre passablement grand, puisqu'alors il
est suffisamment éclairé par la lumière directe, mais si l'éloignement est tel que la lumière directe n'y puisse arriver, car elle
est interceptée par les contours de la platine, il faut bien se
servir de cartons plus petits dont l'image ne remplisse pas
entièrement le petit champ de la bulle.

L'image du carton est mesurée comme s'il s'agissait d'un
objet véritable. On peut, par exemple, employer le procédé de
la double vue. Supposons que le grossissement du microscope
jusqu'à la table qui le supporte soit de 450 fois, que la grandeur de l'image qui s'y trouve projetée soit de 15,7 millimètres

et que la bandelette de carton elle-même ait un diamètre de 20 millimètres. Alors le diamètre de l'image est de

$$\frac{15,700}{450} = 35^{mmm}$$

et le chiffre d'amoindrissement de

$$\frac{20,000}{35} = 571.$$

Supposons alors que les interstices entre les fils métalliques dont nous nous sommes servi soient de 0,45 millimètres. On trouvera dans ce cas pour dernière limite de visibilité

$$\frac{450}{571} = 0,79^{mmm}.$$

Certains détails sont encore à observer dans les opérations que nous venons de décrire : nous allons en dire quelques mots :

1° Il faut s'assurer si la bulle d'air ayant servi de lentille négative a conservé le même diamètre, car celui-ci peut varier, soit par l'absorption de l'air par le liquide, soit par le changement de température. On en prend donc la mesure avant et après l'observation et on rejette tout résultat dans lequel ces deux mesures ne concordent pas. Pour empêcher l'absorption, on n'a qu'à se servir, pour dissoudre la gomme, d'une eau bien aérée. Le changement de température est peu à craindre lorsqu'on opère promptement et dans l'air ordinaire d'un appartement sans que l'instrument soit exposé aux rayons du soleil.

2° Il va sans dire que la distance du second objet doit être rigoureusement la même que celle du premier. Par conséquent celui-ci doit se trouver placé sur une lame d'égale épaisseur.

3° Le petit champ de la bulle d'air est très-courbé. Le grossissement ou plutôt la grandeur de l'image diminue du centre vers la circonférence. Les dernières traces de l'image sont donc encore visibles au centre lorsqu'elles ont déjà disparu à l'entour. Il en résulte que l'objet (le carton) devant servir de terme de comparaison, pour trouver le chiffre d'amoindrissement, ne doit pas être pris trop grand, parce qu'alors les bords de l'image s'éloigneraient trop du centre et subiraient un amoindrissement trop fort eu égard à celui du premier objet. Il y a même ici un défaut qu'on ne saurait éviter entièrement. Mais en prenant un carton d'un diamètre tel que l'image ne surpasse pas le 1/10e ou le 1/8e du diamètre de la bulle, cette faute est presque réduite à zéro, pourvu que la mesure soit prise au milieu de la bulle. De plus, le microscope lui-même a presque toujours un champ de vision où le grossissement marche en sens contraire, ce qui contribue encore à diminuer l'erreur.

Maintenant il est clair que les résultats que l'on obtient sont purement individuels, puisqu'ils dépendent en partie des conditions où se trouve l'observateur. Pour rendre les résultats comparables entre eux et pour pouvoir également comparer les résultats de la vue microscopique à ceux de la vue à l'œil nu, il faut faire la même opération sans microscope en se servant d'un système de lentilles pour faire naître l'image. Un tel système est donc placé sur la platine du microscope et l'objet sur le porte-objet mobile comme dans l'opération précédente. On enlève alors toutes les lentilles du tube du microscope, on le pousse jusqu'au système, afin d'exclure la lumière environnante, et l'on place l'œil de façon qu'il se trouve à une distance fixe, par exemple de 25 centimètres de l'image. Lorsqu'on a atteint, en abaissant l'objet, la dernière limite de la visibilité de son image, le tube du microscope est muni d'un objectif et d'un oculaire et on prend la mesure de l'image comme si c'était un objet véritable.

Or, pour comparer les résultats obtenus de la sorte, on n'a qu'à faire un calcul bien simple. Supposons, par exemple, que les plus petits interstices encore visibles à 25 centimètres avec l'œil nu aient un diamètre de 61ᵐᵐᵐ. Dans le cas précédent, les plus petits interstices encore visibles étaient de 0,79^{mmm}, par conséquent on distingue, par le microscope, encore des interstices de

$$\frac{61}{0,79} = 77,2$$

fois plus petits qu'à l'œil nu. Mais cette observation ayant été faite à un grossissement de 450 fois, il y a par conséquent une perte, par rapport à l'œil, de

$$\frac{450 - 77,2}{450} = 0,83,$$

ce qui est énorme et ne s'observe qu'en employant des oculaires trop forts.

Nous avons décrit minutieusement la façon d'opérer pour réussir complétement. La chose est beaucoup plus courte à exécuter qu'à décrire. Notons aussi que l'on peut opérer d'une façon beaucoup plus simple, mais qui peut-être n'est pas suffisante dans certains cas.

Dans cette seconde manière d'agir, on prend un tissu métallique dont on noircit les fils et on en encadre (par du papier noir) dix mailles sur chaque côté.

Le test ainsi préparé est fixé sur une ouverture appropriée du diaphragme (pouvant monter et descendre) et rapproché autant que possible de la platine.

La solution de gomme arabique étant mise sur la platine, on choisit une bulle donnant une image petite, mais fort nette du tissu encadré.

L'éclairage se fait à l'aide du miroir plan réfléchissant la lumière bleue du ciel. Cette circonstance est défavorable à l'objectif, mais, par contre, les résultats sont mieux comparables.

On descend le diaphragme jusqu'à ce que l'on n'aperçoive plus qu'à peine le dessin des mailles.

Ensuite on mesure directement la grandeur de l'image que

l'on projette à 25 centimètres de l'oculaire à l'aide de la chambre claire. Nous avons l'habitude de prendre ainsi une dizaine de mensurations dont nous déduisons la moyenne.

On remplace alors sur la platine le verre portant la solution gommeuse par un micromètre, objectif dont on projette également l'image à 25 centimètres afin d'avoir le grossissement.

Cela fait, on a toutes les données nécessaires pour passer à un petit calcul.

Voici, par exemple, comment celui-ci se fait :

On a obtenu :

Grandeur de l'image à 25 centimètres $= 1^{mm},5$.
Grossissement à 25 centimètres $= 320$ fois.

L'image ayant $1^{mm},5$, et le grossissement étant de 320, pour avoir la grandeur réelle de l'image, on divisera celle-ci par le grossissement

$$\frac{1^{mm},5}{320}$$

ou $1^{mm},5$ divisé par 320 (ou 1500 μ *: 320)

$$\text{donc } \frac{1500}{320} = 47\ \mu.$$

Or, les mailles ayant la dixième partie du chiffre que l'on vient de trouver, on aura μ 0,47 pour la grandeur encore visible des mailles.

Nous donnerons dans la suite de cet ouvrage quelques applications de ce procédé aux objectifs des divers constructeurs.

---

* μ. $=$ L'unité de mesure qui, en micrographie, est le millième du millimètre.

§ 6. — **Exemple d'une observation au microscope.**

Nous croyons avoir suffisamment expliqué le maniement du microscope; toutefois ayant surtout à cœur de faciliter les observations aux personnes qui n'ont pas l'habitude de cet instrument et qui ont hâte d'en tirer tout le parti possible, nous croyons utile de donner un exemple de l'application des règles dont nous venons de parler.

Supposons donc un débutant qui voudrait découvrir toutes les stries du *Surirella Gemma,* l'un des tests les plus difficiles. Si, en suivant nos conseils, il y parvient, il peut être assuré que le microscope n'aura plus pour lui de secrets.

Prenons le petit modèle Hartnack, dont le pied est en fer à cheval (tout autre modèle à miroir articulé conviendra également bien) et posons-le à quelques pieds de la fenêtre, sur une table bien solide dont la hauteur soit telle qu'on puisse, étant assis, regarder commodément et verticalement dans le tube. Il s'agit d'arriver au but par gradation. Plus tard, quand l'élève sera expérimenté, il y atteindra aisément.

Pour cela essayons d'abord l'objectif Hartnack n° 4 (n° 2 de Nachet, n° 3 de Chevalier); quand il est vissé au tube, celui-ci est armé d'un oculaire de force moyenne, puis le diaphragme à ouverture moyenne est mis en place.

Il s'agit maintenant d'éclairer. Pour cela, le miroir réflecteur, laissé dans l'axe du tube, est incliné de façon à réfléchir la lumière à travers l'ouverture du diaphragme. Il faut ici procéder par tâtonnements et jusqu'à ce que cette lumière soit blanche et douce : aussi longtemps qu'il n'en est pas ainsi, soyez assuré que l'inclinaison du réflecteur est défectueuse.

Vous posez ensuite sur la platine la préparation munie de sa lamelle de verre qui recouvre l'objet et vous descendez à la main le tube jusque contre cette préparation, en évitant soi-

gneusement de la toucher de peur de la briser. Tenant ensuite
les doigts sur celle-ci ou bien la maintenant au moyen des
valets, vous haussez lentement le tube jusqu'à ce que vous
aperceviez les *Surirella* d'une manière plus ou moins confuse,
et, vous emparant alors de la vis de rappel, vous la faites-mou-
voir à droite ou à gauche jusqu'à ce que celle de ces diatomées
qui se trouve au centre du champ vous apparaisse nettement
sous la forme d'un corps elliptique divisé par une ligne médiane
et ayant en outre douze à seize lignes transversales de chaque
côté.

Ce n'est pas tout, ceci n'est que le premier acte du spectacle;
assujettissez bien la préparation au moyen des valets afin
qu'elle ne se dérange pas et prenez un objectif plus puissant,
par exemple le n° 7 d'Hartnack (n°ˢ 5 ou 6 de Nachet, 6 de
Chevalier); vous montez le tube pour avoir la facilité d'enlever
le n° 4 et d'y substituer le n° 7; ceci fait, vous substituez également au diaphragme moyen celui de tous dont l'ouverture est
la plus petite, et vous descendez le tube à la main jusque contre
la préparation, pour le remonter insensiblement aussitôt, jusqu'à ce que vous aperceviez confusément l'objet; puis la vis de
rappel, tournée à droite ou à gauche, doit vous montrer avec la
plus grande netteté ce que vous avez vu la première fois, considérablement agrandi, mais sans aucun détail de plus.

La umière directe étant ainsi reconnue inefficace, voyons ce
que nous donnera la lumière oblique.

Enlevons tout d'abord et le diaphragme et la platine inférieure qui le contenait, afin de dégager ainsi complétement, par-
dessous, la platine réelle du microscope; puis inclinons à droite
ou à gauche la tige du réflecteur de manière à l'écarter de l'axe
du tube, tout en conservant sur l'objet une lumière suffisante;
essayez ainsi de toutes inclinaisons imaginables jusqu'à ce
qu'enfin vous voyiez apparaître entre les lignes transversales
dont nous avons parlé, et parallèlement à celles-ci, d'autres
petites lignes très-fines et fort serrées. Un œil exercé aperçoit
même ainsi, au moyen du n° 7 de Hartnack, les fines lignes lon-

gitudinales que nous cherchons ; mais, pour les voir nettement et commodément, il nous faut avoir recours à un objectif à immersion.

Prenons donc le n° 10 de Hartnack (8 de Nachet, 9 de Chevalier). Ne touchez ni à la préparation ni au réflecteur ; haussez le tube, enlevez le n° 7 ; puis, avant d'y substituer le n° 9, prenez une gouttelette d'eau distillée bien pure, au moyen d'une baguette de verre, et déposez-la sur la lentille inférieure ou frontale sans toucher celle-ci, de peur de la rayer ; vissez ensuite l'objectif au tube ; déposez une autre gouttelette d'eau sur la préparation et descendez le tube à la main jusqu'à ce que les deux gouttes se confondent ; l'avantage de ce procédé est d'éviter les bulles d'air qui sont un obstacle sérieux à l'observation. Substituez aussi un oculaire faible à l'oculaire dont vous vous êtes servi.

C'est ici surtout qu'il faut faire mouvoir le tube avec la plus grande prudence ; le danger est d'autant plus redoutable que l'eau empêche de distinguer parfaitement l'espace qui sépare l'objectif de la préparation ; le meilleur moyen de ne rien briser, c'est de procéder par tâtonnements, de mouvoir légèrement la préparation d'une main, tandis que de l'autre la vis de rappel est tournée de gauche à droite ou de droite à gauche avec une extrême délicatesse, jusqu'à ce que le *Surirella* se montre nettement ; si vous descendez trop le tube, vous êtes averti, par l'immobilité de la préparation, par la résistance qu'elle présente, que vous manœuvrez à faux et qu'il importe de remonter en tournant la vis de rappel de droite à gauche. Alors vous inclinez le réflecteur placé en dehors de l'axe du tube jusqu'à ce que vous voyiez nettement les lignes longitudinales perlées de l'objet de vos recherches.

Cependant il peut se faire que vous ne soyez pas encore entièrement satisfait. En ce cas, il n'y a plus d'autre ressource que d'utiliser la correction ; pour atteindre ce but, vous saisissez le cordon moletté mobile qui se trouve au centre de la monture de l'objectif et dont la destination est de corriger l'influence de la lamelle de verre ou couvre-objet placé sur la préparation ;

vous lui imprimez successivement un mouvement de droite à gauche ou de gauche à droite jusqu'à ce que vous distinguiez les lignes ou stries avec la plus grande netteté. En général, quand on se sert de la lumière oblique, il faut rapprocher les lentilles de l'objectif en tournant (dans les objectifs français) la correction de droite à gauche; si, au contraire, on utilise la lumière directe, il faut agir en sens inverse et tourner la correction de gauche à droite.

Une observation importante, c'est que, pour éviter de peser sur la préparation et de la briser, et aussi pour tenir l'objet au foyer, il faut, en même temps que l'on fait marcher la correction dans un sens, faire mouvoir la vis de rappel, soit de gauche à droite, soit de droite à gauche.

Maintenant que le but est atteint, que l'opération est terminée, vous n'avez plus qu'à hausser le tube, à essuyer la préparation et surtout à sécher avec le plus grand soin la lentille au moyen d'un mouchoir de batiste bien usé. Ces détails paraîtront bien minutieux aux experts, mais ce n'est pas pour eux que nous écrivons ceci; ils en savent autant et peut-être plus que nous; notre unique but a été d'initier aux secrets les plus intimes du microscope ceux qui n'ont pas l'habitude du maniement de cet instrument délicat. Après quelques jours d'essais, et si nos conseils sont bien suivis, les débutants seront passés maîtres, et alors ils nous sauront gré, nous aimons à l'espérer, des renseignements que nous nous sommes fait un devoir et un plaisir de leur donner.

§ 7. — Choix d'un microscope.

Divers points doivent être pris en considération quand on choisit un microscope. Les principaux sont la nature des recherches auxquelles on destine l'instrument et le prix que l'on veut y mettre. Il est peu avantageux pour un commençant de faire de suite l'acquisition d'un grand instrument dont le prix est élevé, et qui ne lui rendrait pas plus de services qu'un instrument d'un prix moindre. Mais avant d'examiner plus attentivement la question du choix d'un microscope, voyons quels sont les opticiens auxquels on peut s'adresser.

Nous ne conseillerons à personne de faire cette acquisition chez un de ces marchands de lunettes qui s'intitulent opticiens, et qui ne tiennent souvent que des instruments de pacotille qu'ils vendent à un prix exorbitant. On doit absolument refuser tout instrument non signé ou portant le nom du marchand belge qui le vend, car il n'y a aucun constructeur de microscope en Belgique. A l'appui de ce que nous venons de dire, nous pourrions citer plus d'un exemple de novices ayant payé bien cher des instruments dont ils n'ont pu tirer aucun parti et qui étaient aussi défectueux sous le rapport de la monture que sous celui de la partie optique. En s'adressant au contraire à un fabricant renommé, les prix seront peut-être un peu élevés, mais le novice qui n'a point encore les données nécessaires pour s'édifier sur le mérite de son acquisition, aura au moins la persuasion rassurante que ledit fabricant, tenant autant à sa réputation qu'à son bénéfice, a un double intérêt à ne lui livrer que des instruments de premier choix.

Des microscopes excellents sont fabriqués, en Angleterre, par MM. Ross et Cⁱᵉ, Powell et Lealand, Beck et Beck, Swift, Henry Crouch, etc., de Londres, de même que par MM. Tolles, Spencer et Sons, Wales, Zentmeyer, en Amérique.

Ces instruments dont la main-d'œuvre est admirable et dont la perfection des objectifs ne laisse rien à désirer sont malheureusement, par suite même de leur perfection, fort chers et non accessibles à toutes les bourses. L'Allemagne et la France fourniront donc plus souvent des instruments aux travailleurs. D'ailleurs, si l'œil du micrographe exercé préfère certains objectifs anglais ou américains, la plupart des étudiants tireront un parti tout aussi utile des instruments achetés à Paris, chez MM. Chevalier, Hartnack, Vérick ou Nachet, et en Allemagne,

chez MM. Zeiss, Bénèche, Seibert et Krafft, Leitz, Hasert, etc.
Nous passerons en revue les instruments des opticiens dont
nous venons de parler.

HARTNACK & Cie (rue Bonaparte, à Paris).— M. E. Hartnack
ancien associé d'Oberhaeuser, a considérablement amélioré les
instruments de son prédécesseur.

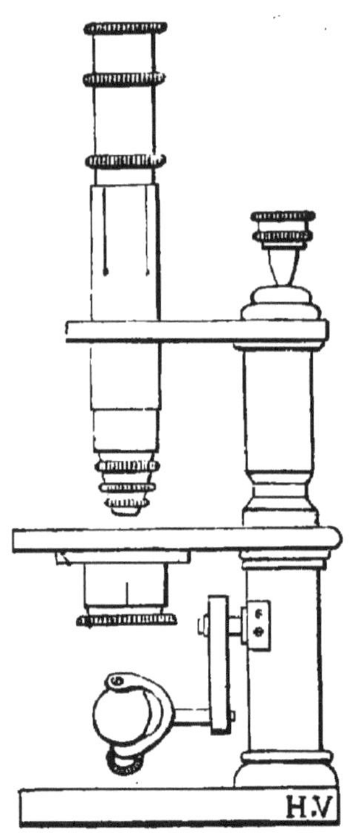

Fig. 85.

Hartnack a huit modèles de microscopes de deux formes principales : les autres ne diffèrent entre
eux que par de fort légères modifications. Ces deux formes principales sont celles à tambour et en
fer à cheval.

Le modèle le plus employé est
le petit microscope en fer à cheval
dit n° 8 (fig. 85). L'instrument se
compose d'un pied en cuivre fort
lourd et en forme de fer à cheval,
lequel supporte une colonne cylin-
drique, portant la platine et le
reste de l'instrument. Le miroir
est attaché à une tige de façon à
pouvoir être dirigé obliquement.

La platine est fort épaisse, solide
et immobile. Elle porte, dans sa
partie inférieure, deux coulisseaux
entre lesquels glisse une pièce portant au centre un tube sur lequel se
déposent les diaphragmes, de même
que les appareils de polarisation et d'éclairage de Dujardin.

Un cordon moletté qui termine dans sa partie inférieure le
petit tube permet de le hausser ou de le descendre à volonté
sous la platine. Toute cette pièce s'enlève quand on emploie la
lumière oblique.

Le mouvement rapide de l'instrument s'obtient en faisant glisser à la main le corps du microscope dans un tube, et le mouvement lent au moyen d'une vis micrométrique dont il a déjà été parlé.

Cet instrument accompagné des systèmes 4, 7 et 9, dont le dernier à correction et à immersion, et des oculaires 2, 3 et 4, dont le premier à micromètre, est livré pour le prix de 390 francs.

Le modèle n° 7 est construit sur le plan que nous venons de décrire, mais dans des proportions plus grandes. Il possède de plus une platine tournante. Accompagné des systèmes 2, 4, 7, 8 et 9, dont le dernier à immersion et à correction, des oculaires 1, 2 (micromètre), 3, 4 et 5, d'une grande loupe pour l'éclairage des corps opaques et d'un diaphragme avec une série de verres colorés, il se vend 750 francs.

Enfin le n° 3, est suffisant pour la plupart des observations ordinaires. Accompagné des objectifs 4 et 7 d'ancienne construction et des oculaires 3 et 4, il se vend 155 francs.

Examinons maintenant quelques-uns de leurs objectifs, en tenant compte que ceux dont nous parlerons datent déjà d'il y a quelque temps.

Le n° 2 est destiné aux grossissements faibles, et son pouvoir varie de 25 à 40 diamètres.

Le n° 4 est un objectif excellent. Il est fort clair et ses pouvoirs de définition et de pénétration sont fort remarquables. Les grossissements varient de 60 à 180 diamètres.

Le n° 5 est fort bon aussi, et son foyer est encore suffisamment long pour permettre l'emploi de couvre-objets assez épais. Il donne une série de grossissements variant de 120 à 360 diamètres.

Le n° 7 compte parmi les meilleurs objectifs du constructeur.

Celui qui nous a été livré est spécialement bien réussi et montre de la façon la plus nette les stries du *Pleurosigma,* sans nécessiter l'obliquité du miroir, de même que les lignes transversales fines du *Surirella* dans la lumière oblique. La clarté est fort belle et les grossissements sont de 200 à 650 diamètres.

Le n° 8 est également excellent; ses grossissements sont de 250 à 820 fois. On voit assez bien dans la lumière oblique les fines lignes transversales du *Surirella Gemma*. Viennent ensuite trois objectifs à immersion et à correction.

Le n° 7 montre par la lumière directe et avec la plus grande netteté les hexagones du *Pleurosigma angulatum*. Au moyen de la lumière oblique, apparaissent fort nettement les petites lignes longitudinales du *Surirella Gemma* et les lignes transversales du *Grammatophora subtilissima*. En arrangeant convenablement l'éclairage, on parvient aussi à voir les fines stries du *Vanheurckia rhomboïdes*. Les grossissements sont 450 — 500 — 630 — 950 et 1,300 fois.

Le n° 10 jouit des propriétés du n° 8, mais à un plus haut degré. Enfin le n° 11 résout avec facilité et netteté tous les tests usuels. Ses grossissements varient de 500 à 1,600 fois. Pour plus de détails, l'on pourra consulter le travail que nous avons publié sur cet objectif (1).

Il en est de même des objectifs n°s 15 et 18 qui sont excellents. Le n° 18 est une combinaison de quatre lentilles dont la supérieure est une lentille plano-concave, à côté plan tourné vers l'oculaire. A cause de cette combinaison qui allonge le foyer on peut se servir de couvre-objets assez épais.

Depuis quelque temps MM. Hartnack et Cie ont adopté le système des objectifs à quatre lentilles. Nous connaissons leur nouveau n° 7 ainsi construit et le trouvons très-bon, quoique l'image du pygidium de la puce soit un peu pâle. Cet objectif a

---

(1) *Notice sur un nouvel Objectif à immersion et à correction construit par E. Hartnack, suivie de Recherches sur le Navicula affinis,* par Henri Van Heurck, insérée dans les *Annales de la Société Phytologique d'Anvers,* année 1864.

permis de résoudre dans la lumière centrique le septième groupe de Nobert très-bien, tandis que l'ancien n° 7 ne résolvait le même groupe qu'assez bien.

MM. NACHET & FILS (rue Saint-Séverin, 17) se sont également acquis une juste réputation par leurs microscopes. Nous commencerons par examiner leurs modèles avant de parler des objectifs.

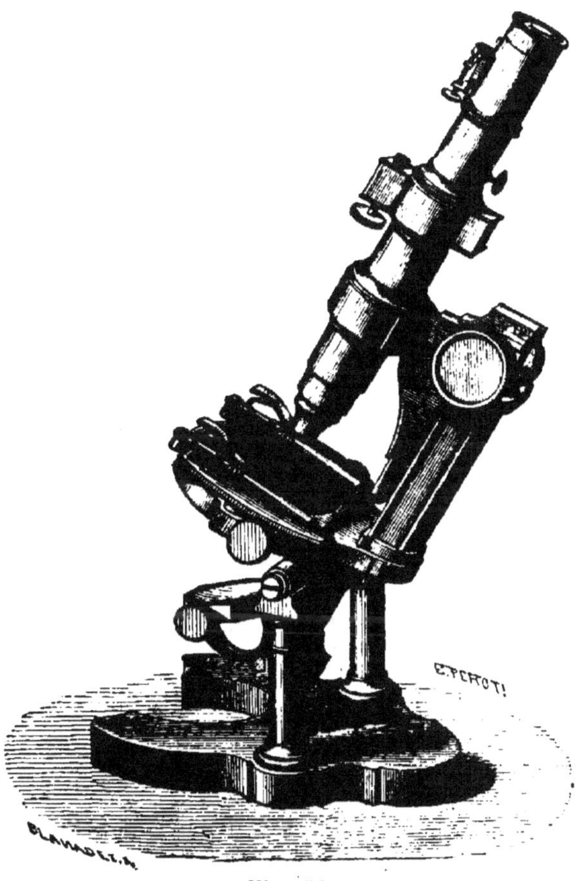

Fig. 86.

Le microscope grand modèle est représenté ci-contre (fig. 86). L'instrument est suspendu sur son axe de manière à pouvoir s'incliner et rester fixe dans toutes positions entre l'horizontale et la verticale. Le mouvement rapide est produit par une crémaillère, et le mouvement lent au moyen d'une vis micrométrique appliquée au milieu du corps et formée par un double tube. Les objectifs s'adaptent à l'extrémité inférieure. La platine est à tourbillon et le miroir peut prendre toutes les positions possibles. Le micromètre entre dans tous les oculaires sans déranger ceux-ci, et peut se mettre au foyer de l'œil par une petite vis de rappel. Accompagné de trois oculaires et des objectifs 0, 1, 2 ordinaires et 3, 4, 5, 6 et 7 à correction (donnant un grossissement de 30 à 1,500 fois), d'un goniomètre pour le mesurage des angles des cristaux, d'une chambre claire, d'un appareil de polarisation, d'un micromètre oculaire et objectif et d'une quantité de petits accessoires, il est livré pour 1,300 fr.

Le microscope grand modèle droit (fig. 87) se vend 500 fr. Cet instrument possède une platine tournante, un mouvement rapide par glissement, et un mouvement lent par une vis de rappel. Il est accompagné de trois oculaires, des objectifs 1, 2, 3, 5 et 7 ordinaires (grossissement : 70 à 1,300 diamètres) et de divers accessoires.

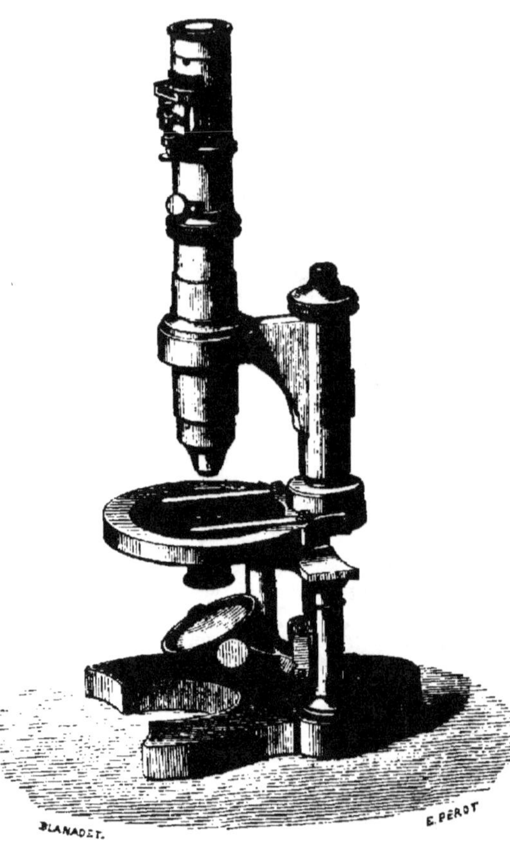

Fig. 87.

Le microscope, petit modèle droit (fig. 88 ci-après), a un

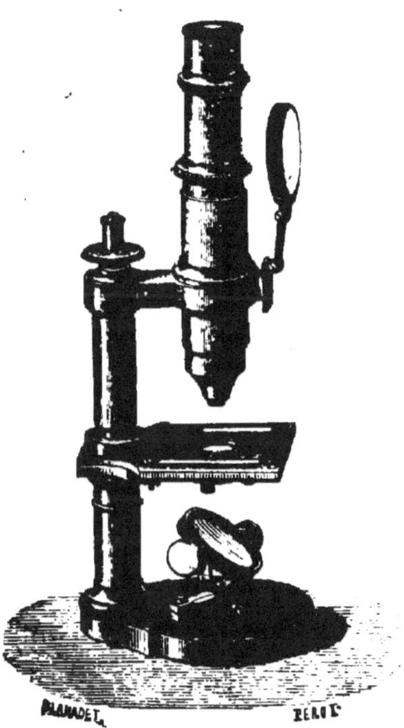

Fig. 88.

Fig. 89.

miroir pouvant se placer dans toutes les positions désirables ; il a un mouvement lent par une vis micrométrique et prompt par glissement. Il est accompagné de deux objectifs (nos 1 et 3), grossissant de 70 à 420 fois et de deux oculaires, d'une loupe pour les corps opaques et de divers accessoires ; il est coté 125 francs.

Un petit microscope de poche destiné aux voyageurs est représenté ci-dessous (fig. 89 et 90). Cet instrument a 60 millimètres de longueur et 50 de largeur. Il convient à toutes les personnes qui ont besoin d'un microscope portatif muni de forts grossissements.

Le principe de la construction de ce microscope consiste à faire de la boîte de l'instrument la base de tout le mécanisme. Fabriqué en cuivre doré et d'un montage facile, il ne faut que quelques instants pour l'arranger. Le couvercle glisse et ouvre le haut de la boîte destiné à recevoir l'objet sous lequel se trouve le miroir fixé sur son axe. Le dessous du cou-

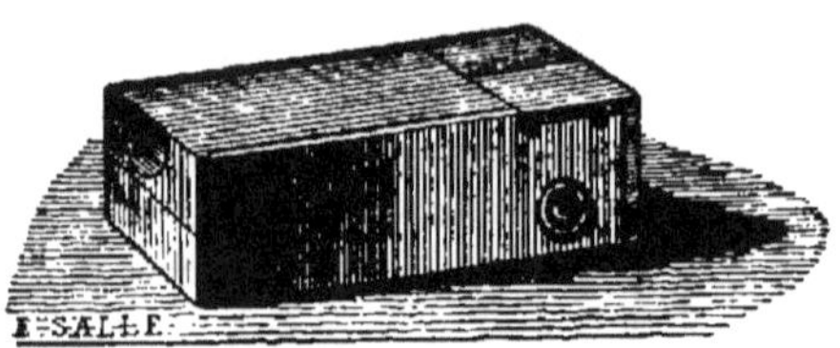

Fig. 90.

vercle porte une attache destinée à recevoir le corps du microscope couché dans la boîte ; il n'y a qu'à retourner et replacer le couvercle dans sa rainure pour amener les lentilles au-dessus de l'objet (fig. 89).

Le corps du microscope est muni d'un mouvement lent et d'un mouvement rapide, comme les autres modèles ; quoique beaucoup plus court, le grossissement est le même par suite de la construction particulière de l'oculaire. Cet instrument accompagné des objectifs 1, 3 et 5 est livré au prix de 200 francs.

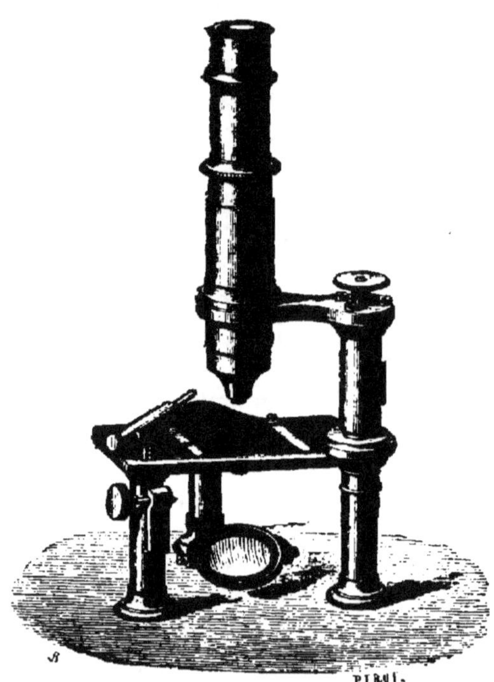

Fig. 91.

Enfin nous avons encore le microscope de dissection et d'observation dont l'idée première, si nous ne nous trompons, est due à M. Cosson. Cet instrument (fig. 91) possède une longue platine qui porte d'un côté un bras destiné à recevoir les doublets de dissection et de l'autre une colonne à support horizontal pour recevoir le corps du microscope. On peut donc à volonté employer le microscope simple en enlevant la colonne qui porte le corps, et remettre celle-ci en place pour les

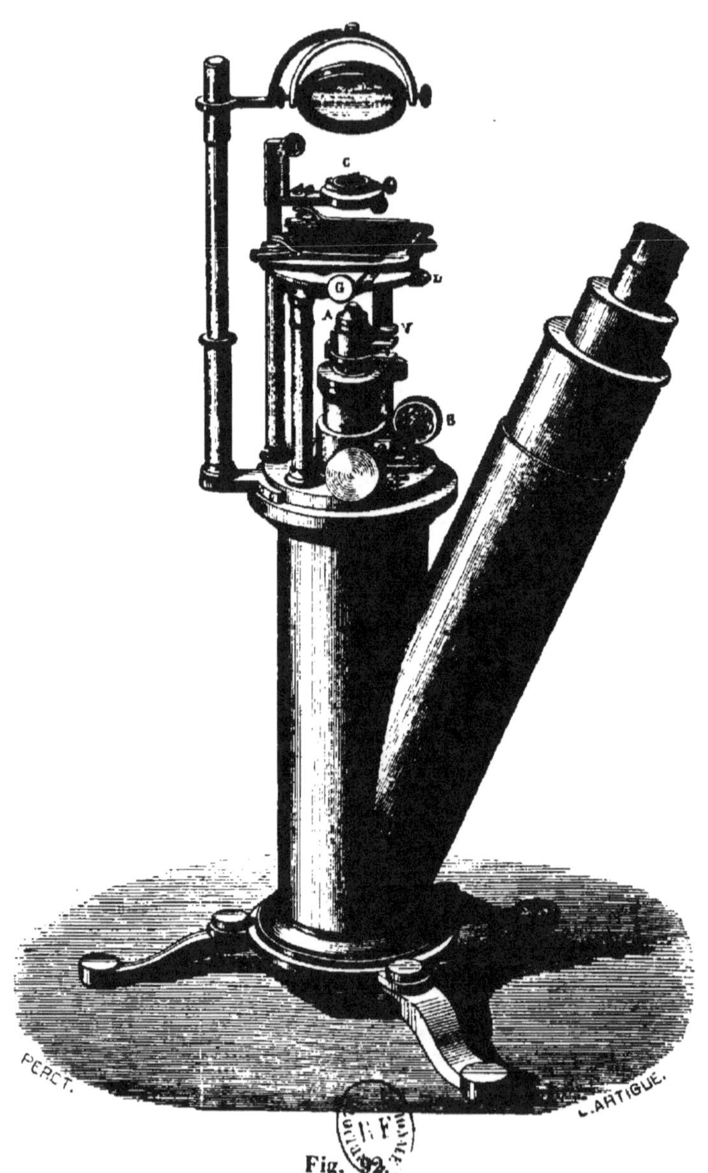

Fig. 92.

observations avec le microscope composé. Le porte-doublet est mû par une crémaillère. Accompagné d'un oculaire, des objectifs 1 et 3, de trois doublets de force différente et d'une loupe d'éclairage sur pied, il coûte 140 francs.

Depuis quelque temps M. Nachet construit un nouveau modèle de microscope dont le tube est de très-grande longueur et qui, par suite, permet d'énormes grossissements. Cet appareil est représenté dans la planche ci-contre (fig. 92).

Dans cet instrument le tube est brisé et une glace argentée renvoie l'image dans la deuxième partie du tube où elle est reçue par un oculaire de large diamètre. La perte de lumière qui résulte de cette réflexion est insignifiante et la pureté n'en est pas altérée. Le prix de la monture de ce microscope est de 1,000 francs.

M. Nachet s'est particulièrement occupé de la construction des microscopes binoculaires et à trois corps.

Le microscope binoculaire (fig. 93 et 94), construit d'après de nouveaux principes, donne des images stéréoscopiques; de sorte qu'en regardant avec les deux

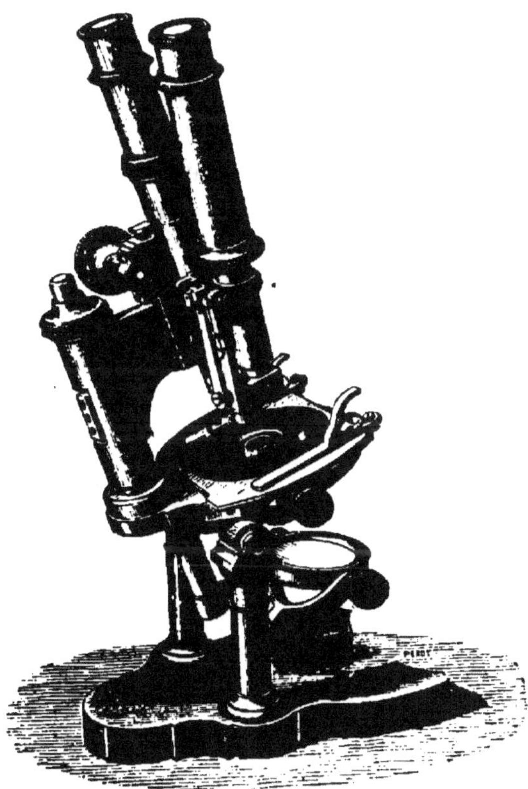

Fig. 93.

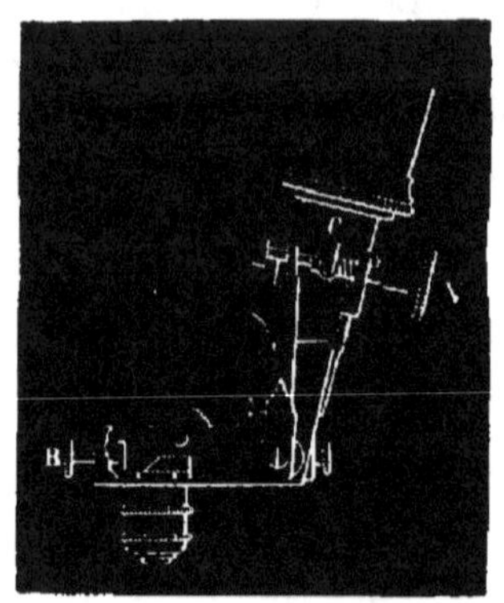

Fig. 94.

yeux à la fois, on contemple de magnifiques effets de relief; les tubes sont mobiles de manière à se rapprocher ou à s'écarter suivant la distance entre les yeux de l'observateur. Le microscope peut s'incliner horizontalement. Avec trois objectifs 0, 1 et 3, et deux oculaires, son prix est de 500 francs.

Le microscope à trois corps, qui est construit sur le principe des microscopes binoculaires et à deux corps, est destiné aux observations ordinaires, aux démonstrations relatives à des objets fugitifs et à l'action des réactifs. Il est accompagné de trois oculaires et des objectifs 0, 1 et 3. Son prix est de 400 francs.

Un microscope de démonstration dû au même fabricant est représenté dans les figures 95 et 96. Dans cet instrument l'objet est fixé par la partie supérieure de la lame de verre, de sorte que les préparations sont tout de suite placées au foyer exact de l'objectif, lorsqu'il a été réglé une première fois. Cet instrument se place sur un pied pour la recherche du point de la

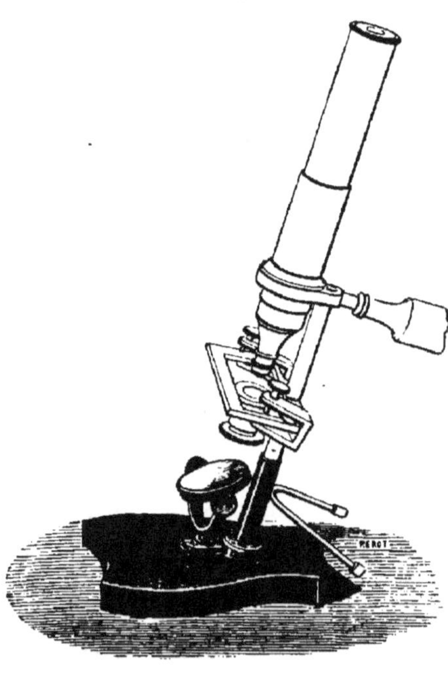

Fig. 95.

préparation qu'on veut faire connaître et s'en sépare pour la circulation parmi l'auditoire. La lumière diffuse du ciel, des lampes, becs de gaz, etc., convient très-bien à la parfaite vision des objets, la lumière passant au travers d'un condensateur placé derrière l'objet. Le mouvement prompt se fait par glissement du tube, et le mouvement lent par une vis micrométrique.

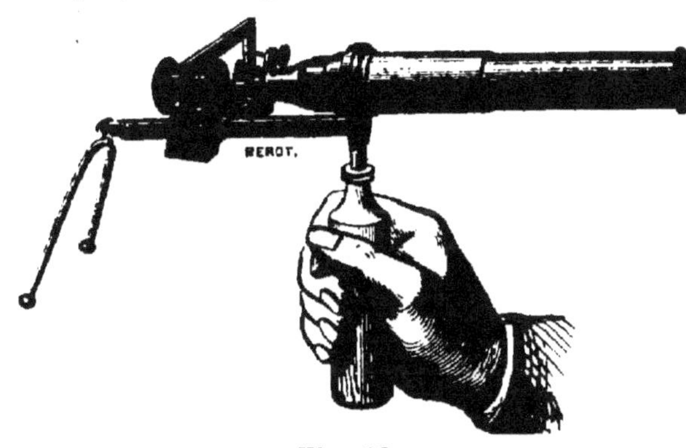

Fig. 96.

M. Nachet construit actuellement treize objectifs qui sont classés comme suit :

1°. Objectifs ordinaires :

N° 0 foyer 2 pouces, angle d'ouverture 10°, prix 15 fr.
N° 1 » 1 » » » 15°, » 20 »
N° 2 » 1/2 » » » 50°, » 25 »
N° 3 » 1/4 » » » 90°, » 30 »
N° 4 » 1/5° » » » 90°, » 35 »
N° 5 » 1/8° » » » 130°, » 40 »

2°. Objectifs à immersion et à correction :

N° 6 foyer 1/10° pouce, angle d'ouverture 140°, prix 120 fr.
N° 7 » 1/14° » » » 160°, » 150 »
N° 8 » 1/15° » » » 175°, » 200 »
N° 9 » 1/20° » » » 175°, » 250 »
N° 10 » 1/30° » » » 175°, » 300 »
N° 11 » 1/40° » » » 175°, » 350 »
N° 12 » 1/50° » » » 175°, » 400 »

N'ayant pu étudier ces objectifs en détail, nous ne parlerons que des suivants dont les exemplaires que nous avons examinés datent d'il y a une couple d'années.

N° 1 fait voir parfaitement les deux séries de lignes du *Lepisma saccharina*.

N° 3. Cet objectif résout dans la lumière centrique le cinquième groupe du test de Nobert. Il montre très-bien le pygidium de la puce et même, à la lumière artificielle, montre faiblement les stries du *Pleurosigma*.

N° 5. Cet objectif est aussi fort bon, et les images qu'il donne sont d'une grande pureté; il résout le sixième groupe de Nobert dans la lumière centrique.

N° 8 à immersion (datant d'il y a 7 à 8 ans). Cet objectif, qui est à correction, montre très-bien dans la lumière centrique le huitième groupe de Nobert. Il résout très-nettement le *Vanheurckia viridula* dans la lumière oblique, de même que l'*Amphipleura* dans la lumière monochromatique.

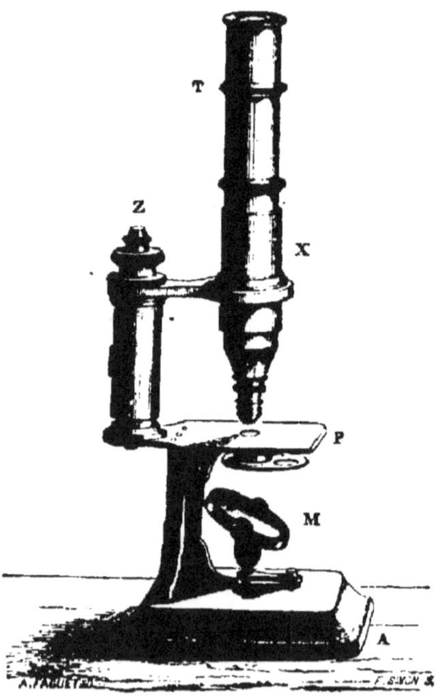

Fig. 97.

Le Dr Arthur **CHEVALIER** (Palais-Royal, 153), a succédé à son père, à qui le microscope, outre les lentilles achromatiques à court foyer, doit tant d'importants perfectionnements. Il a repris avec beaucoup d'ardeur et de succès la construction des instruments de micrographie dont la fabrication avait été négligée par son père dans les dernières années de sa vie, par suite du mauvais état de savue.

Arthur Chevalier occupe aujourd'hui une place distinguée parmi les constructeurs du continent. Nous allons passer en revue quelques-uns de ses modèles et nous examinerons ensuite attentivement la puissance optique de ses objectifs.

Remarquons que les prix de M. Arthur Chevalier qui, dans ces derniers temps, avaient subi de notables fluctuations, sont aujourd'hui fixés d'une manière invariable.

Examinons d'abord les modèles :

Le plus simple et qui peut suffire pour beaucoup de recherches est le microscope usuel (fig. 97 ci-dessus). Cet appareil possède un mouvement rapide et lent, un miroir articulé pour lumière oblique, une série de diaphragmes, un oculaire et un objectif, et est accompagné de divers petits accessoires.

Suivant le désir de l'acheteur, M. Chevalier joint au microscope usuel, soit un objectif n° 3 à lentilles combinées en système, soit un n° 4 à lentilles achromatisées séparément et pouvant être employées ensemble ou isolément.

Le maximum de grossissement est de 350 diamètres. Nous conseillons cependant de préférer le n° 3. Ce dernier objectif, qui est excellent, est livré au même prix.

Le microscope à platine tournante est extrêmement méritant. Outre les avantages qui résultent de la rotation de la platine, ce microscope a encore deux mouvements, un miroir articulé, puis une loupe pour les corps opaques, une série de diaphragmes et un tube à tirage (fig. 98).

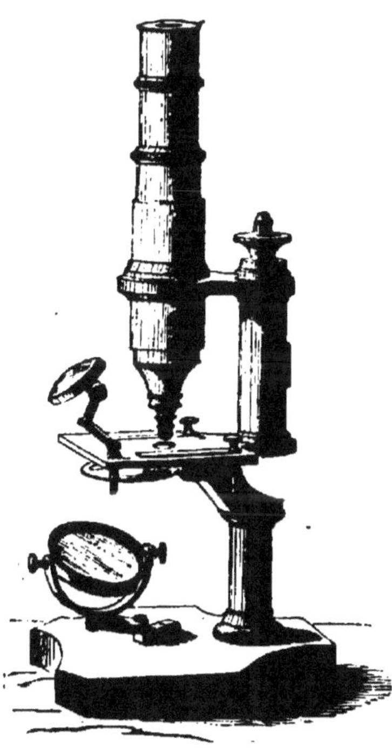

Fig. 98.

Il est accompagné des trois oculaires 1, 2 et 3 et des objectifs 1, 5 et 7, placés dans des étuis de cuivre. Le prix en est de 325 francs.

Le microscope, dit de Strauss, à colonnes est excellent. Nous nous servons fréquemment d'un instrument de ce modèle, auquel nous avons fait apporter diverses modifications (fig. 99), dont les principales consistent dans l'augmentation de longueur du cylindre dans lequel glisse le tube du microscope et dans le système d'articulation du miroir. Ainsi modifié, c'est un des appareils les plus commodes que nous connaissions. Ce modèle, qui s'incline à volonté, a une

Fig. 99.

platine tournante dont la surface est en verre noir afin d'éviter les altérations produites par les réactifs. Les diaphragmes sont de deux sortes. Ils sont à tube et à disque. Une crémaillère permet de les hausser ou de les descendre. Les diaphragmes

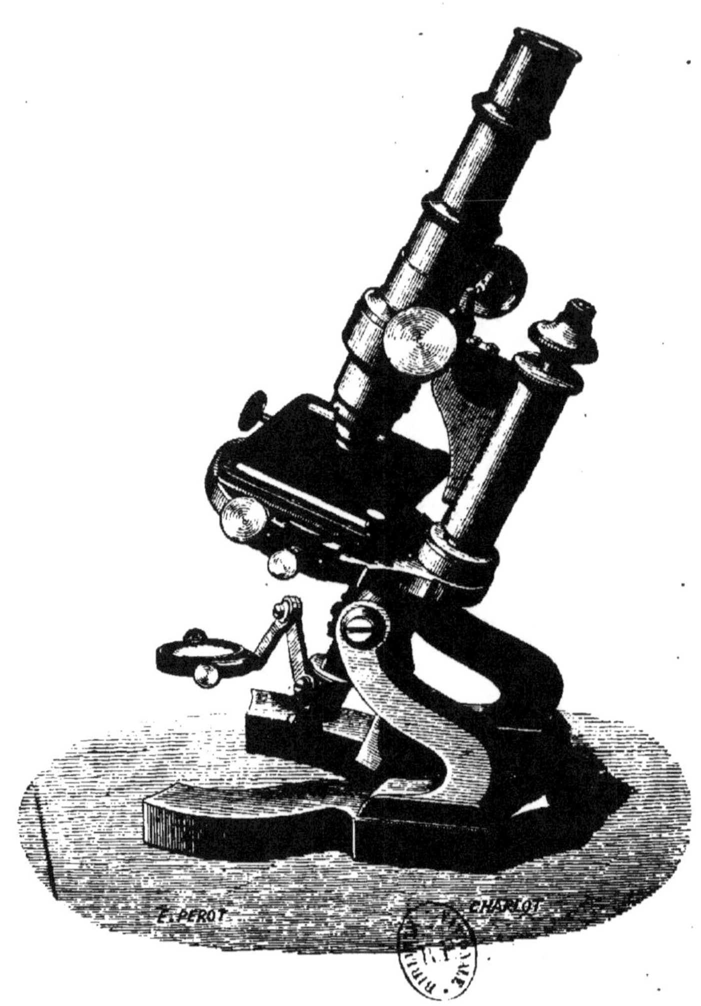

Fig. 100.

sont enlevés quand on emploie la lumière oblique. Le miroir, plan d'un côté et concave de l'autre, possède une double articulation; en outre, il est attaché à un anneau glissant autour de la tige, ce qui permet de diriger la lumière oblique de tous les côtés.

L'instrument est accompagné du prisme oblique, des oculaires 1, 2 et 3, des objectifs 2, 3, 5, 6 et 8 et de divers accessoires. Il se vend au prix de 500 francs.

Un instrument d'un modèle plus parfait est désigné sous le nom de grand microscope de Strauss. Ce microscope (fig. 100 ci-contre) possède un mouvement rapide à crémaillère et un mouvement lent à vis de rappel. La platine porte le chariot de Tyrrell. Il est accompagné des systèmes 1, 2, 3 et 4 ordinaires et des numéros 5, 6, 7, 8 et 9 à correction, de même que d'un grand nombre d'appareils accessoires. Le prix en est de 1,300 francs.

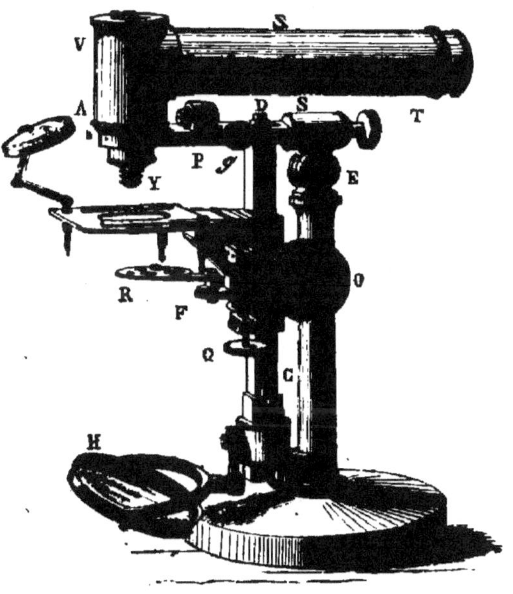

Fig. 101.

Enfin un modèle qui a eu beaucoup de vogue, c'est le microscope universel représenté ci-contre avec tous ses détails (fig. 101). Cet instrument est à la fois horizontal, vertical, redressé et oblique. Il possède un engrenage à la colonne, un engrenage au tube optique lequel est divisé, une vis de rappel très-précise, une platine simple et une autre à chariot, dont la surface est en verre noir poli avec plateau circulaire.

Il a aussi deux miroirs avec monture articulée pour la lumière oblique, trois oculaires, les objectifs ordinaires 1, 2 et 3 et les n°˚ 5, 6, 7, 8 et 9 à correction. Il est muni d'une chambre claire et de micromètres, du miroir de Lieberkuhn pour les objets opaques, d'une loupe articulée, d'un compresseur à vis de rappel, d'un prisme redresseur, d'un appareil galvanique, et enfin de nombreux accessoires. Son prix est de 1,300 francs.

Maintenant que nous avons examiné les montures, passons aux objectifs et indiquons-en tout d'abord les divers grossissements.

Objectifs de M. Arthur Chevalier.

TABLEAU DES GROSSISSEMENTS OBTENUS PAR LA COMBINAISON DES OCULAIRES ET DES OBJECTIFS, MESURÉS A LA DISTANCE DE 250 MILLIMÈTRES.

OBJECTIFS.	SANS TIRAGE.			AVEC TIRAGE.		
	OCULAIRES.			OCULAIRES.		
	N° 1.	N° 2.	N° 3.	N° 1.	N° 2.	N° 3.
1	23	30	50	30	40	70
2	50	75	130	80	100	180
3	150	160	250	140	180	290
4	100	200	350	200	280	460
5	250	350	550	350	450	800
6	250	350	550	350	460	800
7	300	440	750	430	610	1020
8	380	500	800	550	700	1100
9	550	750	1300	700	800	1500
à immersion 7	330	430	750	450	600	1000
» 8	450	650	1100	600	800	1300
» 9	500	700	1150	700	950	1550
» 10	630	350	1500	850	1200	1900

Achetés séparément ou joints à l'une des montures précitées, leur prix est fixé comme suit :

Objectifs ordinaires :

N° 1 sans correction,	20 fr.		N° 6 avec correction,	60 fr.
N° 2	»	20 »	N° 7	»	75 »
N° 3	»	20 »	N° 8	»	100 »
N° 4	»	20 »	N° 9	»	125 »
N° 5	»	25 »		
N° 7	»	35 »		
N° 8	»	50 »		
N° 9	»	80 »		

Objectifs à immersion :

N° 7 sans correction,	50 fr.		N° 7 avec correction,	80 fr.
N° 8	»	60 »	N° 8	»	120 »
N° 9	»	100 »	N° 9	»	150 »
N° 10	»	150 »	N° 10	»	200 »

Objectifs ordinaires :

N° 1. — Objectif excellent pour les dissections et alors qu'il s'agit d'obtenir un grossissement très-faible, par exemple pour les objets opaques, etc.

N° 2. — On distingue très-bien les stries du *Lepisma*. M. Chevalier a eu la bonne idée de construire ses objectifs faibles à trois lentilles au lieu de se contenter de deux comme on le fait ordinairement. Avec le système de M. Chevalier, on corrige mieux les aberrations chromatiques et sphériques.

N° 3. — Résout facilement le *Lepisma* et le *Podura*; fort clair et fort net, c'est un excellent objectif pour les observations botaniques ordinaires.

N° 4. — Dans la lumière oblique, on distingue nettement les granulations du *Podura plumbea*. Dans l'éclairage oblique, apparaissent nettement les fines lignes transversales de l'*Hipparchia Janira*.

N° 5. — Éclairage centrique : *Hipparchia Janira*. Lumière oblique : *Pleurosigma angulatum*, très-distinctement. Il résout le sixième groupe de Nobert dans la lumière centrique.

N° 7. — Comme le précédent, mais grossissement plus considérable.

N° 8. — *Pleurosigma angulatum* et *Grammatophora marina* forts nets avec la lumière oblique.

N° 9. — On voit très-bien par la lumière centrique les petites lignes de l'*Hipparchia Janira* et les hexagones du *Pleurosigma angulatum*. Avec la lumière oblique, on voit très-bien les lignes du *Pleurosigma elongatum* préparé au baume du Canada. Il montre bien le septième groupe de Nobert dans la lumière centrique.

Objectifs à immersion :

N° 7. — Le *Pleurosigma angulatum* se voit fort bien dans la lumière oblique.

N° 8. — Le *Pleurosigma angulatum* préparé à sec montre les hexagones avec la lumière centrique, de même que le septième groupe de Nobert. Par l'éclairage oblique, se voient fort nettement ceux du *Pleurosigma elongatum* préparé au baume du Canada et les petites lignes transversales du *Surirella Gemma* se distinguent avec une grande netteté. Un peu moins bien, apparaissent les lignes longitudinales du *Surirella* et les transversales du *Vanheurckia rhomboïdes*.

N° 9. — Comme le précédent, mais sa puissance est plus considérable.

N° 10. — A immersion et à correction ; c'est un excellent

objectif et qui ne laisse rien à désirer sous aucun rapport. Il résout nettement le *Surirella Gemma* et le *Vanheurckia viridula*, dans la lumière oblique. Le *Pleurosigma* se voit parfaitement à l'éclairage centrique de même que le huitième groupe de Nobert.

M. VERICK (2, rue de la Parcheminerie, à Paris), qui n'est établi que depuis six à sept ans, est un élève spécial de M. Hartnack et ses instruments, de même que ses objectifs, ne laissent rien à désirer.

M. Verick construit six espèces de microscopes composés.

Le microscope composé grand modèle est un magnifique instrument s'inclinant sous tous les angles. La platine est à tourbillon; elle porte supérieurement une platine mobile s'enlevant à volonté, et porte inférieurement un système de diaphragmes à tubes glissant dans des coulisses, comme dans les instruments de M. Hartnack. Le miroir est attaché à une tige fendue où il peut glisser de haut en bas de façon à donner de la lumière convergente ou divergente à volonté. Cette tige peut aussi s'incliner à droite, à gauche et en avant et, par suite, donner de tous côtés de la lumière oblique sous tous les angles. Le tube de l'instrument glisse dans une pièce à ressort fort épaisse; il possède en outre un mouvement prompt à crémaillère. Le mouvement est à prisme. En somme cet appareil présente toutes les conditions requises pour un instrument parfait. Les accessoires qui l'accompagnent consistent en quatre oculaires, une loupe sur pied et six objectifs n°ˢ 0, 2, 3, 6, 7 et 9.

L'instrument n° 2 diffère du précédent en ce qu'il n'a pas de mouvement prompt à crémaillère, et est simplement à glissement. Il n'est pas non plus accompagné d'une platine mobile, ni d'un compresseur, ni d'un appareil polarisateur. Muni de quatre oculaires, comme l'instrument précédent, et de cinq systèmes d'objectifs n°ˢ 0, 2, 3, 6 et 7, il constitue un instrument excellent et propre à toutes les recherches. Son prix est de 650 fr.

Le microscope n° 3 est encore fort bon. Il possède une platine à tourbillon et un miroir mobile comme les précédents. Accompagné de trois oculaires et de quatre objectifs n°ˢ 2, 3, 6 et 7, il est livré au prix de 348 francs.

La construction des trois autres microscopes diffère notablement de celle des précédents.

Le microscope n° 4 a un pied en forme de fer à cheval. L'instrument peut s'incliner, et le miroir est attaché par une sphère entre deux lames de cuivre où il peut prendre toutes les inclinaisons nécessitées pour la lumière oblique. Nous croyons cependant que cette disposition est peu solide et peu facile à manier.

L'instrument n° 5 est suspendu entre deux colonnes de façon à s'incliner. Le pied est en forme de socle rond. Le miroir est articulé comme le précédent. Le microscope ayant un oculaire et un objectif n° 5 se vend 110 francs.

Enfin l'instrument n° 6, quoique moins gracieux que les précédents, est très-suffisant pour quiconque ne veut faire des observations microscopiques qu'en passant. Le pied est en fonte et en forme de fer à cheval. Le miroir est suspendu à une tige articulée et permet toutes les positions pour la lumière oblique. Un disque avec différentes ouvertures remplace les diaphragmes à tubes des modèles précédents. Le mouvement lent est à prisme. Ce microscope, avec un oculaire et un objectif n° 4, se vend 80 francs.

Un microscope simple, très-bien construit, enchâssé dans un pied en bois servant d'appui aux bras et accompagné de trois doublets est livré au prix de 50 francs.

Examinons maintenant les objectifs qui accompagnent ces microscopes. Ce constructeur, qui a été guidé par M. Hartnack, a sagement profité des enseignements qui lui ont été donnés par ce maitre habile. Nous avons pu voir les objectifs n°ˢ 2, 3, 6, 7 et 9 ; à sec ils sont excellents et peuvent soutenir la comparaison avec ceux de n'importe quel autre constructeur.

Donnons d'abord le tableau des grossissements de ces objectifs :

OBJECTIFS.	OCULAIRES.			
	No 1.	No 2.	No 3.	No 4.
1	30— 55	60—100	80— 140	100— 170
2	60—100	80—150	120— 220	130— 250
3	80—160	110—210	170— 290	200— 350
6	170—290	220—400	330— 570	350— 600
7	250—400	300—550	480— 780	450— 800
8	300—480	400—700	540— 850	590—1000
9	310—560	420—740	620— 970	700—1100
9 à immers.	310—480	400—690	550— 950	670—1200
10 »	340—600	450—760	600—1120	800—1320

Le n° 2 suffit pour toutes les observations botaniques ordinaires.

Le n° 3, un peu plus fort, montre assez bien dans la lumière centrique les stries de l'*Hipparchia*.

Le n° 6, dans la lumière centrique, fait parfaitement voir l'*Hipparchia*. Dans la lumière oblique, on distingue fort nettement les stries du *Pleurosigma*. C'est un objectif excellent.

Le n° 7 montre assez bien, dans la lumière oblique, les fines lignes longitudinales du *Surirella* et on parvient même à entrevoir les lignes transversales du *Vanheurckia*.

Le n° 9 résout nettement en hexagones le *Pleurosigma*. On voit aussi très-bien, mais moins nettement qu'avec les objectifs à immersion, les lignes transversales du *Vanheurckia*.

Notons aussi deux objectifs à immersion.

Le n° 9, monté à correction, est un objectif excellent, montrant parfaitement le *Pleurosigma* dans la lumière centrique et les stries des *Surirella, Grammatophora* et *Vanheurekia* dans la lumière oblique.

Le n° 10, qui, lorsque nous l'avons vu, n'était pas encore entièrement achevé, semblait devoir devenir aussi un excellent objectif. Il est monté à correction comme le précédent.

Les lignes qui précèdent se rapportent aux objectifs datant d'il y a quelques années.

Depuis, M. Verick a fait de nouveaux progrès. Un objectif n° 8 à sec, que nous avons eu l'occasion d'acquérir il y a un an, à la mort de M. Mouchet, est de toute beauté, et résout avec grande facilité dans la lumière oblique tous les numéros du test de Möller, jusques et y compris le dix-septième.

M. CARL ZEISS, à Iéna. L'atelier de M. Carl Zeiss est un des plus anciens et des plus renommés de l'Europe. Nous connaissons ses instruments depuis environ quinze ans, époque où nous eûmes l'occasion de nous en servir chez feu notre ami Schacht, à Bonn.

Nous avons acquis depuis quelque temps (mars 1877) un instrument de ce constructeur, muni de l'excellent condenseur d'Abbe et quelques-uns de ses objectifs. Ce sont de ces derniers que nous allons rendre compte.

Zeiss fabrique onze modèles différents de microscopes.

Le plus grand de ces instruments, désigné par le n° 1, est un microscope pouvant s'incliner, à platine tournante et à diaphragme à tube. Le miroir, plan d'un côté, concave de l'autre, est suspendu à une double articulation de façon à donner la lumière oblique de tous les côtés. Le mouvement prompt a lieu par une crémaillère, et le mouvement lent est donné par une vis micrométrique fort douce et fort sensible. Le prix de cet instrument, accompagné du condenseur d'Abbe, est de 300 marcs.

Le n° 2, que nous possédons, est un instrument (fig. 102 ci-contre) qui mérite tout éloge ; la précision avec laquelle

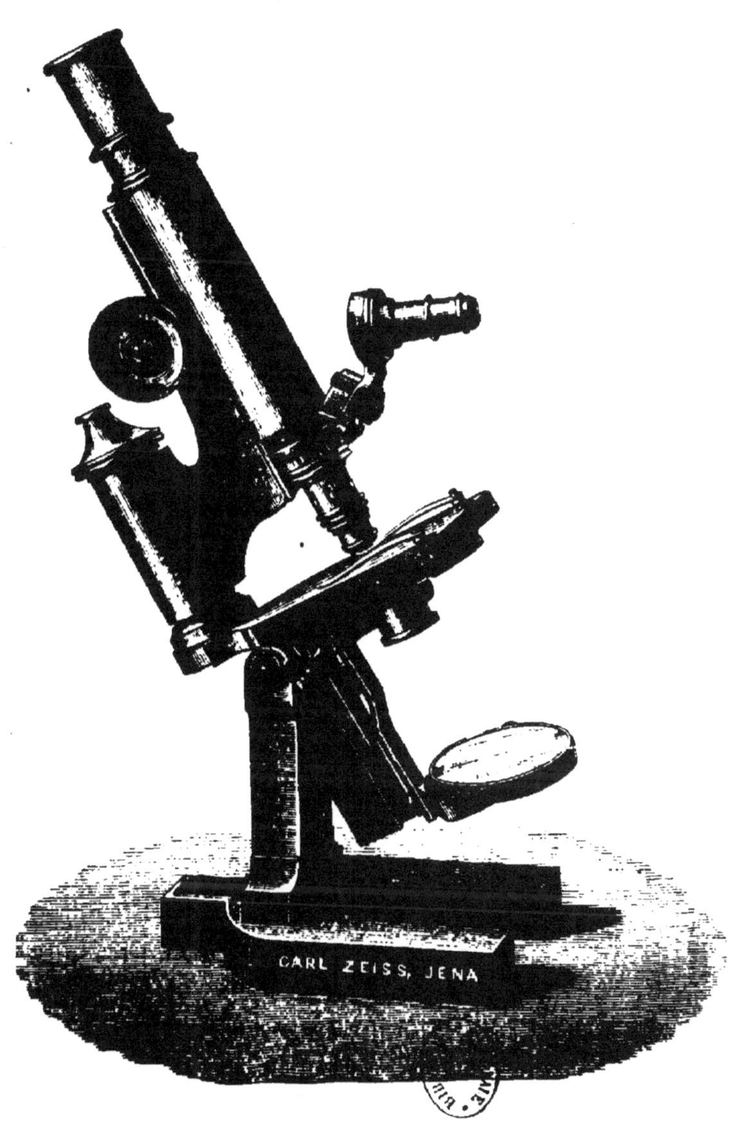

Fig. 102.

Fig. 103.

tous ses organes sont construits et les facilités qu'il présente pour les recherches nous autorisent à le recommander vivement. Il ne diffère du modèle précédent que par l'absence du tourbillon. Son prix, accompagné du condenseur, est de 250 marcs.

Le n° 5 (fig. 103) est un microscope beaucoup plus simple, mais qui suffit encore à la plupart des recherches ; il est à peu près l'analogue du petit fer à cheval d'Hartnack, mais il a l'avantage de permettre l'éclairage oblique *de tous les côtés*, ce qui le rend presque aussi parfait qu'un microscope à tourbillon. Son prix, tel qu'il est représenté ci-dessus, n'est que de 75 marcs et on peut l'obtenir inclinant en dépensant 15 marcs de plus.

Un tout petit microscope, mais qui suffit encore aussi à toutes

les recherches courantes, est le n° 8 représenté ci-dessous
(fig. 104) au tiers de la grandeur naturelle. Il permet encore
l'éclairage oblique de tous les côtés et ne coûte que la minime
somme de 48 marcs.

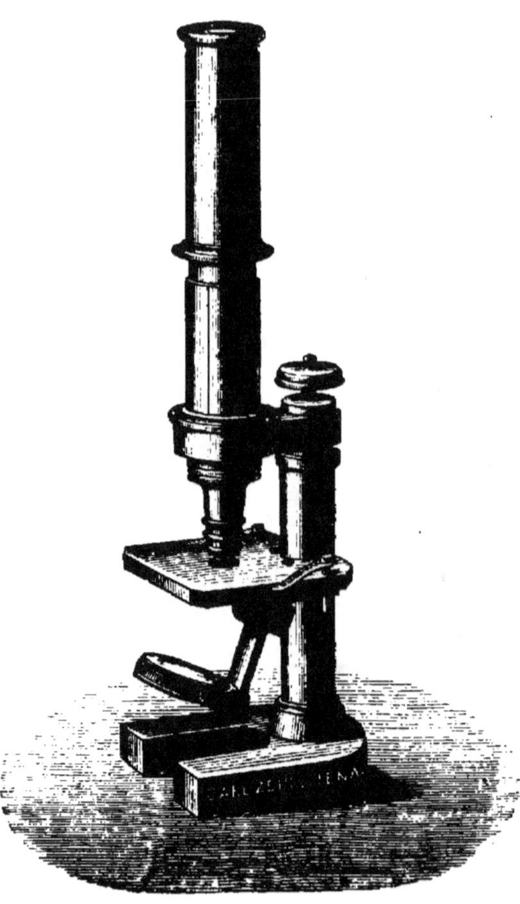

Fig. 104.

Notons encore le microscope de voyage (fig 105 ci contre), fort ingénieusement combiné. Cet instrument qui est à volonté un microscope ordinaire et un microscope simple est accompagné d'un revolver pour quatre objectifs, d'un système combiné pour microscope simple, à grande distance focale, d'une chambre claire, d'un oculaire, de ciseaux, rasoir, scalpels et aiguilles emmanchées. Le tout peut se renfermer dans une boîte de 21 centimètres de hauteur sur 11 de longueur et 10 de largeur. Tel que nous venons de le décrire, et accompagné des objectifs A, C, E à sec et J à immersion, il est livré pour la somme de 450 marcs; on peut l'obtenir *sans objectifs* pour 180 marcs.

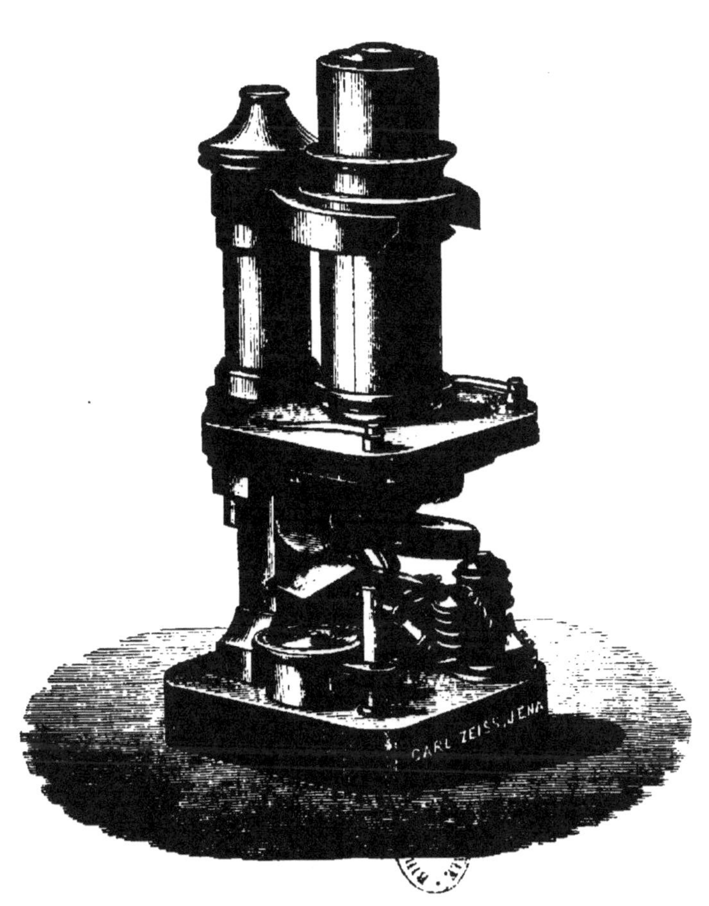

Fig. 105.

M. **Zeiss** construit deux séries d'objectifs ; la formule de
toutes deux a été calculée par **M. Abbe**, professeur à l'Université d'Iéna, et ces appareils sont exécutés par les moyens mécaniques les plus précis. Ces objectifs sont marqués dans la première série, destinée aux recherches histologiques, d'une
lettre simple **A à F.**

Les objectifs de la deuxième série (portant les mêmes lettres
redoublées **AA à DD**) possèdent un angle d'ouverture plus considérable et, par suite, conviennent mieux pour les recherches
où la puissance résolvante est de grande importance.

Six autres objectifs, n^{os} **G à M**, sont des objectifs à immersion.

Nous avons pu examiner les objectifs **A, CC, D, DD, F et L**
à immersion. Tous donnent une image parfaitement nette et définie du pygidium de la puce et de la coupe de *Pinus* ; tous, également, ont une distance frontale relativement grande et très-commode pour les travaux. Voici les résultats, quant à la
puissance résolvante, que nous ont donnés les objectifs examinés ; notons que ces recherches ont été faites à la lampe, le
microscope étant muni du condenseur de **M. Abbe.**

CC (objectif de 1/4 de pouce) angle d'ouverture 90°. Dans la
lumière parfaitement centrique on résout faiblement le sixième
groupe de Nobert de même que le n° 8 de Möller. Dans la
lumière oblique le n° 11 du même test se voit parfaitement.

D (1/6° de pouce, ouverture 75°). Nous ne pouvons donner
assez d'éloges à cet objectif : depuis que nous le possédons,
nous l'employons journellement et nous le préférons pour les
observations courantes à tous nos autres objectifs d'égal grossissement. La netteté des images est excessive et la distance
frontale est telle que nous pouvons encore, dans les observations faites à la hâte, nous dispenser de l'emploi d'un couvre-objet. Dans la lumière centrique l'objectif résout très-bien le
cinquième groupe de Nobert, de même que le n° 8 de Möller.
Dans la lumière oblique on voit très-bien le n° 11 du même test
(*Pleurosigma* dans le baume).

F (1/14° de pouce, angle d'ouverture 110°). Cet objectif, qui est excellent et jouit à juste titre d'une grande réputation parmi les micrographes, résout assez bien, dans la lumière centrique, le septième groupe de Nobert de même que le n° 10 de Möller. Dans la lumière oblique le même objectif résout les dix-sept premiers numéros de Möller, c'est-à-dire tous les numéros de ce test qui sont résolubles par l'éclairage non monochromatique.

Le n° L est un objectif à immersion et correction de 1/25ᵉ de pouce ; il est excellent et un des meilleurs que nous ayons eus entre les mains. Il résout dans la lumière centrique le huitième groupe de Nobert, de même que les onze premiers numéros de Möller. Dans la lumière oblique nous avons résolu les dix-sept premiers numéros, et les autres ont été vus sans peine dans la lumière monochromatique.

Nous donnons, pour terminer, les prix auxquels ces objectifs sont cotés :

A à 24 marcs.	D à 42 marcs.	Immersion G à 90 marcs.
A A » 30 »	D D » 54 »	» H » 110 »
B » 30 »	E » 66 »	» J » 144 »
B B » 42 »	F » 84 »	» K » 200 »
C » 36 »		» L » 270 »
C C » 48 »		» M » 350 »

L. BÉNÈCHE, à Berlin (Grossbeerenstrasse, 19, SW).

M. L. Bénèche est un des plus anciens et des plus zélés constructeurs de l'Allemagne et plusieurs savants distingués ont rendu justice à ses efforts. MM. Dippel et Harting parlent très-favorablement de ce constructeur. Schacht estimait beaucoup les objectifs de Bénèche et nous nous rappelons avoir vu, lors du séjour que nous fîmes à Bonn, il y a une quinzaine d'années, chez feu notre savant ami, des microscopes de Bénèche qui ne laissaient rien à désirer pour l'époque.

Ce constructeur fabrique aujourd'hui divers modèles de microscopes dont nous allons décrire les principaux :

Le grand modèle (Stativ A) (fig. 106) est construit d'après celui d'Hartnack. Le pied est en forme de fer à cheval, il peut s'incliner sous tous les angles. Le miroir peut s'élever et

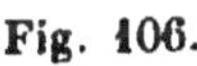

Fig. 106.   Fig. 107.

s'abaisser verticalement, de même que donner latéralement la lumière oblique.

Les diaphragmes sont à tube et portés par une pièce à coulisse.

La platine est très-grande et à tourbillon.

Muni de cinq oculaires, d'un micromètre oculaire mobile, d'une chambre claire d'après Oberhauser, ainsi que des objectifs 2, 3, 4, 7, 9, 11 et 12, le prix en est de 750 marcs.

Le deuxième modèle (Stativ C) (fig. 107 ci-dessus) est à platine fixe, miroir à mouvements latéraux, diaphragme à coulisse et mouvement lent au tube. Il est accompagné de deux oculaires

Fig. 108.

et des objectifs 3, 7 et 10, à immersion et correction. Le prix en est de 210 marcs.

Enfin le troisième modèle (Stativ D) (fig. 108) se rapproche beaucoup du précédent; le miroir permet également la lumière oblique, mais les diaphragmes tout en étant à tube, ne sont pas à coulisse. Accompagné de deux oculaires et des objectifs 3, 7 et 9, il se vend 135 marcs.

Notons encore deux autres modèles de ce constructeur, le Stativ B (fig. 109), qui ne diffère du modèle A que par la taille un peu plus petite et par moins d'accessoires et d'objectifs. Ceux-ci sont au nombre de six, à savoir : nᵒˢ 2, 3, 4, 7, 9 et 10 à immersion et correction. Les oculaires sont au nombre de cinq; le prix de l'ensemble est de 300 marcs.

Enfin le modèle D¹ (fig. 110) à platine en

Fig. 109.   Fig. 110.

ébonite et à diaphragme variable se vend 120 marcs, muni des oculaires 2 et 3 et des objectifs 4, 7 et 9. Les grossissements vont de 40 à 500 fois. Se contente-t-on des objectifs 4 et 7, alors le prix n'en est que de 75 marcs.

Nous avons eu l'occasion d'examiner une série d'objectifs de ce constructeur et ils nous ont en général paru fort bons.

Voici ce que nous avons trouvé pour leur puissance optique :

N° 2. — Cet objectif qui a un très-petit angle d'ouverture, donne des images nettes ; sa distance frontale, qui est de trois centimètres, le rend particulièrement convenable pour les travaux de dissection, de même que pour l'arrangement systématique des diatomées, etc.

N° 3. — Avec cet objectif les images sont pures, nettes et parfaitement incolores. La distance frontale est d'environ 1 centimètre. L'image donnée par une coupe de salsepareille est parfaite et les grains de fécule sont nettement définis. On voit assez bien la structure des aréoles du pygidium de la puce.

N° 4. — Cet objectif dont le foyer correspond à un 1/4 de pouce donne des images très-nettes et très-pures. Il résout le troisième groupe de Nobert dans la lumière parfaitement centrique.

N° 7. — M. Bénèche construit actuellement deux objectifs de ce numéro. Tous deux correspondent à peu près à 1/6ᵉ de pouce.

Le premier de ces objectifs, qui est destiné aux travaux d'histologie, donne dans la lumière centrique des images d'une pureté qui ne laisse rien à désirer, et le pygidium se montre avec sa teinte brune caractéristique. Cette pureté d'image n'est pas altérée par des oculaires relativement forts. Il montre très-bien, le jour, le cinquième groupe de Nobert dans la lumière centrique et le huitième groupe dans la même lumière disposée obliquement à l'aide du condenseur d'Abbe. Toutefois, dans ce dernier éclairage (pour lequel d'ailleurs l'objectif n'est pas construit) les images ne gardent pas l'excessive netteté qui les caractérise dans la lumière centrique.

Le deuxième, numéro 7, qui est au contraire à grand angle d'ouverture, est une combinaison à quatre lentilles. Le pygidium est bien résolu dans l'éclairage centrique, mais un peu laiteux. Dans la lumière centrique on peut nettement voir le sixième groupe de Nobert et le n° 9 dans la lumière oblique.

Le n° 9 (1 12ᵉ de pouce) est un de ces rares objectifs qui, tout en ayant un grand angle d'ouverture, montrent cependant le pygidium avec toute la netteté et la teinte brune désirables. C'est un des meilleurs objectifs de ce grossissement que nous ayons vus sur le continent. Dans la lumière centrique il montre fort bien le septième groupe de Nobert de même que le *Pleurosigma*. Dans la lumière oblique on résout le dixième groupe de Nobert.

N° 10. — Monté sans correction, nous n'avons pu obtenir de cet objectif tout ce qu'il peut donner, attendu que la plupart de nos préparations avaient des couvre-objets trop minces et que cet objectif, pour donner des images parfaites, exige des lamelles de 1/6ᵉ à 1/7ᵉ de millimètre. Malgré ces circonstances défavorables, nous avons obtenu des résultats excellents et qui permettent de placer cet objectif parmi les bons objectifs actuels. Le *Pleurosigma* se voit admirablement à la lumière centrique, de même qu'on résout bien le neuvième groupe de Nobert. Dans la lumière oblique disposée comme ci-dessus, nous avons parfaitement résolu tous les tests difficiles, y compris les *Vanheurckia rhomboïdes* et *viridula*, de même que l'*Amphipleura* dans l'éclairage monochromatique.

En somme, cet objectif est fort bon et d'un prix très-minime, ce qui ne gâte rien.

M. L. Bénèche cote ses objectifs, livrés séparément, aux prix suivants :

Système n°	1 (foyer	2 pouces).	. . . . . .	12 fr.
»	n° 2 (»	1 »).	. . . . . .	18 »
»	n° 3 (»	3/4 »).	. . . . . .	21 »
»	n° 4 (»	1/2 »).	. . . . . .	24 »
»	n° 5 (»	1/4 »).	. . . . . .	24 »

Système n° 6 (foyer 1/5ᵉ pouce). . . . . 30 fr.
» n° 7 (» 1/6ᵉ »). . . . . . . 30 »
» n° 8 (» 1/9ᵉ »). . . . . . . 30 »
» n° 9 (» 1/12ᵉ »). . . . . . . 45 »
» n° 10 (» 1/16ᵉ »), immersion sans correction. . 60 »
» n° 10 (» 1/16ᵉ »), immersion avec correction. . 90 »
» n° 11 (» 1/18ᵉ »), immersion avec correction. . 135 »
» n° 12 (» 1/20ᵉ »), immersion avec correction. . 225 »

MM. SEIBERT & KRAFFT, successeurs du renommé Gundlach, à Wetzlar, construisent d'excellents microscopes, aussi soignés sous le rapport mécanique que dans la partie optique qui ne laisse rien à désirer. Ces opticiens ont plusieurs modèles de microscopes. Leur grand modèle, qui se rapproche des instruments anglais, a un pied fort lourd en cuivre d'où s'élèvent deux bras qui soutiennent tout le mécanisme, de façon à pouvoir donner toutes les inclinaisons. Il est également à tourbillon.

Le double tube stéréoscopique peut être remplacé par un tube monoculaire.

L'instrument possède trois mouvements : un mouvement prompt par crémaillère et deux mouvements lents, l'un pour les grossissements moyens, l'autre pour les très-forts. Ces deux mouvements sont dits *sans frottement,* comme celui que nous décrirons plus loin, et empêchent absolument tout ballottement.

Les diaphragmes, qui sont à cylindre et au nombre de six, dont deux pour les rayons obliques, sont mus de haut en bas par un levier et toute leur monture peut s'enlever à volonté.

Le miroir, qui est double, est mobile dans tous les sens.

La platine est incrustée de verre noir. L'appareil est accompagné d'une platine à chariot qui s'enlève à volonté, d'un

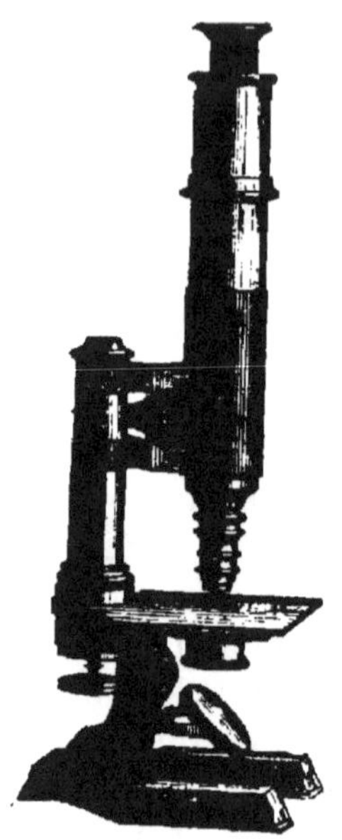

Fig. 111.

revolver pour cinq objectifs, d'un micromètre oculaire mobile, d'un appareil de polarisation, d'une chambre claire, système d'Oberhauser, d'un condenseur de Dujardin, d'une lentille pour l'éclairage de corps opaques, d'un compresseur et d'un micromètre objectif. Enfin, l'instrument possède quatre oculaires et toute la série des objectifs du n° 00 au n° 10 compris.

Le prix du microscope, ainsi composé, est de 530 thalers.

La même maison possède un nombre assez considérable d'autres modèles. L'un d'eux, le n° 5 (fig. 111), que nous avons examiné à loisir, mérite tout éloge et est remarquable par son bon marché. Accompagné de trois oculaires et des objectifs n°ˢ 1, 2, 5 et 7 à immersion et à correction (permettant des grossissements de 45 à 1,375 fois) et muni des petits objets usuels, il coûte 85 thalers, soit donc 319 francs.

La monture est du genre des microscopes à pied en fer à cheval. La platine est fort basse. Le tube est sans tirage; il se meut à frottement dans un tube fort épais, intérieurement revêtu de drap dans une certaine portion de sa longueur. La vis du mouvement lent est placée sous la platine, et ce mouvement lent diffère complétement de ceux que nous voyons habituellement.

En effet, le tube extérieur du mouvement prompt est terminé latéralement par une pièce carrée, longue de quelques centimètres, dont le bout s'engage dans un cylindre. Cette pièce est poussée de haut en bas par un ressort et maintenue latéralement par quatre bras solides qui se meuvent diagonalement. Le bouton du mouvement lent, se vissant ou se dévissant dans le bas du cylindre, fait monter ou descendre le tube du microscope. Ce système est d'une rigidité parfaite, l'objet reste parfaitement immobile pendant la mise à point et les constructeurs assurent que jamais il ne peut ballotter.

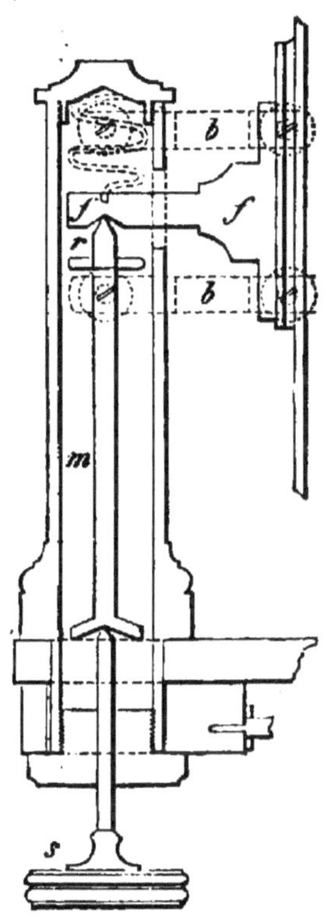

Fig. 112.

Nous donnons ci-contre (fig. 112) le dessin du mouvement lent adopté par MM. Seibert et Krafft.

Dans la figure, *f* représente le bras qui porte le tube du microscope, lequel bras est engagé entre les côtés *bb* du parallélogramme. Le bras *f* est poussé par la tige en acier *rm* qui elle-même est commandée par le bouton *s* et ce à l'aide de la vis (dont le filet n'est pas indiqué dans la gravure) qui le termine supérieurement.

L'examen des objectifs de ces constructeurs nous a donné les résultats suivants :

Nᵒˢ 0 et 1. — Objectifs faibles fort bons, ayant respectivement 1 3/4 et 1 pouce de foyer.

Nᵒ 2. — Excellent objectif de 1/2 pouce de foyer ; il montre passablement le pygidium de la puce. Les détails d'une coupe transversale de *Pinus* sont vus avec une grande netteté, mais il y a quelques faibles traces d'irisation.

Nᵒ 3 (1/3 de pouce). — Cet objectif qui a 38 degrés d'ouverture utile, donne également une très-faible bordure rouge à la coupe de *Pinus*. Il montre fort bien le pygidium de la puce ; sa puissance pour la dernière limite de visibilité, d'après le test à mailles de M. Harting, est de *µ* 1,40, à un grossissement de 125 fois.

Nᵒ 4 (1/4 de pouce), ouverture utile de 80 degrés, montre bien le pygidium et résout l'*Hipparchia Janira* dans la lumière centrique de même que le quatrième groupe du test de Nobert. La limite de sa visibilité est μ 0,83, à un grossissement de 180 diamètres.

N° 5 (1/8e de pouce), angle utile de 110 degrés, résout nettement le sixième groupe de Nobert dans la lumière centrique. La limite de sa visibilité est μ 0,78, à un grossissement de 330 fois. Il résout le n° 15 du test de Möller dans la lumière oblique.

N° 6 (1/12e de pouce, à correction), bon objectif ayant un angle de 124 degrés. Il montre le *Pleurosigma* dans la lumière centrique, et résout très-bien le septième groupe de Nobert dans le même éclairage. Dans l'éclairage oblique on voit parfaitement le quinzième numéro de Möller et faiblement le seizième. La limite de sa visibilité est de μ 0,6, à un grossissement de 590 fois.

N° 7 à immersion et correction (1/16e de pouce). Cet objectif, qui correspond au n° 10 de Hartnack, est à nos yeux tout aussi bon et a l'avantage de ne pas coûter le tiers de celui-ci. Il résout fort nettement le huitième groupe de Nobert dans la lumière centrique et l'*Amphipleura* dans la lumière monochromatique. Sa limite de visibilité, à un grossissement de 800 fois, est de μ 0,4. Son angle d'ouverture utile est de 129 degrés.

Les images données par cet objectif sont de la plus grande pureté.

N° 9 (1/32e de pouce). Cet objectif, qui correspond au n° 18 de Hartnack, est fort beau, les images sont d'une pureté fort grande et l'aspect que prend le *Pleurosigma* sous cet objectif est très-remarquable. On reconnaît du premier coup d'œil que les prétendus hexagones sont réellement des perles en relief à la surface.

Les prix de ces divers objectifs achetés isolément sont fixés comme suit :

N° 00   (2 1/2 pouces), coûte.   .   .   .   .   8 thalers.
N° 0   (1 3/4   »   ),   »   7   »
N° 1   (1   »   ),   »   6   »

N° 2 (1/2 pouce), coûte.　.　.　.　.　.　.　.				6 thalers.	
N° 3 (1/3 »), » 　.　.　.　.　.　.　.				6	»
N° 4 (1/4 »), » 　.　.　.　.　.　.				9	»
N° 5a (1/8e »), sans correction, coûte　.				12	»
N° 5b (1/8e »), avec　» 　» 　.				16	»
N° 6a (1/12e »), sans　» 　» 　.				20	»
N° 6b (1/12e »), avec　» 　» 　.				25	»
N° 7a (1/16e »), immers. sans correction .				20	»
N° 7b (1/16e »), 　» 　avec 　» 　.				25	»
N° 7c (1/16e »), objectif à sec avec correct.				40	»
N° 8 (1/24e »), immers. avec correction .				40	»
N° 9 (1/32e »), 　» 　» 　» 　.				60	»
N° 10 (1/50e »), 　» 　» 　» 　.				100	»

M. LEITZ, à Wetzlar. — M. Leitz, qui a repris l'atelier de Kellner, construit des microscopes de fort bonne qualité et d'un prix peu élevé.

L'un de ces instruments, que nous connaissons fort bien, est désigné dans le catalogue sous le nom de microscope moyen. Il est tout en cuivre, à pied en forme de fer à cheval et à platine à tourbillon recouverte en ébonite pour la mettre à l'abri des acides. La vis micrométrique du mouvement lent est très-précise, le mouvement rapide se fait par glissement. Les diaphragmes, qui sont à tubes, sont ajustés sur une pièce glissant entre des coulisseaux comme dans les grands modèles d'Hartnack et de Zeiss. Le miroir est plan d'un côté et concave de l'autre. Le prix de cette monture n'est que de 90 marcs.

Nous avons eu l'occasion d'examiner une série d'objectifs de ce constructeur et les avons trouvés bons. Voici ceux que nous avons examinés :

N° 3 (angle d'ouverture utile, 62 degrés ; foyer, 1/2 pouce), donne une bonne image du pygidium.

N° 5 (foyer, 1/4 de pouce; angle d'ouverture utile, 56 degrés), résout le quatrième groupe de Nobert dans la lumière centrique.

N° 7 (foyer, 1/6e de pouce; angle d'ouverture utile, 92 degrés), dernière limite de visibilité du test de Harting μ 0,83, résout le sixième groupe de Nobert dans la lumière centrique.

M. HASERT, à Eisenach, un des plus anciens constructeurs du continent, s'efforça, dès 1847, d'agrandir l'angle d'ouverture de ses objectifs. Ses efforts furent couronnés de succès, car déjà à cette époque, il réussit des objectifs ayant un angle de 120 degrés et jouissant d'une grande puissance résolutive.

Les objectifs de Hasert furent toujours très-estimés des botanistes s'occupant spécialement des diatomées. Schumann, qui s'en servit exclusivement pour son magnifique travail sur les diatomées du Haut-Tartra, en fait un grand éloge.

M. Hasert a récemment réussi la combinaison d'un objectif fort remarquable et dont la puissance résolvante est poussée à un très-haut point.

Cet objectif est une combinaison à quatre lentilles de faible grossissement et correspondant environ à 1/9e de pouce de foyer. Les images fort nettes, avec les oculaires faibles, gardent bien cette netteté avec des oculaires plus forts et nous avons pu pousser jusqu'à plus de 2,000 diamètres sans qu'elle fût altérée notablement.

Dans la lumière centrique le pygidium se montre nettement, mais un peu pâle.

Dans la même lumière centrique, éclairage à la lampe avec simple miroir et petit diaphragme, nous avons pu résoudre fort nettement le huitième groupe (1,994 lignes au millimètre) du test de Nobert.

L'angle d'ouverture utile, mesuré par le procédé de Govi, nous a donné 126 degrés.

Examiné dans la lumière oblique, l'objectif nous a donné des résultats fort beaux et nous a permis de résoudre, par le simple

Fig. 113.

emploi du miroir, à la lumière d'une lampe à pétrole, tous les tests employés ordinairement. Les dix-sept premiers numéros du test de Möller se sont montrés fort nettement. L'*Amphipleura pellucida* immergé dans la glycérine a montré une surface perlée très-distincte.

Dans la lumière monochromatique tous les numéros du test de Möller ont été résolus fort nettement de même que les derniers groupes du test de Nobert.

ROSS & C°, à Londres. — La maison fondée par le célèbre André Ross est actuellement dirigée par M. Wenham, savant bien connu par ses nombreux travaux sur l'optique.

MM. Ross et C°, ont deux formes de grands microscopes qu'ils nomment modèle Ross et modèle Jackson.

Le grand modèle Ross, quoique présentant de prime abord l'aspect effrayant des microscopes anglais compliqués, est un excellent instrument fort élégant, et qui, à l'usage, ne laisse rien à désirer, comme un maniement journalier de bientôt huit ans nous en a convaincu.

Le corps de l'instrument est suspendu entre deux montants, ce qui permet de lui donner l'inclinaison désirée; lorsque celle-ci est obtenue, une vis de pression permet de le fixer dans cette position (fig. 113 ci-contre).

Le miroir, plan d'un côté et concave de l'autre, peut aussi monter et descendre et en outre prendre toutes les directions à l'aide d'un anneau glissant autour de la tige. Il est attaché à une double articulation pour les études dans la lumière oblique.

La platine est fixe et, à l'aide d'un engrenage, elle peut tourner autour de son axe. Elle porte latéralement des boutons à l'aide desquels on peut faire mouvoir la préparation dans tous les sens. Elle est largement ouverte par en bas, ce qui fait que la lumière oblique y arrive sans peine, malgré son épaisseur apparente.

Le microscope possède un double tube, afin de servir à la

vision stéréoscopique. Veut-on ne se servir que d'un seul tube, on tire un petit bouton latéral et le prisme s'écarte de l'axe.

Sous la platine ordinaire se trouve une platine accessoire pouvant s'éloigner ou se rapprocher de la première platine. Cette deuxième platine qui est destinée à porter des diaphragmes gradués, l'appareil de polarisation, le concentrateur, etc., est également mobile dans tous les sens et peut de même tourner sur son axe à l'aide d'un pignon engrenant une roue dentée.

Le corps du microscope possède un mouvement prompt par crémaillère, et lent par vis de rappel. Ces deux mouvements sont d'une précision et d'une douceur admirables.

En somme, l'instrument est aussi parfait que l'on peut le désirer et répond à tous les besoins. Le prix en est malheureusement élevé, ce qui résulte de la cherté de la main-d'œuvre en Angleterre et de l'extrême perfection de l'instrument.

Le deuxième grand modèle, nommé modèle Jackson, en considération de ce savant micrographe, qui, vers 1841, indiqua cette forme, diffère assez notablement de l'ancien comme on peut le voir par les dessins ci-après (fig. 114). Dans le nouveau modèle, la platine est considérablement plus basse et nous sommes persuadé qu'il aura plus de succès sur le continent que l'ancien. Habitués à nos microscopes bas, dont le nouveau modèle se rapproche davantage, il nous paraît plus commode pour le travail journalier. Tout le mécanisme de la platine et du substage sont d'ailleurs identiques dans les deux montures.

Depuis quelque temps MM. Ross et C° ont modifié la construction de leurs objectifs. Comme nous l'avons dit, ils sont réduits à trois lentilles simples, dont une en flint lourd et les deux autres en crown. Nous possédons une série de ces nouveaux objectifs que nous employons journellement et dont nous sommes fort satisfait. Voici le résultat de l'examen de quelques-uns d'entre eux.

1/2 pouce. — Objectif réellement hors ligne, il est d'une netteté excessive et c'est le plus bel objectif que nous connaissions de pareil grossissement. Dans la lumière centrique, la définition est parfaite et le pygidium de la puce se montre d'une façon excessivement remarquable pour un objectif aussi faible.

Fig. 114.

Dans la lumière oblique on parvient à résoudre le *Pleurosigma angulatum*, mais la coloration est alors assez forte.

1/7ᵉ de pouce. — Cet objectif est excellent; de même que le 1/5ᵉ, le 1/10ᵉ, le 1/15ᵉ et le 1/25ᵉ de MM. Ross et Cᵒ, il peut s'employer à volonté à sec ou à immersion par le simple changement de la correction. L'angle d'ouverture extrême de l'objectif est de 130 degrés ; il montre fort bien dans la lumière centrique le huitième groupe du test de Nobert. Sa distance frontale, qui est très-grande, en fait un objectif très-précieux pour le travail journalier, la pureté des images ne laisse rien à désirer. Comme dernière limite de visibilité des mailles d'un tissu d'après le test dioptrique de Harting (procédé simplifié), nous avons trouvé le chiffre de μ 0,4 ou 1/2050ᵉ de millimètre.

1/18ᵉ de pouce. — L'angle d'ouverture de l'objectif est de 150 degrés, il montre assez bien le neuvième groupe de Nobert dans la lumière centrique, et donne pour dernière limite de visibilité des mailles le chiffre de μ 0,37 ou 1/2703ᵉ de millimètre.

Les images sont très-pures et la distance frontale assez notable.

Le pygidium de la puce est admirablement défini dans la lumière centrique, et dans l'éclairage oblique monochromatique on peut résoudre tous les tests connus.

Voici la série des objectifs fabriqués par MM. Ross et Cⁿ :

Série des objectifs faibles.

OBJECTIFS.	OUVERTURE.	GROSSISSEMENTS.				PRIX.		
		A.	B.	C.	D.	£.	S.	D.
*4 inch.	9°	12	18	25	40	1	11	6
*3 »	10°	15	20	35	50	2	2	0
3 »	12°	15	20	35	50	3	3	0
*2 »	12°	25	40	60	100	2	2	0
2 »	15°	25	40	60	100	3	3	0
*1 1/2 »	15°	35	60	95	150	2	2	0
1 1/2 »	20°	35	60	95	150	3	3	0
*1 »	15°	50	80	125	200	2	2	0
1 »	25°	50	80	125	200	3	10	0
2/3 »	35°	80	130	200	300	3	10	0

Série des nouveaux objectifs.

OBJECTIFS.	OUVERTURE.	GROSSISSEMENTS.						PRIX.		
		A.	B.	C.	D.	E.	F.	£.	S.	D.
¹/₂ inch.	45°	100	160	250	400	500	800	4	4	0
¹/₂ »	80°	100	160	250	400	500	800	5	5	0
3-10 ths »	60°	165	265	410	660	820	1300	4	10	0
3-10 ths »	90°	165	265	410	660	820	1300	5	10	0
1-5 th »	85°	250	400	620	1000	1250	2000	5	5	0
1-5 th »	120°	250	400	620	1000	1250	2000	6	6	0
1-7 th »	130°	340	540	850	1300	1700	2700	7	7	0
1-10 th »	140°	500	800	1200	2000	2500	4000	9	9	0
1-15 th »	150°	750	1200	1800	3000	3700	6000	12	12	0
1-25 th »	160°	1200	2000	3100	5000	6200	10000	21	0	0

MM. POWELL & LEALAND (170, Euston Road), jouissent également d'une réputation méritée. Nous avons eu l'occasion de voir à Londres, chez M. le Dʳ L. Beale, un de leurs grands instruments armé de leurs plus puissants objectifs.

Ce microscope se rapproche beaucoup du grand microscope de Ross; il en diffère en ce qu'il repose sur un trépied. La platine, ainsi que la platine adjointe, possèdent les mêmes mouvements transversaux que dans le microscope de Ross.

Le prix de la monture, accompagnée de deux oculaires, est de **38** £.

Une monture plus simple à platine munie du chariot de **Tyrrel**, à substage muni de mouvements transversaux et rotatoires et avec deux oculaires, ne coûte que 26 £. Cette monture parfaitement travaillée ne diffère guère du premier modèle que par quelques détails sans grande importance, et suffit largement pour les recherches les plus délicates.

Un troisième modèle, encore plus simple et possédant les mêmes mouvements à la platine et au substage, mais réalisés plus simplement, coûte £ 18-10.

Les objectifs de MM. Powell et Lealand jouissent d'une grande réputation; nous ne connaissons parfaitement que deux numéros d'entre eux, dont nous allons parler.

Le 1/8ᵉ de pouce, nouvelle formule, est un objectif hors ligne. De l'aveu de beaucoup de micrographes compétents, c'est un des objectifs les plus parfaits qui existent actuellement; depuis près de deux ans nous nous en servons journellement et nous en sommes aussi satisfait pour les recherches histologiques que pour l'étude des diatomées.

Cet objectif, qui sous le nom de 1/8ᵉ est réellement 1/10ᵉ de pouce, est monté, cela va sans dire, à correction. Celle-ci ne fait qu'un seul tour partagé en 50 divisions et elle présente cette particularité que les lentilles supérieures, qui seules sont mobiles, reviennent automatiquement à 0 par un mécanisme intérieur, lorsque la correction arrivée à 50 est légèrement forcée.

L'objectif a deux frontales, l'une pour servir à sec et l'autre à immersion. La première a une distance frontale assez courte et qui devient gênante dans l'examen de beaucoup de préparations, mais celle de la seconde est beaucoup plus longue et permet des couvre-objets relativement épais. La puissance optique des deux frontales ne diffère guère; toutefois nous croyons devoir dire que c'est à immersion que nous le préférons, l'objectif à sec étant un peu court.

L'angle d'ouverture total de l'objectif est de 140 degrés. Mesuré dans l'air, par la méthode de Govi, nous voyons que l'angle utile est de 127 degrés.

Les images données par cet objectif sont d'une pureté et d'une netteté extrêmes et ne laissent absolument rien à désirer.

Dans la lumière centrique, le microscope étant armé d'un tout petit diaphragme, nous avons pu résoudre parfaitement le neuvième groupe et faiblement le dixième groupe de la table de Nobert à dix-neuf groupes.

Dans ce même éclairage le *Pleurosigma* est aussi fort nettement résolu en perles et l'objectif montre le pygidium de la puce d'une façon parfaite. La définition est donc aussi bonne qu'elle peut l'être et la profondeur de foyer est considérable. Toutes les conditions requises pour les études histologiques sont donc parfaitement remplies.

L'objectif n'est pas moins beau dans l'éclairage oblique. Tous les tests usuels, y compris le difficile *Amphipleura pellucida*, sont résolus par le simple éclairage de la lampe.

L'emploi de la lumière monochromatique solaire à l'aide de la cuve à sulfate de cuivre ammoniacal nous a permis de résoudre le dernier numéro du test de Nobert à dix-neuf groupes.

Cet objectif qui, avec l'oculaire A de Ross, ne donne guère qu'un grossissement de 450 à 550 fois, suivant la position de la correction, supporte des oculaires excessivement forts et l'image portée ainsi à 4,000 diamètres et même au delà est encore belle et nette.

L'objectif 1/16e de pouce qui, en réalité, est 1/25e est également un excellent objectif, mais moins pratique que le précédent, parce que le foyer en est un peu plus court.

Cet objectif résout tous les tests connus et c'est avec lui qu'ont été faites un grand nombre des admirables photographies de M. le D^r colonel Woodward.

Dans la lumière centrique, cet objectif nous a nettement résolu le huitième groupe de Nobert, et, à la lumière du jour, nous a donné comme dernière limite de visibilité des mailles 0,00032 (μ 0,32) ou $\dfrac{1}{3125^e}$ de millimètre.

Le 1/25e et le 1/50e de pouce des mêmes fabricants ont été fort vantés par M. Beale, chez qui nous les avons vus; nous ne les avons pas suffisamment étudiés pour pouvoir en donner une appréciation complète.

Voici la liste des principaux objectifs fabriqués par MM. Powell et Lealand :

OBJECTIFS.	ANGLE D'OUVERTURE.	GROSSISSEMENT AVEC LES DIVERS OCULAIRES.					PRIX.		LIEBERKUHNS.
		N° 1.	N° 2.	N° 3.	N° 4.	N° 5.	£.	s.	s.
4 inch.	9°	12	18	25	50	75	1	10	0
3 »	12°	16	24	32	64	96	2	15	0
2 »	14°	25	37	50	100	150	2	15	14
1 1/2 »	20°	37	56	74	150	220	3	0	12
1 »	30°	50	74	100	200	300	3	3	10
2/3 »	32°	75	111	150	300	450	3	10	10
1/2 »	70°	100	148	200	400	600	5	0	7
1/2 »	40°	...	...	...	...	...	4	4	0
4/10 »	80°	125	187	250	500	750	5	5	7
1/4 »	95°	200	296	400	800	1200	5	5	6
1/4 »	130°	...	...	...	...	...	7	7	0
1/4 »	140°	On a new formula.					9	9	0
1/5 »	100°	250	370	500	1000	1500	6	6	0
1/8 »	140°	On a new formula.					9	9	0
1/12 »	145°	600	888	1200	2400	3600	12	12	0
1/16 »	175°	800	1184	1600	3200	4800	16	16	0
1/25 »	160°	1250	1850	2500	5000	7500	21	0	0
1/50 »	150°	2500	3700	5000	10000	15000	31	10	0

Frontale pour immersion pour 1/4, 1/8, 1/12 et 1/16... £ 2.2 extra,

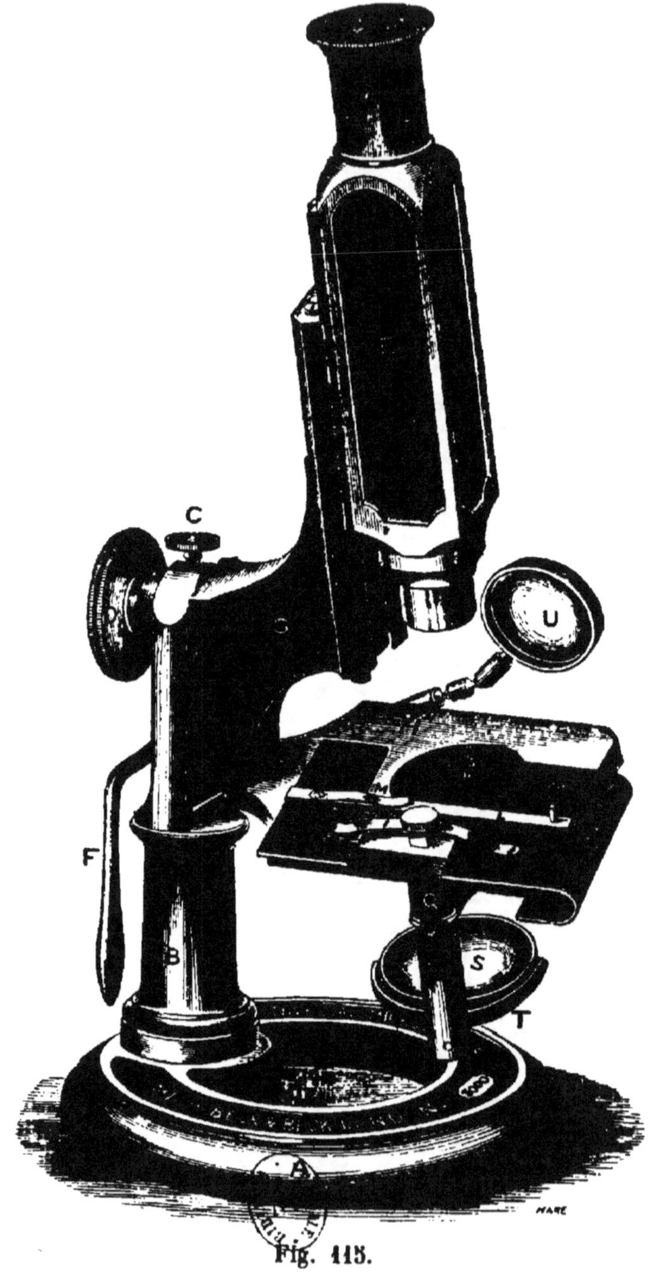

Fig. 113.

MM. R. & J. BECK (31, Cornhill, E. C.) construisent des microscopes de diverses qualités qui sont fort estimés. Nous ne connaissons que par le dessin le grand instrument de ces constructeurs.

Ce microscope est construit sur le modèle Jackson ; le bras est porté entre deux colonnes placées sur une plaque horizontale ronde ayant trois prolongements pour lui donner plus de stabilité. Le tube est binoculaire ; la platine, divisée en 360 degrés pour servir comme goniomètre, est pourvue d'un mouvement rotatoire et du chariot de Tyrrel. Sous la platine se trouve placé un diaphragme à ouverture graduée, dit *Iris diaphragme*, et dont on règle l'ouverture à l'aide d'un bouton placé sur l'un des côtés de la platine.

Nous donnons ci-dessous la liste des objectifs dits *de première classe* de ces constructeurs. Nous n'avons pas eu jusqu'ici l'occasion de voir ces objectifs de MM. R. et J. Beck, mais des micrographes distingués nous ont assuré qu'ils étaient excellents, surtout leur 4/10e de pouce (90 degrés) et leur 1/20e de pouce à immersion.

3 pouces,	angle	d'ouverture	12	degrés.
2 »	»	»	18	»
1 1/2 »	»	»	23	»
2/3 »	»	»	32	»
4/10e »	»	»	90	»
1/4 »	»	»	75	»
1/5e »	»	»	100	»
1/8e »	»	»	120	»
1/20e »	»	»	140	»

Ces mêmes opticiens construisent un grand nombre de microscopes divers, parmi lesquels nous connaissons un modèle qui, sous le nom de *microscope universel*, a eu beaucoup de vogue.

Le microscope universel de ces constructeurs (fig. 115 ci-contre) est un instrument dont la forme s'écarte de tout ce que l'on voit habituellement. Le microscope tout entier est mobile sur son axe; il peut prendre toutes les inclinaisons et être fixé dans la direction voulue à l'aide de la vis C. Le tube E s'élève et s'abaisse à l'aide d'un pignon et d'une chaîne cachés dans la pièce *abc*. Le mouvement prompt est donné par le bouton D, et le mouvement lent par une pression exercée sur le levier F.

La platine H porte une espèce de chariot KN. Le diaphragme Q peut s'enlever de devant l'ouverture P de la platine. Le miroir concave S est mobile dans toutes les directions à l'aide de la charnière T et du tube R où il est attaché.

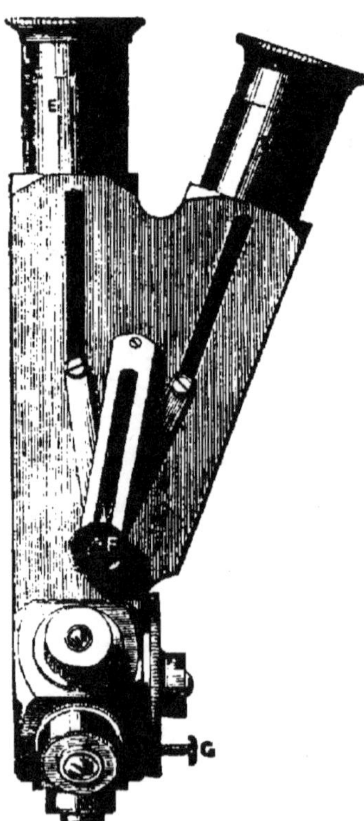

Fig. 116.

Une loupe articulée U est destinée à l'éclairage des corps opaques.

Ce microscope peut recevoir diverses additions parmi lesquelles nous signalons d'abord le tube binoculaire de Wenham représenté fig. 116. Cet appareil est terminé supérieurement par deux tubes susceptibles de s'éloigner l'un de l'autre pour s'accommoder à l'écartement des yeux de l'observateur.

Inférieurement, on voit un demi-cercle sur lequel sont adaptés trois objectifs que l'on peut amener successivement dans l'axe du tube. Enfin, l'appareil peut aussi servir comme microscope monoculaire : à cet effet on n'a qu'à tirer la goupille O, qui éloigne le prisme de l'axe du tube.

M. JAMES SWIFT (43, University street, Tottenham Court

Fig. 117.

Road, W. C) construit de bons instruments que nous avons appris à connaître à l'Exposition d'hygiène de Bruxelles, en 1876.

Son grand modèle (fig. 117 ci-contre) qu'il appelle *presentation microscope* est construit sur le grand modèle de Ross dont il ne diffère essentiellement que par la forme du pied. Le prix de la monture est de 30 *£*, monoculaire. Le prix en est augmenté de 8 *£* lorsque l'arrangement binoculaire de Wenham y est adapté.

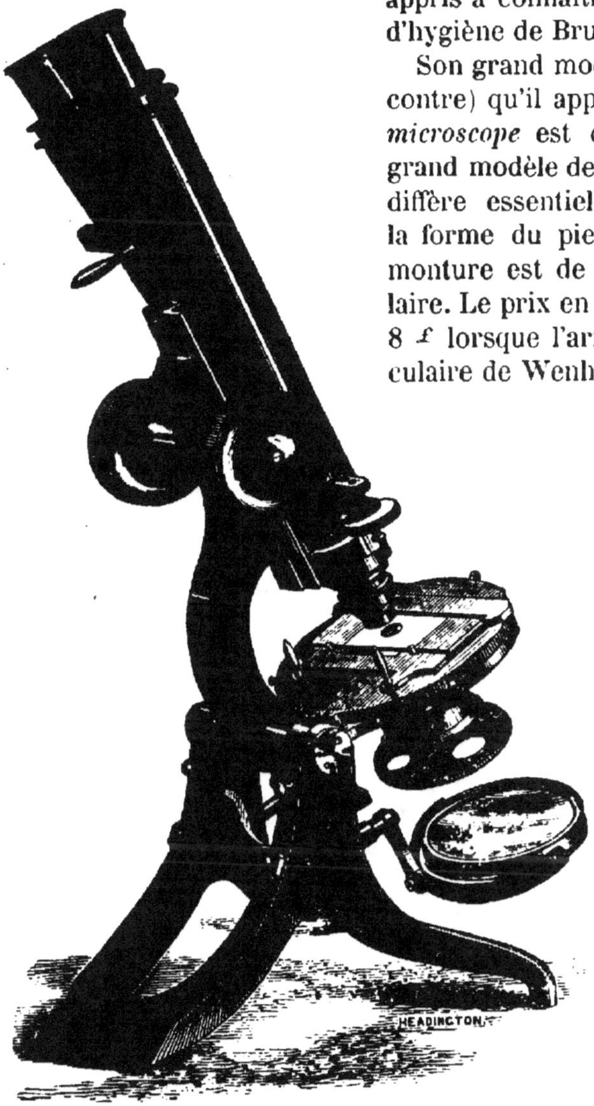

Différents autres modèles de ce constructeur présentent de l'intérêt ; parmi eux nous citerons les suivants :

New Jackson Lister form of Binocular microscope (fig. 118). Cet instrument a une platine rotatoire munie à sa partie supérieure d'une espèce de plateau mobile permettant des mouvements très-précis. Le tube placé

Fig. 118.

sous la platine peut recevoir des appareils (condenseurs, etc.) volumineux et peut aussi s'enlever à volonté. Il est accompagné de deux oculaires et de deux objectifs : l'un, d'un pouce, à 25 degrés d'ouverture et l'autre, de 1¼ de pouce, ayant un angle d'ouverture de 90 degrés. Le prix de l'ensemble est de 13 £.

Le microscope de voyage qui, comme son nom le fait présumer, est construit dans le but d'occuper le plus petit espace possible, a une platine pouvant se replier, un mouvement rapide par glissement du tube, un mouvement lent renfermé dans la partie du trépied qui le porte, un oculaire et un objectif de 1 pouce (fig. 119 et 120). Il peut se renfermer dans

Fig. 119.   Fig. 120.

une boîte de 15 centimètres de long, 7 centimètres de large et 5 centimètres de profondeur (fig. 121 et 122 ci-après). Le prix de ce microscope est de 75 francs.

Fig. 121.   Fig. 122.

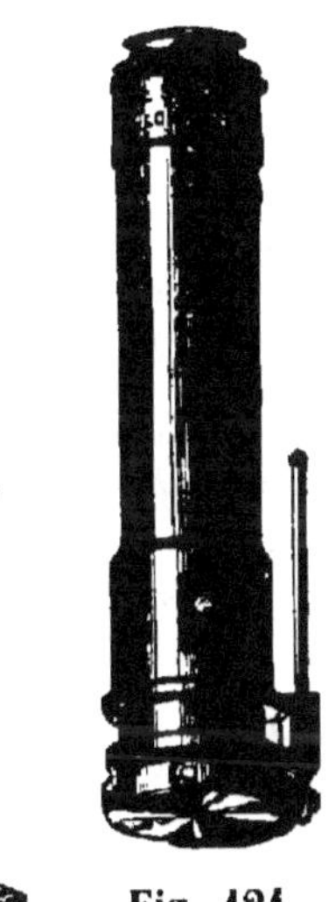

Fig. 123.

Fig. 124.

Mentionnons enfin le petit microscope de poche représenté ci - dessous (fig. 123 et 124), qui peut facilement être porté dans la poche du gilet, car quand il est fermé, l'appareil n'a que 7 centimètres de longueur sur 2 centimètres de diamètre. L'une de nos figures représente le microscope fermé et l'autre l'instrument prêt à être employé. La préparation C est maintenue par un petit tube B contenant un ressort à boudin. Le mouvement rapide s'obtient par le tube D, et le mouvement lent par le tube porte-oculaire E. Le microscope muni d'un oculaire et d'un objectif de 1 pouce et de $1/5^e$ de pouce, coûte 5 £.

Nous recommandons beaucoup cet instrument pour la récolte des diatomées.

Un microscope à peu près semblable, que nous avons acquis de feu M. Mouchet et que nous portons toujours dans la poche du gilet, nous rend beaucoup de services.

M. Swift construit deux séries d'objectifs : l'une à grand angle d'ouverture, que nous ne connaissons pas; l'autre à petit angle d'ouverture et spécialement destinée aux recherches histologiques, que nous avons pu examiner à loisir et qui nous a donné le résultat suivant :

1 pouce. — Images très-pures, les préparations d'anatomie donnent des contours très-nets.

4/10es de pouce. — Le pygidium de la puce est nettement défini. Dans la lumière centrique on résout le quatrième groupe du test Nobert à dix-neuf groupes. Dans la lumière oblique on voit bien le n° 9 du test de Möller.

1/5e de pouce. — Le pygidium est très-net, donc la définition est bonne. Dans la lumière centrique on résout assez bien le cinquième groupe de Nobert.

La lumière oblique montre le *Pleurosigma*, mais irisé ; on voit de même très-bien le huitième groupe du test de Nobert et le n° 9 de Möller.

1/6e de pouce. — Pygidium bien.

Lumière centrique. Le *Pleurosigma* est faiblement résolu, on voit bien le sixième groupe de Nobert.

Lumière oblique. Pleurosigma résolu nettement et sans irisation, on voit le n° 14 *(Nitzschia sigmoidea)* de Möller.

1/8e de pouce. — Pygidium bien. Le *Pleurosigma* est vu faiblement dans la lumière centrique et très-nettement dans la lumière oblique. On voit *assez* bien le septième groupe de Nobert dans la lumière centrique.

Dans la lumière oblique on résout le douzième groupe de Nobert *bien* et le n° 14 de Möller.

Le prix de ces objectifs est coté comme suit :

1 pouce, angle d'ouverture	22 degrés,	prix	£	1	8
1/2 » » »	40 »	»	»	2	12
1/5e » » »	60 »	»	»	1	16
1/6e » » »	70 »	»	»	2	4
1/8e » » »	100 »	»	»	3	10

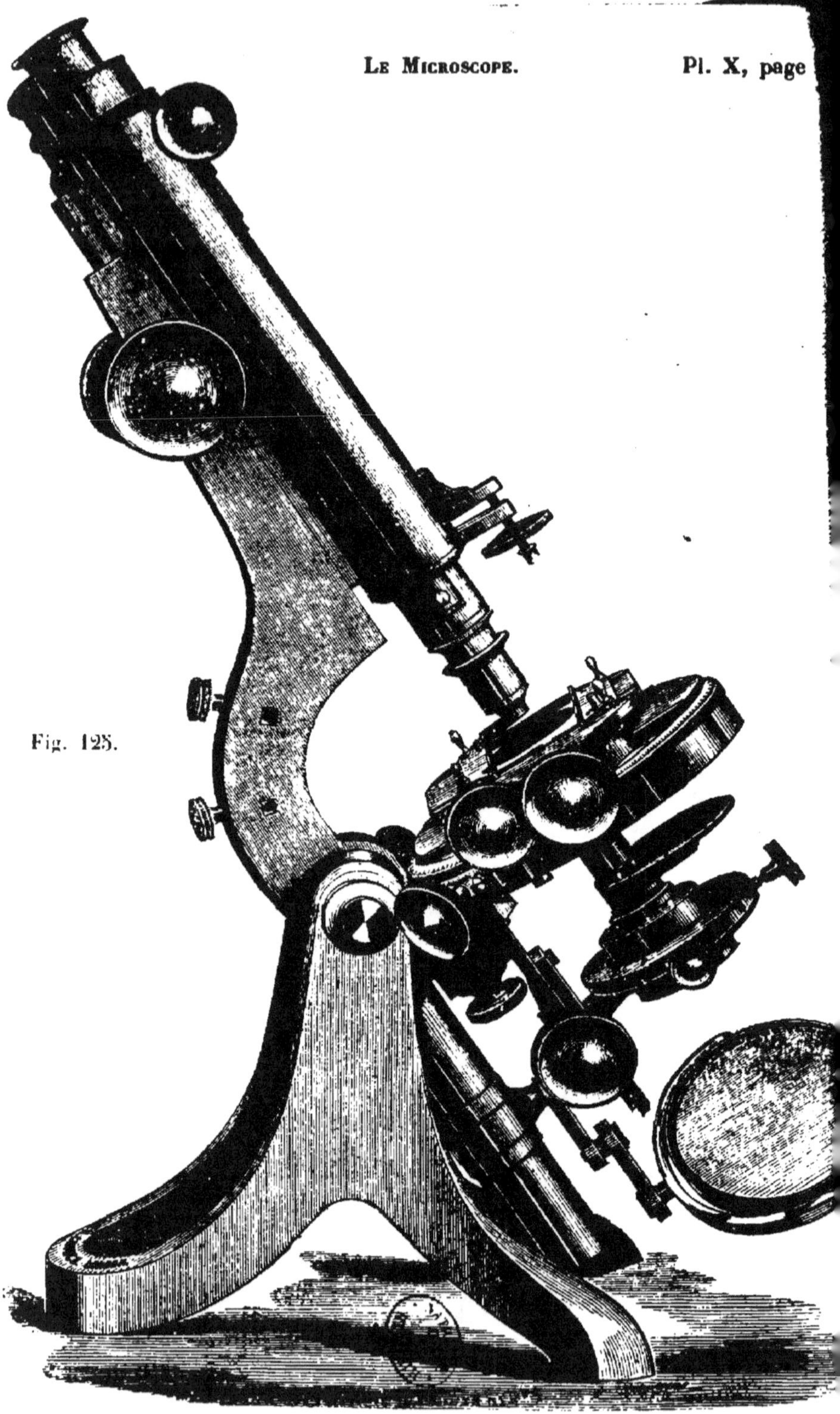

Fig. 125.

M. HENRY CROUCH (66, Barbican, E. C.) fournit des instruments qui se distinguent autant par leur fini que par la modicité de leur prix. Nous connaissons et avons longuement manié le grand modèle de ce constructeur (fig. 125 ci-contre) et nous pouvons le recommander sous tous les rapports.

Cet instrument est livré binoculaire ou monoculaire au gré de l'acheteur. La barre qui porte tout l'appareil optique, de même que la platine, est très-solide, et il est suspendu entre les deux bras d'un pied solide et coulé d'une seule pièce. Le mouvement prompt qui se fait par crémaillère est doux et précis, et le mouvement lent est très-bien construit.

La platine est mobile, parfaitement rigide et les bords portent une graduation sur argent pour servir de goniomètre.

Elle présente cette particularité qui la distingue de tous les modèles analogues, c'est, qu'à l'aide de deux boutons latéraux, elle peut être immédiatement centrée par rapport à n'importe quel objectif. Quiconque a manié les grands microscopes anglais sait que ces instruments, d'une admirable précision sous tous les rapports, ont le défaut de ne pas maintenir l'objet parfaitement dans le champ, pour tous les objectifs, lorsqu'on imprime un mouvement rotatoire à la platine. On y remédie bien parfaitement, il est vrai, à l'aide du chariot, mais toujours est-il que la disposition de M. Crouch est une amélioration réelle.

Le substage qui peut porter toutes les pièces que l'on y place d'habitude et qui porte des boutons pour le centrage peut s'écarter latéralement quand on veut employer la lumière oblique.

La monture de ce beau microscope se vend, accompagnée de deux oculaires, binoculaire £ 29-10 et monoculaire 25 £.

La monture n° 2 qui présente à peu près les mêmes combinaisons, mais avec un peu moins de luxe, est cotée 20 £ binoculaire, et £ 16-0-10 monoculaire.

Le n° 3 est notablement plus simple, le chariot est remplacé par une platine en verre poli, portant une autre plaque polie mobile, ce que M. Nachet, qui emploie aussi cette combinaison, nomme une *barrette de verre* (fig. 128, page 176). Cette espèce de chariot est d'un mouvement fort doux et suffit amplement à l'emploi journalier. Le substage porte encore des vis de centrage (de même que la platine) et peut être enlevé latéralement.

Ce microscope coûte £ 12-12 quand il est livré monoculaire et £ 15-15 quand l'appareil binoculaire y est joint.

Le *premier microscope* (fig. 126 ci-contre) est un instrument très-convenable pour le travail journalier, il est binoculaire, a un mouvement rapide par crémaillère et un mouvement lent très-précis, la platine est à chariot et a les mouvements transversaux et rotatoires.

Le diaphragme consiste en une plaque à plusieurs ouvertures et peut être entièrement écarté dans les cas d'éclairage oblique. Muni de deux objectifs, l'un de 1 pouce, l'autre de 1/4 de pouce, le prix en est de £ 15-15.

Moyennant une augmentation de £ 2-2, l'appareil est muni du substage décrit dans les modèles précédents.

Notons encore le microscope d'étudiant (fig. 127 ci-après) dont M. le Dr Carpenter, qui s'en est beaucoup servi, fait grand éloge ; il est également binoculaire et a une platine munie du mouvement rotatoire et de la barrette en verre. Le diaphragme est à ouvertures variables et le miroir permet l'éclairage oblique. Il est accompagné d'un objectif de 1 pouce et d'un autre de 1/4 de pouce, et son prix n'est que de £ 12-15.

« J'ai beaucoup employé cet instrument, dit le Dr Carpenter, et je puis le recommander vivement à quiconque veut acheter un microscope binoculaire à la fois bon, facile à transporter et à bon marché. »

Enfin le même constructeur fabrique encore le petit modèle d'Hartnack (fig. 85, page 124) inclinant, qui muni de deux objectifs (1 et 1/4 de pouce) et de deux oculaires, coûte £ 7-0-10.

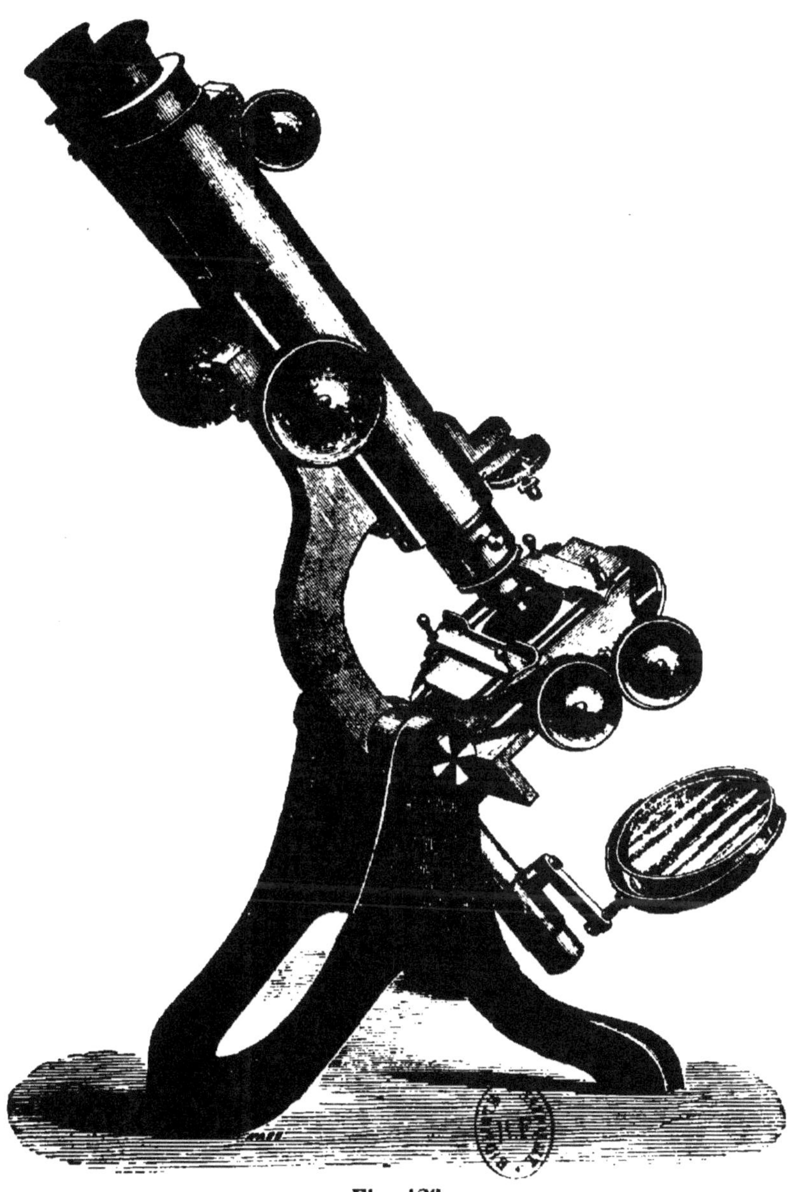

Fig. 126.

Premier microscope de Crouch.

M. Henry Crouch fabrique deux séries d'objectifs, les

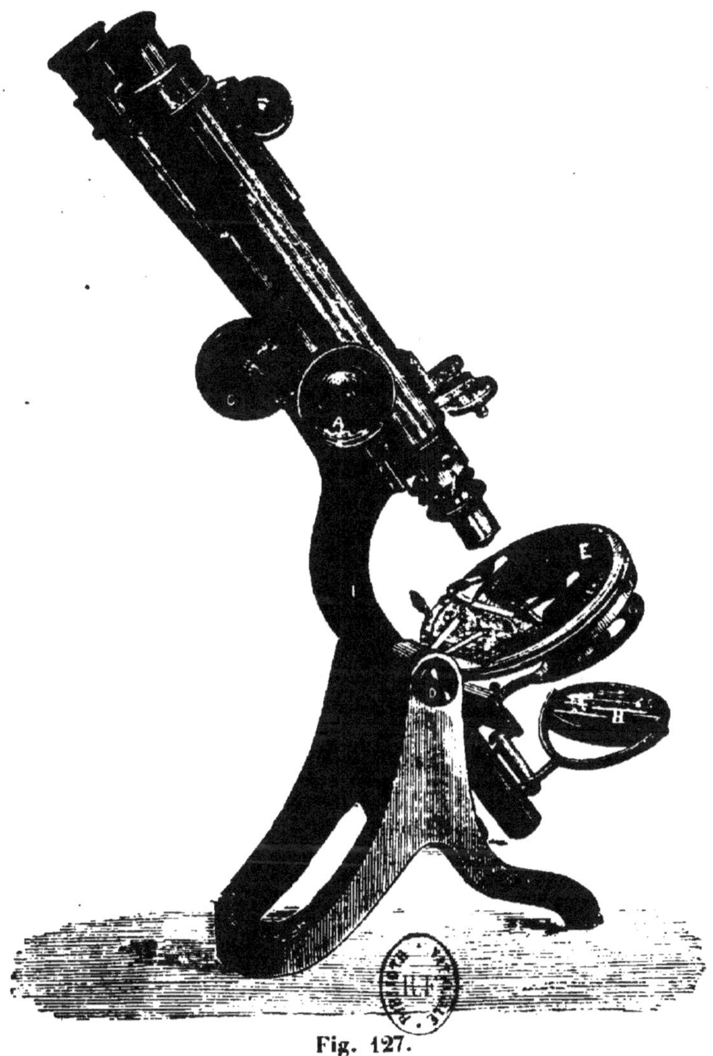

Fig. 127.

uns à grand angle et les autres à petit angle d'ouverture.

Voici les grossissements et les prix des objectifs de la première série :

OBJECTIFS.	GROSSISSEMENTS.			ANGLE D'OUVERTURE.	PRIX.
	N° 1.	N° 2.	N° 3.		
4 pouces.	10	15	30	9 degrés.	1— 2—6
3 »	13	30	50	12 »	1—13—0
2 »	20	35	60	15 »	1—13—0
1 $1/2$ »	30	45	80	20 »	1—13—0
1 »	50	85	120	25 »	1—13—0
$2/3$ »	60	105	180	30 »	1—13—0
$1/2$ »	100	180	300	40 »	2— 9—6
$1/4$ »	280	400	800	100 »	3—17—6
$1/5$ »	320	450	900	136 »	3—17—6
$1/10$ »	500	850	1700	140 »	4—10—0
$1/12$ à immers.	666	970	1940	140 »	4—17—6
$1/15$ à sec.	800	1300	2600	140 »	8— 8—0
$1/20$ »	950	1600	3200	140 »	9— 9—0

Voici les résultats que nous a donnés l'examen de quelques-uns de ces objectifs :

1 1/2 pouce et 1 pouce.—Images nettes, définition très-bonne.

1/2 pouce. — Images très-nettes et très-pures. Le pygidium se voit bien. Dans la lumière oblique, à la lampe, l'objectif résout bien le n° 8 de Möller.

1/5e de pouce. — Image bonne ; dans la lumière centrique le pygidium se voit bien, mais un peu laiteux ; dans le même éclairage se montre bien le cinquième groupe de Nobert.

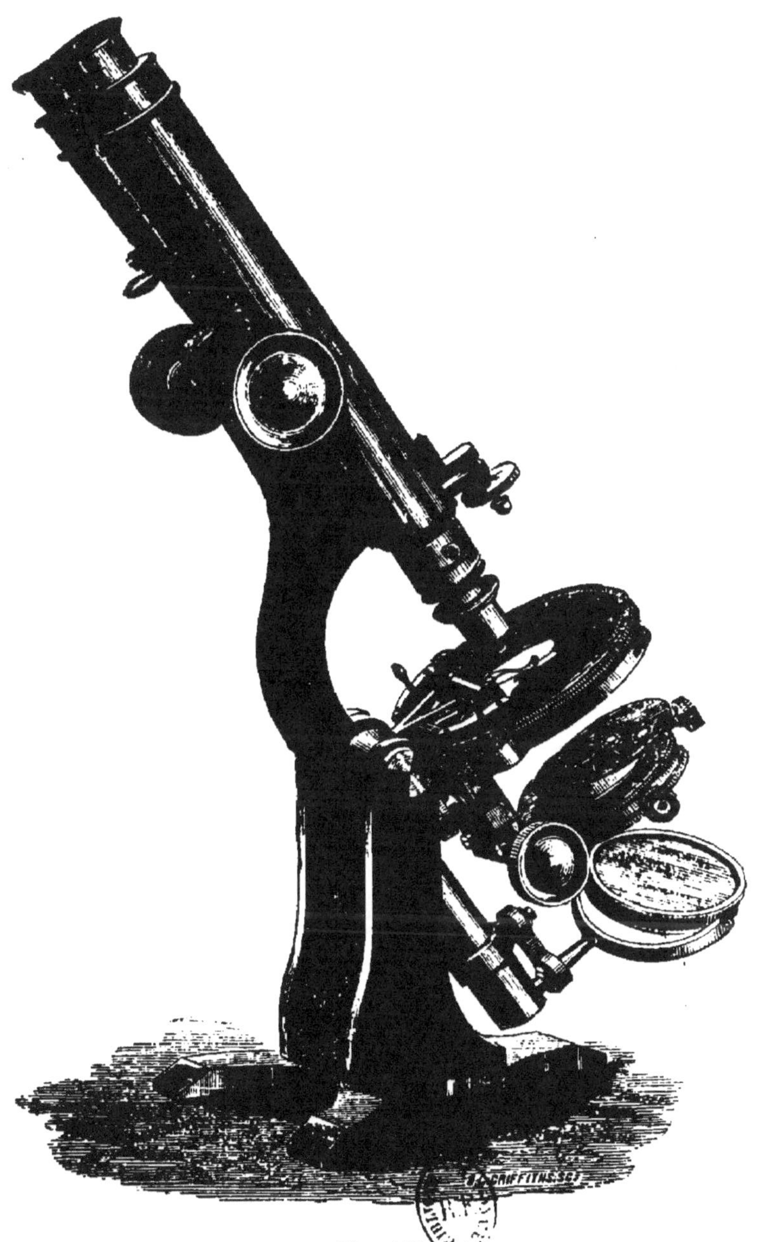

Fig. 128.

1/20ᵉ de pouce à correction. — Objectif excellent donnant des images très-pures et très-nettes. Dans la lumière centrique le pygidium ne laisse rien à désirer et, dans le même éclairage, à la lumière de la lampe, on résout bien le *Pleurosigma angulatum*, de même que le septième groupe de Nobert.

TOLLES, à Boston, États-Unis (agent Charles Stodder, Rialto Room, 27, Boston). M. Tolles tient un des rangs les plus distingués parmi les opticiens de notre époque. C'est ce constructeur qui a imaginé l'oculaire binoculaire stéréoscopique, l'oculaire holostérique (1), les objectifs à quatre lentilles, actuellement tant vantés et divers autres objets qui sont actuellement imités par plusieurs constructeurs de l'Europe.

Nous ne connaissons pas les instruments de Tolles. D'après la description que nous en trouvons dans le catalogue, nous concluons qu'ils se rapprochent beaucoup des instruments anglais, construits sur le modèle *Jackson Lister*. Le haut prix (300 et 225 $) de ces montures, engagera peu de micrographes du continent à en faire l'acquisition, mais il n'en est pas de même des objectifs de ce célèbre constructeur. Ces objectifs, en effet, sont réellement admirables. Nous connaissons parfaitement deux 1/6ᵉ de pouce de Tolles. L'un de ces objectifs, qui est actuellement notre propriété, a été construit en 1868 pour Eulenstein, au décès duquel nous l'avons acheté.

Cet objectif qui sert, à volonté, à sec ou à immersion, par le simple changement de la correction, a un angle d'ouverture extrême de 175 degrés, son foyer à sec est donc fort court. Les images, dans la lumière centrique, sont d'une pureté et d'une netteté admirables; le pygidium de la puce qui avec presque tous les objectifs à grand angle paraît un peu laiteux,

---

(1) On lit dans *Report on the Judges on Philosophical Apparatus, eleventh exhibition of the Massachusetts Charitable Mechanic Association held in Boston, September 1869*, que, à cette époque, ces instruments étaient brevetés (*patented*) depuis *plusieurs années* en faveur de Tolles.

ne laisse ici absolument rien à désirer et, dans le même éclairage, le *Pleurosigma angulatum*, de même que le huitième groupe de Nobert se résolvent parfaitement.

Dans l'éclairage oblique tous les tests organiques connus, y compris l'*Amphipleura pellucida* et le *Vanheurckia saxonica* se résolvent parfaitement. Dans cet éclairage, Eulenstein et Nobert, à qui Eulenstein avait prêté cet objectif, ont résolu le dix-septième groupe du test Nobert. Nous avons réussi à voir le dix-huitième, ce qui provient peut-être de ce qu'un long exercice nous a donné une grande facilité pour résoudre les derniers groupes de ce test.

Tolles fabrique deux séries d'objectifs : les uns à grande ouverture, les autres à petit angle. Nous donnons ici les prix de la série d'objectifs à grande ouverture :

1 et 2 pouces, angle d'ouvert.	60 à 80 degrés,	40	$
4/10ᵉˢ » »	90 à 110	»	45 »
4/10ᵉˢ » »	135 à 145	»	65 »
1/4 ou 1/5ᵉ » »	110 à 130	»	45 »
1/4 ou 1/5ᵉ » »	180	»	70 »
1/6ᵉ » »	180	»	70 »
1/8ᵉ » »	170	»	80 »
1/10ᵉ » »	180	»	85 »
1/12ᵉ » »	170	»	115 »
1/15ᵉ » »	170	»	125 »
1/20ᵉ » »	170	»	180 »
1/50ᵉ » »	165	»	250 »
1/75ᵉ » par contrat spécial.			

WALES, à Fort-Lée (N.-Y.). Ce constructeur jouit aux États-Unis de beaucoup de réputation. Nous n'avons aucune donnée sur les instruments de Wales, mais nous possédons de lui un 1/15ᵉ de pouce. Nous avons soumis cet objectif à toutes les recherches et en avons obtenu d'excellents résultats.

Il peut s'employer à sec ou à immersion par le simple

changement de la correction. Dans la lumière centrique, le pygidium de la puce est vu avec une grande pureté et on résout nettement le neuvième groupe de Nobert.

Dans la lumière oblique monochromatique tous les tests, y compris l'*Amphipleura*, sont très-bien résolus.

SPENCER PÈRE & FILS, à Geneva (N.-Y.). — La maison Spencer est renommée depuis très-longtemps ; les premiers renseignements sur Spencer remontent à 1848 ; à cette époque les objectifs de cet opticien étaient signalés comme surpassant ceux que l'on construisait en Europe ; peu après, en 1852, Spencer construisit un objectif de 1/12ᵉ de pouce ayant 174 1/2 degrés, le premier que l'on réussit avec pareil angle d'ouverture.

La maison Spencer conserve toujours son ancienne réputation. Nous ne connaissons pas les modèles de ces constructeurs ; mais nous pouvons donner tout éloge à leurs objectifs. Un 1/8ᵉ de pouce de ces opticiens, qui nous a été envoyé par M. le professeur H.-L. Smith, est fort remarquable. L'objectif s'emploie à volonté à sec ou à immersion. Les lentilles sont fort grandes et l'objectif est excessivement lumineux. L'angle d'ouverture extrême est de 175 degrés et la distance frontale, très-notable pour un pareil angle d'ouverture, permet l'emploi de couvre-objets de 1/5ᵉ de millimètre.

Employé à sec, dans l'éclairage centrique, l'objectif donne une bonne image du pygidium, montre fort nettement le *Pleurosigma* de même que le septième groupe de Nobert. Dans l'éclairage oblique on résout le quatorzième groupe.

A immersion, les images sont défectueuses dans l'éclairage centrique ; elles redeviennent de nouveau excessivement nettes dans l'éclairage oblique ; l'objectif résout ainsi très-bien le seizième groupe de Nobert et montre également l'*Amphipleura* dans l'éclairage monochromatique.

D'après ce que M. le professeur Smith nous communique, MM. Spencer viennent de réussir un objectif de 1/10ᵉ de pouce à quatre lentilles qui surpasse de beaucoup ce que l'on a fait de mieux jusqu'ici. Cet objectif, qui permet l'emploi de lamelles de $1/5^e$ de millimètre, donne une image parfaite du *Podura* dans la lumière centrique en même temps que, dans la lumière oblique, il résout nettement l'*Amphipleura* à la lumière ordinaire du jour. A l'éclairage de la lampe, l'objectif résout le même test dans le baume. Nous espérons bientôt recevoir ce chef-d'œuvre dont le prix est de 70 dollars, ce qui est relativement peu élevé.

(Cet objectif nous est arrivé pendant l'impression de ces pages (janvier 1878); nous pouvons dire que nous en sommes excessivement satisfait, et que, tout en donnant des images très-pures dans l'éclairage axial (centrique), il surpasse en résolution tous les objectifs que nous avons eu jusqu'ici l'occasion d'étudier. C'est ainsi que, à l'éclairage de la lampe, tout le test de Möller (sauf l'*Amphipleura)* se résout sans grand'peine.

Toutefois, nous ne désespérons pas de résoudre l'*Amphipleura* du même test, quand nous aurons manié l'objectif pendant un peu plus de temps.

Cet objectif s'emploie soit à sec, soit immergé dans l'eau ou dans la glycérine. A sec, il est bon ; mais nous en connaissons de meilleurs du même grossissement. C'est immergé dans la glycérine qu'il possède le maximum de puissance résolvante ; toutefois les effets qu'on obtient par l'immersion dans l'eau ne sont pas notablement inférieurs à ceux que donne la glycérine.)

Outre les objectifs à grand angle, MM. Spencer ont encore deux autres séries d'objectifs à plus petit angle qu'ils nomment *Students* et *Professional objectives* et dont le prix est moindre. Dans la dernière série les objectifs de 1 pouce sont cotés 6 \$ et ceux de $1/4$ et de $1/6^e$ de pouce à correction, résolvant le *Surirella Gemma,* coûtent 20 \$.

Maintenant que nous avons examiné les instruments entre lesquels nous pouvons faire un choix, voyons ceux que nous pouvons recommander de préférence, et observons que, possédant presque tous les instruments décrits dans cet ouvrage, nous les soumettrons volontiers à ceux de nos lecteurs qui, voulant faire une acquisition, trouveraient les renseignements insuffisants.

La personne qui ne veut faire que des observations microscopiques passagères, et qui désire limiter sa dépense, peut très-bien se contenter du microscope usuel de Chevalier accompagné de l'objectif 3. Le microscope d'étudiant, du même constructeur, accompagné des objectifs 2 et 5, des oculaires 1 et 2 et d'une loupe pour les corps opaques conviendra parfaitement, de même que les petits modèles de Zeiss, Nachet, Hartnack, Bénèche, etc.

Mais l'amateur ou l'homme de science qui voudra élucider des questions nouvelles ne pourra s'en contenter. Il lui faudra les instruments les plus parfaits et les objectifs les plus puissants et il pourra choisir, soit les grands modèles anglais, soit parmi les grands microscopes de Nachet, soit les microscopes de Strauss, de Chevalier, soit le petit ou le grand modèle en fer à cheval de Hartnack, Zeiss, Bénèche, etc., qui tous se recommandent par des qualités particulières.

Les grands modèles anglais sont admirables, le travail en est d'une perfection extrême. Le modèle Ross est le type de ces instruments, et nous ne pouvons qu'en conseiller l'acquisition à l'amateur que la dépense assez considérable de ces instruments n'effraye pas. Nous nous sommes déjà prononcé sur la valeur des objectifs anglais et américains ; depuis longtemps nous les employons de préférence pour ce qui regarde les objectifs à sec. Quant aux objectifs à immersion, sauf le 1/8e de Powell et Lealand et ceux de Tolles et de Spencer, nous trouvons que ceux construits par les opticiens renommés du continent sont tout aussi bons.

Chez M. Zeiss, à Iéna, on trouvera des microscopes excellents à un prix peu élevé. Ses microscopes sont parfaits comme main-d'œuvre, aussi bien les plus petits que les plus grands, et le modèle n° 2 inclinant, accompagné du condenseur d'Abbe, est un des meilleurs modèles que l'on puisse désirer, tant pour les recherches histologiques que pour l'étude des diatomées. Nous en faisons grand usage et pouvons le recommander comme un des meilleurs instruments du continent. Accompagné de trois oculaires et de trois objectifs (nᵒˢ B, C, F), il suffit à la plupart des recherches et ne coûte que 520 francs. Pour avoir un instrument complet il n'y aurait qu'à y ajouter l'un des objectifs à immersion du même constructeur.

Si l'on s'adresse à Hartnack, nous conseillerons de prendre le petit modèle nᵒ 8 en fer à cheval, avec les objectifs 4, 7 et 9, ce dernier à immersion, et trois oculaires dont un à micromètre. Le prix en est de 375 francs. On fera bien d'y joindre l'objectif 2 et la chambre claire, et si l'on ne doit pas regarder à la dépense, on le complétera par l'acquisition du nᵒ 11, soit donc une somme totale de 795 francs, pour laquelle on aura un instrument pouvant suffire à toutes les recherches.

Si l'on s'adresse à Chevalier, on pourra prendre le petit modèle à platine tournante accompagné des objectifs 1, 3, 5 et 8 à immersion, et de la chambre claire. Le prix s'élèvera à 311 francs. Mais celui qui voudra l'instrument le plus parfait de ce constructeur prendra le microscope de Strauss modifié d'après nos conseils. Il y joindra les objectifs 1, 3, 5, 7 et 9 ordinaires, 8 et 10 à immersion, un micromètre oculaire, le prisme redresseur et la chambre claire. La dépense totale s'élèvera alors à 766 francs.

Enfin chez Bénèche l'on aura le choix entre le grand microscope complet, du prix de 750 marcs, et le microscope Nᵒ B qui vaut tout autant pour les observations botaniques et ne coûte que 300 marcs. Enfin, à moindre prix, l'on pourra prendre, soit le microscope modèle droit Nᵒ C (210 marcs), soit le microscope petit modèle coté 120 marcs. Tous ces instruments sont très-bons.

Pour les autres constructeurs dont nous avons parlé, nous donnons à leurs articles respectifs tous les renseignements nécessaires pour faire un choix raisonné.

CHAPITRE II.

MESURE ET REPRODUCTION DES OBJETS MICROSCOPIQUES.

—

§ 1. — **Mesure des objets microscopiques**.

Divers moyens sont employés pour mesurer la grandeur des objets vus au microscope; nous ne parlerons ici que du plus facile et qui est le plus généralement employé, c'est-à-dire de la mensuration par le micromètre oculaire dont nous avons déjà fait mention.

Le constructeur livre généralement, en même temps que le micromètre oculaire, une table indiquant les rapports de l'oculaire avec les divers systèmes. On peut au besoin construire facilement soi-même une table pareille. Pour ce faire, il ne s'agit que de placer sur la platine un millimètre divisé en cent parties et de voir combien il faut de divisions du micromètre oculaire (dont les divisions sont des dixièmes de millimètre) pour une division du micromètre objectif.

Si par exemple deux divisions du micromètre objectif (100ᵉ de millimètre) correspondent à 12,5 divisions du micromètre oculaire, on aura pour valeur d'une division du micromètre oculaire

$$\frac{0,02}{12,5} = 0,0016 \text{ de millimètre.}$$

Le rapport étant trouvé, il ne s'agit plus, pour calculer la grandeur réelle d'un objet, que de s'assurer du nombre de divisions du micromètre oculaire qu'il occupe, et de multiplier ce nombre par le chiffre qui exprime le rapport de l'oculaire avec l'objectif employé. Ainsi un objet occupant six divisions et le rapport étant 0,002, on aura

$$0,002 \times 6 = 0,012$$

c'est-à-dire que l'objet examiné sera égal à douze millièmes de millimètre.

Quelque simple et facile que soit le petit calcul dont nous venons de parler, il ne laisse pas d'être fastidieux quand on a un très-grand nombre de mensurations à faire, comme c'est, par exemple, le cas dans l'étude des diatomées ; aussi il y a long-temps que nous avons renoncé à ce procédé pour en employer un autre bien plus commode.

L'oculaire que nous avons construit porte une annexe latérale où est logé un petit cadre de cuivre plus grand que le diaphragme, glissant entre deux rainures et pouvant sortir de son abri à l'aide d'une vis. Dans ce cadre se trouve placée une lame de verre portant des divisions décimales et espacées de telle façon que, avec l'objectif qui nous sert le plus habituellement (le D dans notre microscope de Zeiss, le 1/2 pouce pour le Ross), chaque division corresponde exactement à un centième de millimètre. En outre la dernière division est subdivisée de façon à donner le mikron avec l'objectif 1/8e de pouce de Powell et Lealand qui est celui dont nous nous servons pour compter les stries.

Comme le tube est à tirage et porte une division, l'on n'a plus qu'à tracer un petit tableau du chiffre du tube auquel il faut s'arrêter pour qu'un objectif donne un multiple exact du centième de millimètre.

Ainsi, en tirant le tube entièrement, avec l'objectif D, chaque division correspond mathématiquement à un centième de millimètre. Avec l'objectif 1/8e de Powell et Lealand, il faut tirer le tube jusqu'au chiffre 15 pour que deux divisions correspondent exactement à un centième de millimètre et ainsi de suite. Ce procédé beaucoup plus long à expliquer qu'à pratiquer est d'une facilité extrême. On parvient ainsi en quelques instants à faire, sans erreur possible de calcul, une série de mensurations qui prendraient au moins dix fois autant de temps par le procédé ordinaire.

La grandeur des objets microscopiques peut être exprimée de diverses façons. M. Harting a proposé, avec raison, de rejeter le millimètre comme base de mensuration et d'employer comme unité le *millième* de millimètre (0^{mm},001) qu'il propose de nommer mikron. Un objet mesurant 15 μ aurait donc 15 millièmes de millimètre, ce qui pourrait s'écrire aussi 0,015.

Cette façon de s'exprimer est bien plus rationnelle que de dire par exemple $\dfrac{3}{293}$ de millimètre, etc., fractions qui ne disent rien à l'esprit, car il faut d'abord, pour se rendre compte de ces valeurs, commencer par en faire la réduction en fractions décimales de l'unité de mesure.

§ 2. — Mesure du pouvoir amplifiant.

Mesurer le pouvoir amplifiant d'un microscope est chose très-facile. Deux procédés peuvent être employés.

D'abord un micromètre (ou millimètre divisé en 100 parties) étant placé sur la platine, on peut en projeter l'image sur une feuille de papier placée à la distance de 250 millimètres (distance conventionnelle de la vision distincte) de l'oculaire et cela par le secours d'une chambre claire. On trace alors au crayon un certain nombre des lignes projetées sur le papier, dix par exemple. On place ensuite sur la mesure dessinée un double décimètre portant l'indication des millimètres et l'on examine combien de centimètres et de millimètres sont occupés par la division dessinée. Si une division de la mesure dessinée est égale à un centimètre, le micromètre marquant des centièmes de millimètre, le grossissement sera de 1000. Si nous conseillons de dessiner dix divisions, c'est afin d'obtenir une mesure plus exacte en prenant une moyenne.

Il est évident que, dans le cas que nous avons supposé, dix divisions (le grossissement étant de 1000) égaleront un décimètre. Seulement le grand nombre de divisions rendra plus apparentes les fractions de centimètre. L'on pourra ainsi s'assurer facilement que dix divisions occupant 10 centimètres 2 millimètres, le grossissement sera de 1020, tandis que si l'on n'avait pris qu'une seule division, la petite fraction aurait passé inaperçue.

Le second procédé, dit de la double vue, est plus difficile et exige quelque habitude. On pose le papier également à 25 centimètres et l'on regarde de l'œil gauche au microscope, tandis que de l'œil droit on regarde le papier. Il arrive alors que les deux images se confondent et que l'on peut marquer sur le papier les lignes du micromètre qu'on y voit projetées ; pour tout le reste, on agit comme dans le procédé précédent.

Ce moyen exige beaucoup de pratique, mais il présente de grands avantages dans les forts grossissements, alors que le champ du microscope est déjà assez sombre et que l'emploi de la chambre claire, qui enlève encore une partie de la lumière, présente de sérieuses difficultés.

§ 3. — Dessin des objets microscopiques.

Le dessin des objets microscopiques peut se faire aussi par le procédé de la double vue ou au moyen de la chambre claire. Le papier doit être également placé à une distance de 250 millimètres de l'oculaire, et on suivra avec un crayon l'image de l'objet projetée sur le papier. C'est ici surtout qu'il faudra tâtonner pour trouver un éclairage convenable et montrant en même temps distinctement et le crayon et l'image de l'objet. Pour réussir, il faut que le papier et l'objet soient éclairés à peu près uniformément. On y parvient, soit en donnant une position convenable au miroir, soit en assombrissant le papier au moyen d'un écran. L'expérience et l'habitude sont ici les meilleurs maîtres.

Il importe beaucoup de toujours indiquer sur chaque dessin le grossissement employé. Cela est facile, puisqu'il suffit de mesurer une fois pour toutes, à la distance où l'on dessine, le pouvoir amplifiant de l'objectif employé. Ce grossissement est exprimé par une fraction ayant l'amplification pour numérateur et l'unité pour dénominateur, par exemple $\frac{500}{1}$ indiquera un grossissement de 500 diamètres ou de 500 fois l'unité qui est la grandeur réelle de l'objet.

§ 4. — Reproduction par la photographie des objets microscopiques.

Les objets microscopiques peuvent aussi, et souvent même avec avantage, être reproduits par la photographie. Nous allons décrire ici le procédé dont nous nous servons, mais qui, au reste, ne diffère en rien des procédés photographiques ordinaires.

Pour les reproductions photographiques, il faut un microscope qui puisse s'incliner. On le dispose horizontalement; l'oculaire doit pénétrer dans une chambre obscure ordinaire et l'on bouche soigneusement les interstices. Les rayons solaires étant condensés par le miroir, l'on examine si l'image vient se peindre nettement sur la glace dépolie, sinon on la met au point au moyen de la vis de rappel. Il est toutefois à remarquer que le foyer chimique se trouve un peu plus éloigné que le foyer

13

visuel. Il faut donc, l'objet étant mis au point, reculer l'image d'une petite distance que l'on doit rechercher expérimentalement. Cette distance est d'autant moindre que l'objectif est plus fort, et, avec les objectifs très-puissants, elle est à peu près nulle.

Dans beaucoup de cas, surtout pour la reproduction des objets délicats (tels que les diatomées), il faut employer un éclairage monochromatique et placer entre le miroir et l'objet un condensateur permettant l'emploi de la lumière oblique et une cuve contenant la solution dont nous avons déjà parlé.

L'on peut aussi se servir d'un appareil spécial construit par Nachet et représenté ci-dessous.

Fig. 129.

Cet instrument, qui est coté 300 francs, est accompagné d'une série d'objectifs.

L'appareil (fig. 129 ci-dessus) est monté verticalement de manière à peindre l'image dans le fond de la chambre noire; la couche sensible est donc horizontale. Cette disposition offre des avantages multiples pour les manipulations. D'abord elle permet d'obtenir des épreuves très-lumineuses des corps opaques; la lumière tombant verticalement est reçue dans le miroir de Lieberkuhn M, et renvoyée sur l'objet placé au-dessus de l'objectif A. On peut prendre la lumière directe des nuages ou, à l'aide d'un miroir, la lumière solaire. On voit que la platine n'existe pas; l'objet est supporté par deux bras de verre épais, de sorte qu'il n'y a pas d'obstacle à la condensation de la lumière sur le miroir inférieur M. La mise au point s'obtient par la vis de rappel V. Pour les photographies à obtenir par transparence, un condensateur s'ajuste au-dessus de l'objet. (Il n'est pas représenté dans la figure.) Une ouverture garnie d'une petite lunette placée dans la partie supérieure de la boite permet de s'assurer de la mise au point. La boite est à tirage et a environ 80 centimètres de longueur.

Nous donnons ici la formule des produits que nous employons :

1° Nettoyage des verres :

Alcool	20
Ammoniaque	20
Eau	60
Tripoli	25

2° Collodion :

Éther	75
Alcool	25
Coton-poudre	1 à 2
Bromure d'ammonium	1/2
Iodure »	2

Ce collodion est très-rapide, mais on peut l'obtenir plus rapide encore en le mélangeant avec la moitié du volume du même collodion vieux. Ce moyen, dont nous nous servons depuis plusieurs années, a été également indiqué dans un travail publié par M. C. Ommeganck, directeur de l'Association scientifique d'Anvers.

3° Bain d'argent :

Eau	100
Nitrate d'argent fondu	10
Iodure de cadmium	1/4
Filtrez.	

4° Pour développer :

Eau	400
Alcool	10
Acide acétique.	7
Sulfate de fer ammoniacal . . .	25
Nitrate de potasse	5
Sulfate de cuivre.	2

5° Pour renforcer :

Eau	100
Acide acétique du commerce . .	15
Alcool	10
Acide pyrogallique	1/2

6° Pour fixer :

Cyanure de potassium	5
Eau	100

On tire d'abord un négatif sur verre. A cet effet, le verre étant bien nettoyé, ce dont on s'assure quand, promenant l'haleine à sa surface, on n'y aperçoit ni raies ni points gras, on passe au collodion. On saisira le verre par un des angles supérieurs et l'on versera sur l'autre angle du collodion en quantité suffisante pour couvrir toute la surface. On ne doit pas y revenir à deux fois ni faire revenir sur elle-même la nappe de liquide. Le surplus de celui-ci doit être reçu dans un flacon à part pour être réemployé après un jour de repos.

Il s'agit alors d'immerger le verre collodionné dans le bain d'argent qui doit se trouver disposé d'avance dans une cuvette horizontale. Cette opération, de même que toutes les autres, l'exposition à la lumière exceptée, se fera dans une chambre obscure où l'on n'aura d'autre lumière que celle fournie par une lampe.

On inclinera la cuvette, de façon à accumuler le liquide d'un côté et, de l'autre, on placera le verre, la surface collodionnée en dessus, et reposant, soit sur un crochet d'argent, soit sur une bande de verre dont l'extrémité est courbée au feu, de façon à pouvoir retirer le verre du bain sans toucher celui-ci avec les doigts. On laissera retomber la cuvette de manière à couvrir le verre au moyen du liquide, et ce sans qu'il y ait un temps d'arrêt, ce qui gâterait l'épreuve. Lorsqu'on s'aperçoit, en soulevant le verre avec le crochet, que la couche collodionnée est devenue blanche et ne présente plus de traînées huileuses, ce qui arrive au bout de deux à cinq minutes, on ôte le verre, on le laisse égoutter et on le met dans le châssis pour l'exposer à l'influence de la lumière. Le nombre de minutes nécessaire pour obtenir un bon cliché varie d'après l'intensité de la lumière et le grossissement.

Le temps nécessaire pour l'impression écoulé, le châssis sera refermé et rapporté dans la chambre obscure. On versera sur l'un des angles une certaine quantité du bain à développer et ce, de nouveau, sans temps d'arrêt et en couvrant entièrement la plaque. Lorsque tous les détails seront devenus bien apparents, on lavera la plaque à plusieurs reprises et à grande eau.

L'image alors pourrait, après être fixée, donner une épreuve, mais, comme généralement elle ne serait pas assez vigoureuse, on la renforce. A cet effet, on versera dans un verre une petite quantité du bain à renforcer et l'on y ajoutera à l'instant quelques gouttes du bain d'argent. Ce mélange sera versé sur le verre et y sera promené jusqu'à ce que, l'épreuve étant examinée par transparence, on voie que les noirs qui formeront les blancs dans l'épreuve sur papier sont bien opaques. La plaque sera alors lavée à grande eau et on y versera la solution de cyanure. Après avoir de nouveau lavé à grande eau, on fera sécher le verre et on vernira l'épreuve au moyen d'une solution de résine Benjoin dans l'alcool.

Le cliché est alors achevé et l'on peut, au moyen des procédés que nous allons décrire, en tirer autant d'exemplaires que l'on voudra.

Donnons d'abord les formules :

1° Bain d'argent :

Nitrate d'argent	15
Eau	85

2° Bain de virage :

Eau.	4 litres.
Chlorure d'or . . .	1 gramme.
Hypochlorite de chaux.	1 1/2 gramme.
Craie	Une petite quantité de façon à rendre le bain alcalin.

3° Bain de fixage :

Eau	100
Hyposulfite de soude.	15 à 20

Le papier albuminé, que l'on achète tout préparé et que l'on choisira de la meilleure qualité, est étendu sur la surface du bain d'argent préalablement versé dans une cuvette horizontale en verre ou en porcelaine. Après trois ou quatre minutes de contact, le papier est saisi par un des angles et fixé au moyen d'un crochet de bois à une corde tendue dans la chambre noire. On l'y laisse sécher.

Prenant ensuite le cliché, on place le papier sensibilisé derrière la face collodionnée, puis le tout est renfermé dans le châssis à reproduction et exposé à la lumière.

Quand on juge que l'image est assez venue, on plonge le papier dans le bain de virage et on l'y laisse jusqu'à ce qu'il ait pris un beau ton.

L'épreuve est alors mise dans le bain d'hyposulfite, dont on la retire, quand, examinée par transparence, les endroits non attaqués du papier paraissent parfaitement blancs.

Pour terminer, on la plongera vingt-quatre heures dans un seau d'eau pure qu'on renouvellera deux ou trois fois.

L'épreuve est alors séchée et collée.

CHAPITRE III.

CAUSES D'ERREURS DANS LES OBSERVATIONS MICROSCOPIQUES.

§ 1ᵉʳ. — **Irisation et diffraction.**

L'irisation qui, il n'y a pas encore longtemps, rendait impossible, pour les observations sérieuses, l'emploi du microscope composé, n'existe plus pour ainsi dire. C'est à peine si, dans les objectifs construits par nos bons opticiens, il reste encore quelque coloration produite par le spectre secondaire et qui n'est point nuisible.

L'irisation ne peut donc plus occasionner de troubles si ce n'est dans le cas où l'on emploierait une lumière trop vive et alors on la fera toujours disparaître en réglant convenablement l'éclairage.

Nous ne pouvons en dire autant des effets produits par la diffraction, à savoir l'existence illusoire de contours doubles autour des objets, et qui est d'autant plus forte que le grossissement employé est plus considérable. Quelquefois, au lieu d'un contour double, on en aperçoit un triple et même un quadruple. Un observateur exercé ne sera jamais trompé par les phénomènes de diffraction. Il y a d'ailleurs un moyen facile pour s'assurer de l'existence réelle des lignes apparentes, c'est d'éclairer successivement l'objet, quand la chose est possible, par transparence ou comme si cet objet était opaque. On comprendra que dans ce dernier cas, par suite de la nature même de ces lignes, il n'en restera plus le moindre vestige.

On peut encore s'assurer de l'existence réelle d'une ligne en changeant la direction de l'éclairage. Ainsi, en éclairant obliquement alternativement du côté gauche et du côté droit, la ligne, si elle est réelle, ne changera pas ; elle disparaîtra au contraire ou ira d'un côté à l'autre si elle est illusoire.

Au reste on évitera en grande partie les effets de diffraction en n'employant pas un éclairage trop énergique et surtout en rejetant absolument la lumière solaire.

§ 2. — **Mouches volantes, impureté des verres.**

Les observateurs voient fréquemment, surtout quand on se sert d'une lumière vive et artificielle, des traînées de points obscurs, souvent semblables à des rangées de perles enfilées, qui viennent se fixer opiniâtrément sur l'objet que l'on étudie. C'est ce que l'on appelle les *mouches volantes*, et ces images sont produites par des filaments ou des corpuscules placés dans le corps vitré de l'œil et dont l'ombre est projetée sur la rétine. L'existence dans l'œil de ces corps est démontrée par les recherches faites en commun par MM. Harting et Schroeder Van der Kolk. Il est probable que personne n'est exempt de mouches volantes et elles n'ont rien qui doive inquiéter.

L'expérience nous a prouvé que l'usage du microscope ne les augmente pas, car les mouches qui nous ennuient parfois aujourd'hui sont les mêmes que nous apercevions il y a quinze ou vingt ans. Elles n'ont point augmenté et le dessin que nous en fîmes dans le temps les montre à peu de chose près comme nous les voyons actuellement.

Les mouches volantes sont plus visibles et plus tenaces un jour que l'autre ; une vive lumière ou une fatigue physique les rendent plus apparentes. Nous apercevons parfois ces mouches à la lumière ordinaire, en regardant le ciel ou une surface fortement éclairée telle que la terre couverte de neige. D'autres fois, malgré les recherches les plus fatigantes sur les diatomées, nous restons des semaines entières sans nous apercevoir de leur existence.

Il y a une douzaine d'années, après des observations prolongées du disque solaire, nous eûmes une congestion de la rétine et des mouches volantes tellement abondantes que, pendant tout un temps, nous ne pûmes nous livrer à une observation sérieuse. M. Harting nous conseilla d'adapter un oculaire coudé au microscope, afin que les corpuscules s'éloignassent de l'axe de l'œil et ne gênassent pas la vision.

Ce moyen nous réussit parfaitement, et nous le conseillons à quiconque se trouverait dans le même cas.

Ce qu'il y a de mieux à faire lorsqu'on est trop ennuyé par les mouches volantes, c'est de suspendre les observations. Quelques instants de repos suffisent quelquefois pour que tout rentre dans l'ordre.

Nous répétons donc qu'il ne faut point s'inquiéter des mouches volantes, elles ne sont point produites par l'usage du microscope et elles n'indiquent point une maladie de l'œil comme on se l'imagine souvent.

Des grains de poussière adhèrent souvent aux lames des porte-objets de même qu'aux objectifs et aux oculaires. Avec quelque attention ils ne peuvent pas occasionner d'erreurs. On reconnaitra facilement l'endroit où ils se trouvent en faisant tourner l'oculaire sur son axe et en mouvant le porte-objet. Des grains de poussière sur les lentilles de l'objectif rendent l'image trouble.

Lorsqu'on examine sous le microscope un liquide contenant des corpuscules très-ténus, on voit ceux-ci changer de place comme si c'étaient des objets animés.

En observant le mouvement avec beaucoup d'attention, l'on voit bientôt qu'il se réduit à une espèce d'oscillation des corpuscules. Ces déplacements qui sont un phénomène d'attraction moléculaire ont été désignés sous le nom de mouvement moléculaire ou mouvement brownien.

CHAPITRE IV.

CONSERVATION DU MICROSCOPE.

———

Le microscope est un instrument délicat et dont il faut prendre grand soin si l'on veut qu'il conserve sa valeur primitive. Nous croyons donc utile de dire quelques mots à ce sujet.

On conservera l'instrument sous une cloche de verre. De cette façon, il sera à l'abri de la poussière, qui pénètre dans les boîtes les mieux faites, et il sera toujours sous la main et prêt aux observations. En outre, il est impossible d'ôter et de remettre fréquemment l'instrument dans sa boîte sans lui faire subir, soit quelques petits chocs, soit parfois une position un peu forcée, ce qui au bout de quelque temps amène inévitablement le décentrage.

Les lentilles étant la partie essentielle du microscope, on en prendra le plus grand soin. Si elles étaient couvertes de poussière, on enlèverait celle-ci soigneusement au moyen d'un pinceau bien propre et préalablement débarrassé de toute graisse par un lavage à l'éther. C'est une excellente précaution que d'épousseter les lentilles chaque fois qu'on les met de côté après s'en être servi.

Si quelque humidité ou quelque impureté s'était attachée aux lentilles, on les essuierait délicatement avec un linge fin à demi usé. La peau de chamois qu'on emploie parfois à cet usage ne vaut rien à cause de la graisse dont on ne parvient jamais à la débarrasser complétement.

Il ne faut jamais employer des réactifs sans faire usage d'un couvre-objet, et il faut toujours s'assurer si le liquide ne mouille pas l'objectif qui pourrait être terni et se corroder. Si pareille chose arrive, il faut de suite laver la lentille avec de l'eau distillée et l'essuyer soigneusement. De même on risque de gâter la lentille inférieure des objectifs à immersion si on néglige de l'essuyer avant de la mettre de côté.

Il faut aussi en général préserver le microscope de toute espèce de vapeur. Si le corps du microscope glisse difficilement, on l'humectera soit avec l'haleine, soit avec un peu de salive et on l'essuiera de suite avec un linge en frottant vivement. On en fera autant pour le tube dans lequel glisse le corps de l'instrument.

Un point important, c'est de ne jamais serrer l'instrument en y laissant un objectif sans y laisser en même temps un oculaire; faute de cette précaution, des grains de poussière pénètrent, quoi qu'on fasse, dans le tube et vont se poser sur la lentille supérieure, ce qui force à la nettoyer; or, on sait que plus on doit avoir recours au nettoyage, plus on s'expose à détériorer les lentilles.

Enfin une dernière recommandation. Que la température de l'appartement ne soit ni trop chaude ni trop froide; qu'elle ne dépasse pas, autant que possible, 20 à 30 degrés au-dessus, ni 1 à 2 degrés au-dessous du point de glace, afin que les variations de température ne puissent altérer le baume du Canada qui relie les lentilles de l'objectif.

DEUXIÈME PARTIE.

LE MICROSCOPE

APPLIQUÉ A L'ANATOMIE VÉGÉTALE.

CHAPITRE PREMIER.

NOTIONS GÉNÉRALES SUR LA PRÉPARATION DES OBJETS.

---

§ 1ᵉʳ. — **Produits.**

Les produits que nous employons pour les préparations qui doivent être conservées sont au nombre de huit, savoir :

1. Baume du Canada ;
2. Chlorure de calcium ;
3. Glycérine ;
4. Eau camphrée ;
5. Huile fine des horlogers ;
6. Vernis noir ;
7. Vernis copal à l'essence ;
8. Liquide n° 28.

1° *Baume du Canada.* — Employé rarement, si ce n'est pour les bois fossiles, les diatomées et les objets fort opaques.

On conserve avec avantage le baume du Canada dans un flacon de forme particulière représenté dans la figure 130 ci-contre;

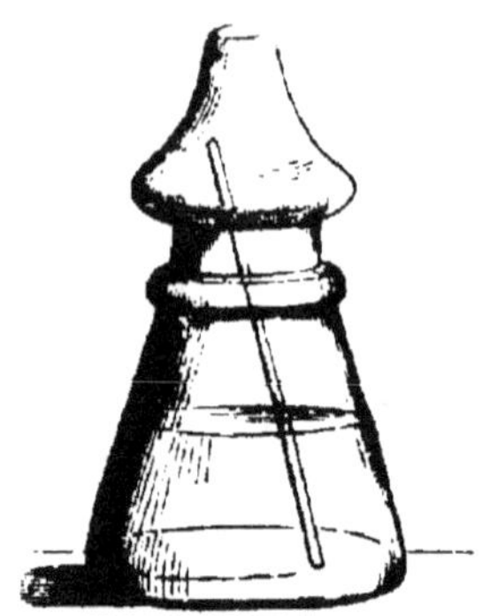

Fig. 130.

2° *Chlorure de calcium.* — Il s'emploie en solution. Les proportions sont d'une partie de chlorure et de trois parties d'eau distillée. La solution est filtrée et bien garantie de la poussière. On s'en sert pour les objets transparents;

3° *Glycérine.* — La glycérine s'emploie pure. Il faut qu'elle ne contienne aucune impureté. On s'en sert pour les objets peu transparents, tels que les coupes de bois, etc., et aussi pour la préparation des fécules qui s'altèrent dans le chlorure de calcium;

4° *Eau camphrée.* — C'est le seul liquide que nous ayons trouvé pour conserver les spirales délicates de chlorophylle qui se trouvent dans certaines algues, telles que les *Spirogyra*. Ces spirales sont altérées par toute autre solution. Pour préparer l'eau camphrée, nous prenons un flacon à moitié rempli d'eau, nous y versons trois ou quatre gouttes d'alcool camphré et nous secouons fortement. On remet de l'alcool camphré et on secoue ainsi un certain nombre de fois jusqu'à ce qu'une couche assez considérable de camphre en poudre surnage. Le liquide est alors filtré et conservé dans un flacon fermant parfaitement;

5° *Huile fine.* — Nous employons l'huile fine dont se servent les horlogers, au lieu des huiles essentielles recommandées par la plupart des auteurs. Les avantages que nous y trouvons, c'est de pouvoir employer comme lut le vernis noir ordinaire et de faire facilement les préparations. On emploie l'huile pour les pollens, l'aleurone et quelques autres objets;

6° *Vernis noir.* — On emploie avec avantage le *schwarzer maskenlack* n° 3 que l'on trouve chez Beseler (Schützenstrasse, n° 66, à Berlin), et qui est probablement une solution alcoolique de gomme laque mêlée à quelque résine et à du noir de fumée. Mais, comme on se le procure difficilement, nous nous trouvons également bien d'une solution épaisse de vernis noir au bitume auquel on ajoute une petite quantité de cire dissoute dans de la térébenthine pour éviter le fendillement ;

7° *Vernis copal à l'essence.* — **Sous** ce titre, on vend à Paris, chez **Durozieg**, place Saint-Michel, n° 1, un vernis **formé** probablement par une dissolution de copal dans l'essence de lavande. On peut employer ce vernis, après l'avoir fait épaissir par évaporation, au lieu du baume du Canada. On dépose une goutte de ce vernis sur le porte-objet, on y met l'objet parfaitement privé d'humidité et, ensuite, on recouvre le tout d'un couvre-objet. Il faut laisser sécher la préparation pendant quelques jours ou, si l'on est pressé, chauffer le vernis (comme on le fait pour le baume du Canada), avant de mettre le couvre-objet ; on enlève ensuite doucement l'excédant du vernis qui est sorti en le dissolvant avec un petit tampon de linge imbibé de chloroforme. Le vernis est beaucoup plus facile à manier que le baume du Canada et, en outre, comme il reste encore fluide sous le couvre-objet pendant un temps considérable, il pénètre lentement et parfaitement l'objet ;

8° *Liquide n° 28.* — Nous avons imaginé ce liquide, il y a une dizaine d'années, pour les préparations d'histologie animale, mais depuis nous avons trouvé qu'il était parfait pour bon nombre de substances végétales ; pour les préparations de drogues servant aux recherches de matière médicale microscopique, nous trouvons qu'il n'y a rien qui l'égale. Lorsqu'il est employé en nature, non additionné d'eau, il jouit de la précieuse propriété de ne pas s'évaporer : nous conservons depuis environ trois ans une série de préparations d'objets divers, simplement placés dans une goutte de ce liquide entre le porte-objet et la lamelle sans aucune fermeture et nous ne pouvons y trouver la moindre altération. Pour employer ce liquide, on en prend une partie que l'on étend de son volume d'eau, et ce

deuxième liquide est mis de côté, renfermé dans un flacon.
Au moment de l'emploi, l'objet est déposé dans un verre de
montre recouvert d'une petite quantité de ce liquide. On abandonne le tout pendant quelques minutes ou quelques heures
(d'après le plus ou moins de transparence de l'objet) à l'évaporation spontanée. Lorsque l'objet est devenu assez transparent,
on le prépare d'après la méthode habituelle dans le liquide
même où il s'est éclairci, ou bien on le prépare, s'il n'est pas
absolument trop transparent, dans une goutte du liquide n° 28.

Quoique nous n'ayons pas indiqué ce liquide après les
organes des végétaux, comme nous l'avons fait pour les autres
liquides, on s'en trouvera bien dans la plupart des cas.

Voici comment nous le préparons pour les substances végétales :

Sucre de miel incristallisable et épaissi par ébullition à
    33 degrés du pèse-acide . . . . . 300 grammes.
Acide acétique cristallisable. . . . . 25 »
Alcool à 90 degrés . . . . 50 »

Ajoutez de l'eau distillée jusqu'à ce que le liquide marque
28 degrés au pèse-acide.

Pour que le sucre de miel soit bon, il faut qu'il soit âgé. On
se procure chez un droguiste le liquide qui surnage sur le miel,
c'est là ce que nous entendons par sucre de miel. Ce liquide est
abandonné à lui-même dans un flacon, pendant quelques mois,
et après on en sépare la partie supérieure qui est celle que l'on
utilise.

§ 2. — Instruments.

Les instruments et accessoires dont nous nous servons sont
des rasoirs, des aiguilles à cataracte, des brucelles, un étau à
main, des capsules de porcelaine, une lampe à alcool, quelques
baguettes de verre plein et des verres de montre.

Lorsqu'on veut faire de belles préparations de bois ou de drogues, il faut ajouter à ces objets un bon microtome.

Rasoirs. —. Les rasoirs doivent être de toute première qualité. Nous préférons ceux qui sortent de la maison anglaise John Barber. On en aura d'évidés et de non évidés. Les premiers s'emploient pour les substances délicates, les seconds pour les objets durs, tels que les bois, etc.

Les rasoirs ne sont jamais fournis par les repasseurs avec un tranchant suffisamment affilé; d'ailleurs on doit les affiler de nouveau après avoir fait quelques coupes. On devra donc savoir affiler soi-même ses rasoirs. Nous nous servons dans ce but d'une composition excellente, malheureusement un peu chère (12 et 25 francs, suivant la grandeur de la tablette) et qui porte pour nom *celebrated magnetic tablet* (Rigge, Brockbank et Rigge, 35, Newbond Street, London, et 5, East Street Brighton). Après avoir passé un certain nombre de fois le rasoir sur cette composition, en ayant soin de tenir le rasoir bien plan, on termine en le passant cinq ou six fois sur le cuir placé de l'autre côté et sur lequel on répand avec le doigt le *Rimmel's genuine Diamont Dust* que l'on trouve dans tous les dépôts de parfumerie de la maison Rimmel. Nous avons des rasoirs traités ainsi et qui possèdent un tranchant extraordinaire, quoique nous nous en servions journellement et depuis plusieurs années. Jamais ils n'ont passé par les mains du repasseur.

On vend à Paris, depuis quelques années, des cuirs à rasoirs qui, pour le micrographe, surpassent tous les autres. Ces cuirs ou soi-disant cuirs sont nommés *cuirs donateurs,* on les vend rue du Helder. La substance dont ils sont faits n'est autre que le tissu de la hampe de l'Agave americana sur lequel on a frotté un mélange d'une matière grasse et d'émeri très-fin. Nous recommandons beaucoup ces cuirs dont nous devons la connaissance à M. Bourgogne père, et dont nous nous trouvons à merveille.

Pour s'assurer si le rasoir possède le tranchant exigé, on prend un cheveu entre le pouce et l'index, que l'on place à égale hauteur; alors, saisissant le rasoir, on doit couper net le cheveu en le pressant doucement avec le rasoir à une distance de 4 à 5 millimètres au-dessus du pouce.

Aiguilles. — Les aiguilles emmanchées qui accompagnent généralement les microscopes ne peuvent être d'aucune utilité. On doit se servir d'un porte-aiguille dans lequel on insère ses aiguilles. On peut à bas prix se procurer en Allemagne de pareils porte-aiguilles. Ils consistent en une baguette de bois anguleuse, terminée supérieurement par une tige de cuivre. Celle-ci est fendue en quatre, de façon à serrer l'aiguille que l'on met au centre, et ce au moyen d'un écrou, la partie extérieure de la tige de cuivre portant un pas de vis (fig. 131).

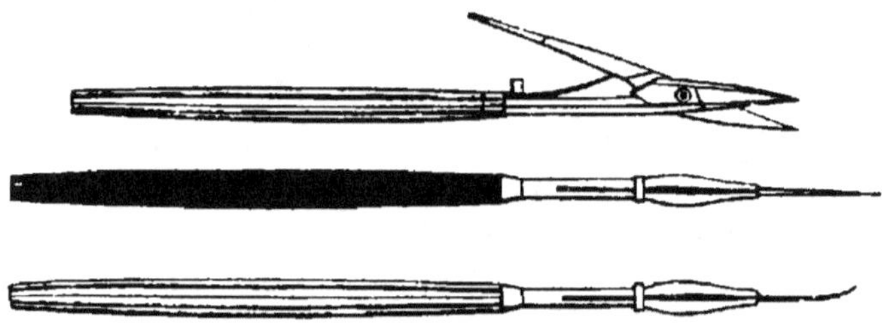

Fig. 131.

Les aiguilles employées doivent être aussi fines que possible. Généralement on emploie les nos 11 et 12.

On se sert des aiguilles pour les dissections microscopiques. Mais pour transporter de légers objets, on les saisira avec un pinceau mouillé : les aiguilles endommageant souvent les objets microscopiques.

Fig. 132.

Les *aiguilles à cataracte* (fig. 132) sont des aiguilles dont l'extrémité est terminée par une lame tranchante en forme de fer de lance. On les emploie pour les dissections.

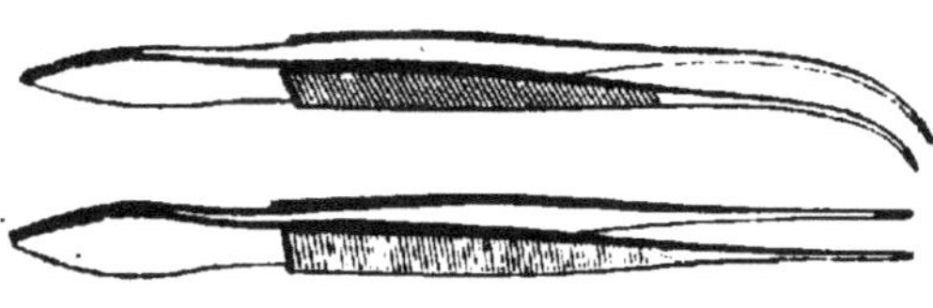

Fig. 153.

Les *bruxelles* ou *presselles* (fig. 133) servent à saisir les petits objets. Il faut que leur surface intérieure soit unie et non avec des rainures.

L'*étau à main* (fig. 134) sert à serrer, entre de la moelle de sureau, les objets minces (par exemple, des lames de feuilles) dont on veut avoir des coupes transversales.

Fig. 134.

Les *baguettes de verre* plein servent à prendre des gouttes des réactifs, et les *capsules* et *verres de montre* servent à déposer certains objets dans les liquides appropriés, par exemple l'alcool et l'éther, pour enlever l'air qui existe dans les coupes.

Microtômes. — On peut, à la main, faire toutes les coupes nécessaires aux études d'anatomie végétale ; mais, quand on veut faire des coupes d'une certaine étendue, pour montrer l'ensemble des tissus d'un organe, ou quand on veut faire des coupes fines et grandes de corps durs et ligneux, il faut alors avoir recours aux microtômes.

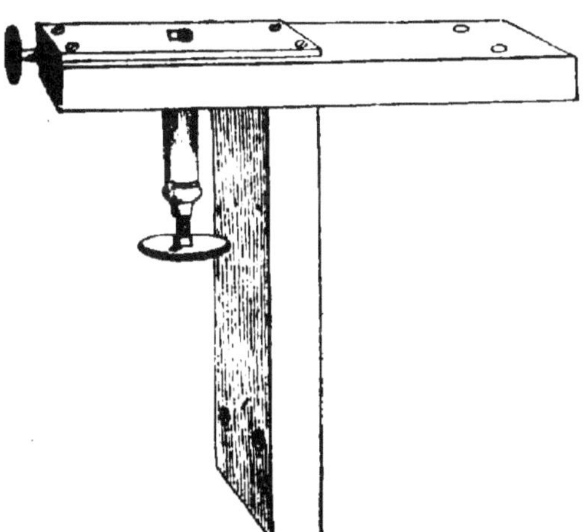

Fig. 135.

Le plus simple de ces instruments, et qui suffit dans la plupart des cas, est le microtôme de Topping fabriqué par M. Arthur Chevalier, qui est représenté ci-dessus (fig. 135). Le prix en est de 25 francs. On renferme l'objet à couper dans le tube et, à l'aide du bouton inférieur, on en fait saillir une petite partie que l'on enlève à l'aide d'un rasoir bien affilé. Il faut, chaque fois que l'on a fait une coupe, déposer sur l'objet une goutte d'eau alcoolisée.

Un modèle plus compliqué est fourni par M. A. Nachet au prix de 45 francs. Cet appareil (fig. 136) diffère surtout du précédent en ce que la vis micrométrique est munie d'un index permettant d'apprécier l'épaisseur de l'objet.

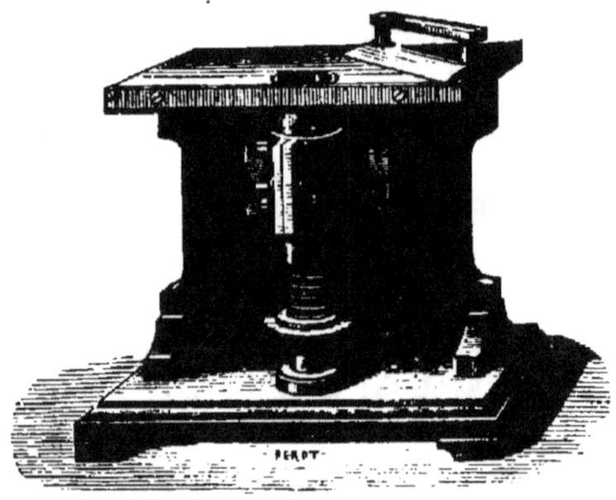

Fig. 136.

L'on construit des microtômes bien plus parfaits encore. Dans celui dont nous nous servons le plus souvent, la lame coupante est menée à l'aide d'un engrenage et glisse dans une coulisse en bronze. Cette addition permet de couper plus régulièrement, surtout les objets larges et durs.

Enfin un microtôme, suffisant pour les coupes de tissus mous, est fabriqué par M. Verick à un prix peu élevé, sous le nom de *Microtôme de Rivet*.

Cet appareil consiste en un bloc de bois présentant aux deux côtés latéraux une rainure dont l'une forme un plan incliné. Sur ce plan incliné glisse une pièce de bois portant une pince destinée à serrer les objets dont on veut obtenir des tranches minces, et dans l'autre rainure une pièce portant à son extrémité supérieure une lame de rasoir plane d'un côté et maintenue par un écrou. Pour employer cet instrument, on serre l'objet que l'on veut couper, dans la pince, et on glisse celle-ci sur le plan incliné jusqu'à ce qu'on soit à une hauteur proportionnelle à l'épaisseur de la tranche que l'on veut obtenir et indiquée par une échelle placée sur ce plan. On fait alors glisser le rasoir dans sa rainure et la coupe est faite.

§ 3. — **Des Réactifs.**

Les réactifs les plus fréquemment employés dans les recherches d'anatomie végétale sont les suivants :

> Chlorure de zinc iodé,
> Eau iodée,
> Nitrite de mercure,
> Éther,
> Oxyde ammoniaco-cuprique,
> Acide nitrique,
> Acide sulfurique,
> Carmin,
> Chlorate de potasse,
> Potasse caustique.

Chlorure de zinc iodé. — Son action est identique à celle combinée de l'acide sulfurique et de l'iode ; mais la coloration bleue qu'elle exerce sur la cellulose varie de teinte d'après son degré de concentration. La couleur bleue se change en violette ou rouge au bout de vingt-quatre heures.

D'après Schultz, on doit préparer de la façon suivante le chlorure de zinc iodé :

La solution de zinc dans l'acide chlorhydrique est évaporée à consistance sirupeuse : il faut la remuer sans cesse avec une lame de zinc métallique. On ajoute alors de l'iodure de potassium jusqu'à saturation. On finit en y ajoutant de l'iode et de l'eau en quantité nécessaire.

Eau iodée. — Sert à provoquer la coloration tant de la membrane de la cellule que du contenu de celle-ci.

On la prépare en ajoutant 5 centigrammes d'iode et 15 centigrammes d'iodure de potassium à 30 grammes d'eau.

Nitrite de mercure. — S'emploie en solution. Il colore en rouge vif les substances azotées ; il n'agit qu'après un quart d'heure ou plus, mais on obtient un effet plus prompt et meilleur en chauffant légèrement la préparation.

Éther. — Destiné à dissoudre les huiles fixes et essentielles, de même que les résines.

Alcool. — Sert aux mêmes usages que l'éther, mais il est surtout destiné à enlever l'air des coupes végétales. Avant de préparer celles-ci, on les plonge, pendant quelques minutes, dans une capsule contenant de l'alcool.

Oxyde ammoniaco-cuprique. — On le prépare en dissolvant de l'oxyde de cuivre récemment précipité et encore humide dans de l'ammoniaque liquide.

L'oxyde ammoniaco-cuprique dissout la cellulose.

Acide nitrique. — Colore en jaune les matières intercellulaires de même que les matières azotées, que l'on doit mettre en contact avec de l'ammoniaque liquide, après avoir fait réagir l'acide nitrique. On l'emploie aussi pour le procédé macératoire de Schultz, comme il sera dit à l'article du chlorate de potasse.

Acide sulfurique. — A l'état concentré, on s'en sert dans les recherches sur les pollens et les spores ; à l'état dilué (trois parties d'acide sulfurique et une d'eau), on l'emploie pour colorer la cellulose en bleu. A cet effet, on commence par mouiller la préparation avec de l'eau iodée et, ayant ensuite enlevé le surcroît d'eau iodée avec un morceau de papier-joseph, on ajoute une goutte d'acide sulfurique et l'on couvre d'un verre mince. La coloration bleue se change après vingt-quatre heures en couleur violette ou rouge.

Carmin. — Sert à colorer en rouge et à rendre par là plus apparents le protoplasme et le nucleus. On le prépare en dissolvant quelques grains de carmin dans une petite quantité d'ammoniaque liquide. Cette solution est ensuite étendue d'eau.

Chlorate de potasse. — Sert pour le procédé de macération imaginé par Schultz. On prend l'objet ; on le coupe en tranches minces que l'on dépose sur le porte-objet ; on couvre celles-ci d'une quantité de chlorate de potasse pulvérisé égale à leur volume et l'on ajoute quelques gouttes d'acide nitrique. La lame de verre est ensuite exposée pendant une à trois minutes à la chaleur d'une lampe à alcool.

Après la réaction, on lave en répandant à plusieurs reprises de l'eau, au moyen d'un pinceau, sur la préparation. On parvient de cette façon à isoler les cellules.

Potasse caustique. — On l'emploie en solution et ordinairement l'on doit aussi faire intervenir la chaleur. Elle sert à dissoudre les graisses et la matière intercellulaire de même que le ligneux et la subérine. Schacht recommande de la conserver à l'état de poudre, parce que, dit-il, à l'état de solution, elle attaque les bouchons de liége et forme entre le goulot et le bouchon, dans les flacons à bouchons de verre, un silicate qui empêche l'ouverture du flacon.

CHAPITRE II.

FAÇON DE FAIRE LES PRÉPARATIONS.

Toutes les préparations se faisant dans les liquides (les préparations au baume du Canada exceptées), on doit commencer par former la cellule qui contiendra le liquide.

A cet effet, on prendra le verre destiné à servir de porte-objet, et l'on y appliquera, au moyen d'un pinceau, deux bandes de vernis noir, comme on le voit dans la figure 137.

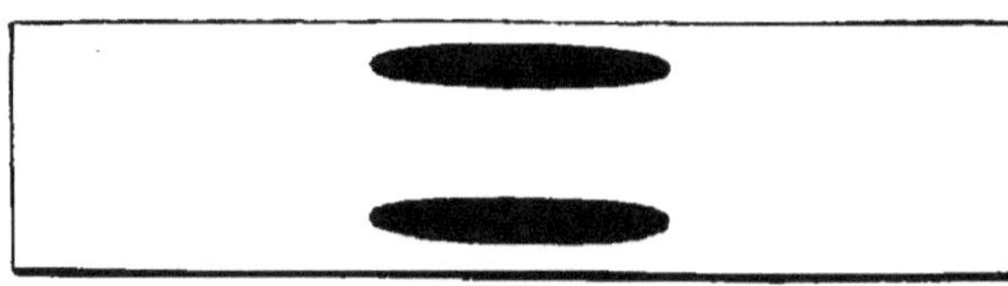

Fig. 137.

On laissera sécher le vernis et, quand celui-ci sera bien sec, on donnera une, deux ou trois nouvelles couches de vernis que l'on laissera sécher de même. Il va sans dire que le nombre de couches de vernis que l'on applique sur le verre doit être proportionné à l'épaisseur de l'objet que l'on désire renfermer dans la cellule.

Le vernis étant bien sec, on dépose au milieu du verre une goutte du liquide que l'on doit employer et qui naturellement varie selon la nature de l'objet. Celui-ci est alors placé dans le liquide et recouvert d'un couvre-objet. Si pendant cette opération il se forme des bulles d'air dans la cellule, on soulève doucement à moitié le couvre-objet et l'on chasse les bulles en les touchant avec la pointe d'une aiguille et en inclinant le porte-objet. La cellule étant privée d'air, on éponge au moyen de papier buvard la quantité de liquide qui déborde latéralement et l'on donne une couche de vernis noir sur la surface supérieure du couvre-objet, à l'endroit où l'on a donné les premières couches, et de façon à mouiller ces dernières. On met alors la préparation de côté pour vingt ou trente minutes. Au bout de ce temps, le vernis étant un peu séché et le couvre-objet adhérant plus ou moins fortement, parce que la couche supérieure a détrempé les inférieures, on donne deux couches aux côtés non encore vernis du couvre-objet, et ce de façon que le pinceau touche en même temps le porte-objet. Ces couches étant séchées, on en met successivement deux ou trois autres, de façon que la cellule soit parfaitement fermée. On n'a plus alors qu'à étiqueter la préparation. En Allemagne, on colle souvent avec du silicate de potasse, aux deux extrémités du porte-objet, deux bandes de verre, afin de pouvoir superposer les préparations sans endommager le couvre-objet.

Cellules rondes. — La plupart des préparateurs, au lieu de faire des cellules carrées comme nous venons de l'indiquer, préfèrent employer des cellules rondes, qui sont plus élégantes, mais moins solides. Ces mêmes cellules sont employées généralement pour les préparations à sec de diatomées.

Pour faire ces cellules rondes on emploie un petit appareil nommé tournette (fig. 138). Le couvre-objet étant fixé à l'aide de deux valets sur la plaque tournante, on trempe le pinceau dans le mastic noir qui doit être assez fluide et ayant donné une impulsion à la plaque, on appuie légèrement le pinceau de façon à déposer un cercle rond, de la grandeur voulue. On dépose

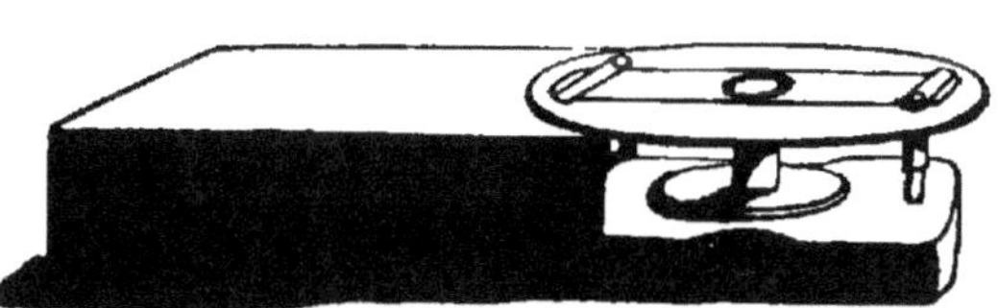

Fig. 138.

l'objet avec une goutte du liquide approprié dans la cellule lorsque celle-ci est encore un peu collante. Le couvre-objet est ensuite mis en place et maintenu pendant quelque temps, pressé sur la cellule, soit à l'aide d'un petit poids, soit au moyen d'un ressort. Lorsque l'adhérence est suffisante, on essuie et on lave les bords du couvre-objet et on met une nouvelle couche de mastic, de façon que les bords du verre mince soient largement unis au porte-objet.

Quant aux préparations au baume du Canada, on pose une goutte de ce baume à la surface du porte-objet que l'on chauffe légèrement. Le baume étant liquéfié, on y dépose l'objet en évitant la formation des bulles d'air que, le cas échéant, l'on détruit en les piquant avec une aiguille. On place ensuite sur le tout un couvre-objet préalablement un peu chauffé et l'on presse doucement. On n'a plus qu'à enlever le surcroît de baume qui est sorti par les côtés du couvre-objet. On y parvient, en le frottant légèrement au moyen d'un linge imbibé d'alcool.

Fig. 139.

Le petit bain-marie (fig. 139), fabriqué par la maison Chevalier, est très-utile pour liquéfier le baume du Canada sur le porte-objet. La même maison fournit la tournette mentionnée à la page précédente.

CHAPITRE III.

CELLULES.

———

La plante, comme on sait, est un être organisé composé de plusieurs parties, remplissant chacune quelque fonction particulière. Ces parties qui, dans les phanérogames, par exemple, sont les racines, les feuilles, les fleurs, etc., ont été nommées *organes composés,* parce qu'ils sont formés eux-mêmes d'autres organes plus simples qui ont reçu le nom d'*organes élémentaires*. Les organes élémentaires se réduisent à trois, qui sont : les cellules, les fibres et les vaisseaux. Ces deux derniers cependant ne sont qu'une simple modification de la cellule qui, en réalité, est la forme élémentaire et originale de tout tissu tant animal que végétal.

§ 1er. — **Forme des Cellules**.

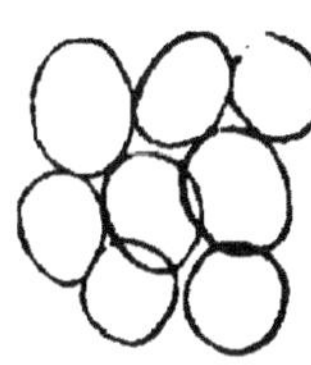

Fig. 140.

Dans son état le plus simple, la cellule se présente sous forme d'une petite outre ou vessie close de toutes parts. Les cellules sont primitivement rondes ou ovoïdes et gardent cette forme tant qu'elles peuvent se développer librement (fig. 140); mais, généralement, par suite de la pression des cellules voisines, ou par un mode de croissance particulier, leur forme varie.

Les formes principales des cellules sont : les cellules rondes (fig. 141), polyédriques (fig. 142), étoilées, dans lesquelles chacune d'elles présente latéralement des prolongements correspondant régulièrement avec les prolongements des cellules

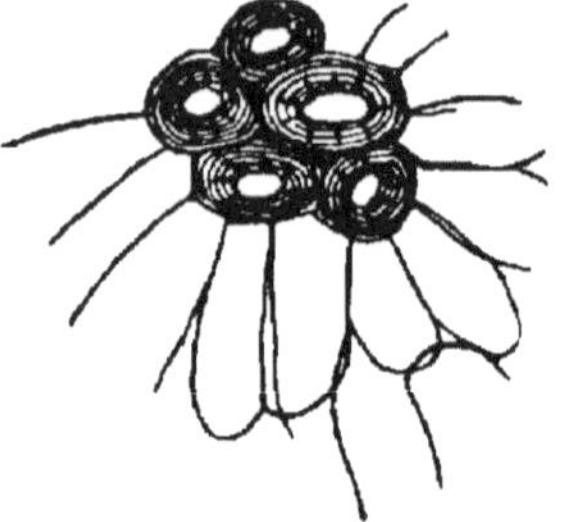

Fig. 141.

Fig. 142.

voisines qui ont la même forme, enfin les cellules fongiformes dans lesquelles chaque cellule se prolonge très-irrégulièrement.

Nous indiquons ci-après les plantes où ces formes doivent être respectivement recherchées, le grossissement avec lequel il faut les étudier, et le liquide dans lequel il faut les placer pour les conserver.

Cellules rondes. — Coupe transversale de *Tulipa sylvestris*, de *Lilium Martagon*, etc. Grossissement à employer : 50 à 100 diamètres. Préparation au chlorure de calcium.

Cellules allongées. — Coupe d'une poire mûre, etc. Grossissement : 50 à 100 diamètres. Préparation au chlorure de calcium.

Cellules hexagonales. — Coupe de la moelle du sureau et de beaucoup d'autres plantes, feuilles du *Plagiochila asplenioides*, etc. Grossissement : 50 à 100 diamètres. Préparation au chlorure de calcium.

Cellules étoilées. — Coupe transversale de *Juncus conglomeratus, effusus*, etc. Grossissement : 50 à 100 diamètres pour l'ensemble, 200 à 300 diamètres pour étudier le point de contact des cellules. Préparation au chlorure de calcium.

Cellules fongiformes. — Coupes transversales et longitudinales des pétioles de *Canna indica*. Grossissement : 50 à 100 diamètres pour l'ensemble, 200 à 300 diamètres pour les points de contact. Préparation au chlorure de calcium.

§ 2. — Constitution de la membrane cellulaire.

La membrane cellulaire est primitivement mince, mais par l'âge elle s'épaissit.

D'après la nouvelle manière de voir, cet épaississement se fait par intussusception. Antérieurement on croyait que cet épaississement était produit par de nouvelles membranes qui se formaient aux dépens des substances renfermées dans la cellule et que ces membranes venaient successivement tapisser l'intérieur de la première. Quoi qu'il en soit, cet épaississement ne se fait pas toujours uniformément : parfois il se fait en laissant des ouvertures en forme de points (fig. 143) ou de raies (fig. 144). D'autres fois l'épaississement se fait sous forme d'anneaux, de spiricules ou de spirales (fig. 145 et 146).

Fig. 143.   Fig. 144.   Fig. 145.   Fig. 146.

Ces spirales, à leur tour, peuvent être rondes ou aplaties.

Enfin la membrane cellulaire peut se remplir parfois presque entièrement de matière ligneuse, dans laquelle on remarque alors d'étroits canaux qui correspondent aux canaux des cellules voisines. La figure 141 représente des cellules concrétionnées d'une poire.

On étudiera ces différentes formes dans les plantes énumérées ci-après :

Cellules ponctuées. — Caroncule de la graine des *Ricinus,* moelle de Sureau, parties inférieures de la tige du *Papaver Rhœas,* etc. Grossissement : 50 à 100 diamètres pour l'ensemble, 200 à 300 pour une étude plus approfondie. Préparation au chlorure de calcium.

Cellules réticulées. — Elles s'observent spécialement dans les anthères. Nous en parlerons longuement plus tard.

Cellules spiralées. — A. SPIRALE RONDE. Racines aériennes d'Orchidées épiphytes. Grossissement : 50 à 200 diamètres. Préparation au chlorure de calcium.—B. SPIRALE APLATIE. Faisceaux vasculaires des *Mamillaria*. Grossissement : 200 à 300 diamètres. Préparation au chlorure de calcium.

Cellules concrétionnées. — Granules durs que l'on observe dans les poires, coque du fruit du *Hakea suaveolens*, noyau des Amygdalées, etc. Grossissement : 50, 200 à 300 diamètres. Préparation à la glycérine et au baume du Canada.

Vaisseaux.

Les vaisseaux résultent de la fusion de cellules longues et étroites, dont les parois intermédiaires sont résorbées. Que l'on s'imagine, en effet, les cellules de la figure 147 et qu'on fasse disparaître la paroi placée aux bouts de chaque cellule et l'on aura un vaisseau. On peut, dans plusieurs cas, obtenir la démonstration de ce fait en traitant les vaisseaux par de l'acide chlorhydrique ou de l'acide nitrique affaibli. On verra alors le vaisseau se partager en plusieurs portions, à l'endroit où l'on observait des étranglements.

Fig. 147.

Les vaisseaux provenant des cellules, on doit observer sur eux tous les dessins qu'on trouve sur celles-ci. L'on a ainsi des vaisseaux ponctués (fig. 148), rayés, réticulés

Fig. 148.

(fig. 149), qui ne sont qu'une modification des vaisseaux ponctués; et les vaisseaux annulaires.

Fig. 149.

Les vaisseaux spiralés (fig. 150) se désignent généralement sous le nom de vaisseaux spiraux ou trachées.

Fig. 150.

Lorsque les raies sont d'égale longueur et que le vaisseau est prismatique, on lui donne le nom de vaisseau scalariforme. Un tel vaisseau peut être scalariforme sur l'une de ses faces ou sur une partie de sa longueur et simplement ponctué sur une autre, comme on le voit dans la figure 151.

Nous remarquerons encore d'une façon particulière les vaisseaux cribriformes dont nous parlerons ci-après, et les vaisseaux laticifères.

Les vaisseaux laticifères (fig. 152 ci-après) diffèrent complétement de tous les vaisseaux dont il vient d'être mention. Ils se présentent sous forme de tubes de diamètre variable, mais cependant généralement assez identique dans la même plante. Les parois sont épaissies et les tubes s'anastomosent entre eux. On a cru long-temps que les laticifères n'étaient point des vaisseaux formés à la façon ordinaire, mais qu'ils résultaient de méats intercellulaires agrandis par l'accumulation du latex. Beaucoup de botanistes éminents contestent actuellement cette assertion,

Fig. 151.

et feu notre ami Schacht soutenait formellement que les laticifères proviennent, de même que les autres vaisseaux, de la fusion de plusieurs cellules en un seul tube. Nous avons fait beaucoup de recherches à ce sujet et spécialement au moyen de l'*Euphorbia canariensis*, dont les préparations de laticifères que nous conservons encore dans notre collection nous font partager entièrement l'opinion de Schacht.

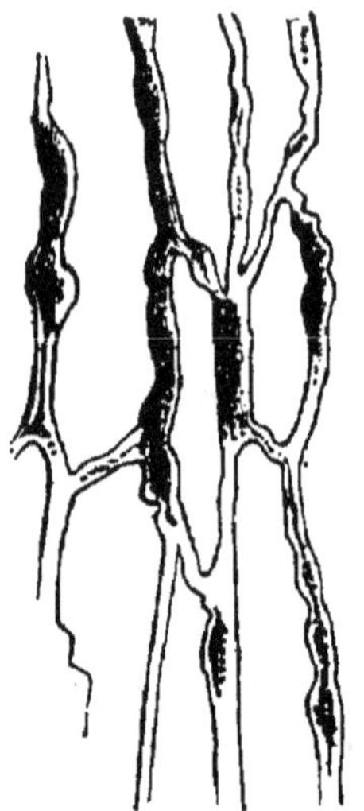
Fig. 152.

Recherches sur les vaisseaux.

Vaisseaux ponctués. — Coupes transversale et longitudinale du *Clematis Vitalba*, de la racine de *Beta vulgaris*, etc. On tâchera d'obtenir la coupe d'un vaisseau. Grossissement : 50 pour l'ensemble, 300 à 400 diamètres pour l'étude des ponctuations. Préparation au chlorure de calcium.

Vaisseaux spiraux. — Coupe de toutes les parties jeunes des plantes. Grossissement : 50 à 100 diamètres. Préparation au chlorure de calcium.

Vaisseaux rayés. — Coupe longitudinale du *Pteris aquilina*, etc. Grossissement : 50 et 200 diamètres. Préparation au chlorure de calcium.

Vaisseaux scalariformes. — Coupes longitudinale et transversale de la souche du *Pteris aquilina*, de la tige des *Lycopodium*, etc. Grossissement : 50 à 200 diamètres. Préparation au chlorure de calcium.

Vaisseaux réticulés. — Coupe longitudinale de la tige du *Papaver Rhœas*, du tubercule des Dalhias, des nœuds du *Tradescantia zebrina*, etc. Grossissement : 50 à 200 diamètres. Préparation au chlorure de calcium.

Vaisseaux annulaires. — Coupe longitudinale des *Equise-tum,* etc. Grossissement : 50 à 200 diamètres. Préparation au chlorure de calcium.

Vaisseaux cribriformes. — Ces vaisseaux, qui ont été découverts par M. Hartig, consistent en tubes offrant des espaces plus ou moins circulaires, dans lesquels se voient un grand nombre de petites ouvertures, donnant ainsi à chaque espace la forme d'un tamis. On peut distinguer trois formes différentes de vaisseaux cribriformes :

1° Vaisseaux à disques criblés situés sur la paroi horizontale des cellules. On les remarquera dans les *Cucurbita* et *Carica Papaya*. Grossissement : 200 à 400 diamètres. Préparation au chlorure de calcium ;

2° Vaisseaux à disques criblés formés de cellules allongées et séparées les unes des autres par des cloisons transversales obliques et situées dans des cellules qui, sur le reste de leur surface, présentent des épaississements scalariformes. On les observe dans les *Bignonia* et *Ipomœa tuberosa*. Grossissement : 200 à 400 diamètres. Préparation au chlorure de calcium ;

3° Vaisseaux à disques criblés placés sur la paroi longitudinale des cellules. On les observera admirablement dans les coupes longitudinales du liber du *Pinus Strobus*. Grossissement : 200 à 400 diamètres et plus. Préparation au chlorure de calcium.

Vaisseaux laticifères. — On pourra les étudier dans les Composées, mais surtout dans les Euphorbiacées et spécialement dans l'*Euphorbia canariensis*. Grossissement : 50 à 200 diamètres. Préparation au chlorure de calcium.

Fibres.

On a désigné sous le nom de fibres (fig. 153 ci-après) les cellules lignifiées, longues et terminées en fuseau à leurs deux extrémités. Nous avons surtout à désigner les fibres ponctuées

Fig. 153.

(fig. 154) que l'on trouve dans les conifères. Ces fibres ont sur leur surface une série de ponctuations qui se présentent sous la forme d'un petit cercle entouré d'un plus grand. D'après les dernières recherches de Schacht, que nous avons pu vérifier, les ponctuations sont des canaux poreux qui s'élargissent vers l'extérieur. Les deux cercles que l'on voit correspondent donc, le plus grand (nommé l'aréole de la ponctuation) à l'ouverture externe et le plus étroit à l'ouverture interne du canal.

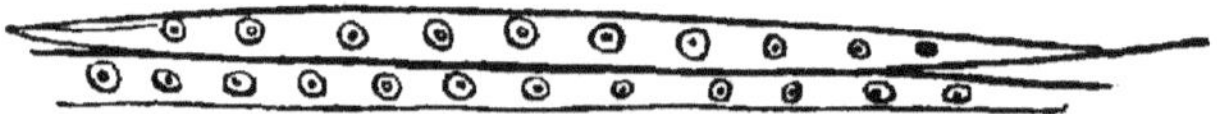

Fig. 154.

On étudiera les fibres ponctuées en examinant des coupes longitudinales et transversales du bois des conifères. On emploiera un grossissement d'environ 50 diamètres pour l'étude des préparations. Celles-ci se feront au chlorure de calcium et parfois à la glycérine.

CHAPITRE IV.

CONTENU DES CELLULES.

———

Les cellules ne sont point vides, loin de là ; tant qu'elles sont jeunes et vivantes, elles renferment un liquide nommé suc cellulaire et dans lequel on trouve une foule de corps dont les principaux sont : la chlorophylle, les cristaux, le nucleus, le protoplasme, la fécule, l'aleurone, des huiles fixes ou essentielles, etc. Nous allons passer en revue chacune de ces matières :

Chlorophylle. — Sous le nom de chlorophylle on désigne la substance qui colore les parties vertes des plantes. Elle peut se présenter, soit sous la forme de globules, soit à l'état amorphe, soit encore sous forme de bandes disposées en spires avec une grande régularité. A l'état amorphe et sous forme de bandes, on l'observe dans les algues filamentaires des genres *Spirogyra,* etc. Grossissement : 50 à 200 diamètres. Préparation au chlorure de calcium et pour les algues à l'eau camphrée.

Cristaux. — On peut les trouver à l'état de cristaux isolés (fig. 155), de cristaux agglomérés (fig. 156), de raphides (fig. 157 ci-après) et de cystolithes.

Nous n'avons rien de particulier à décrire à propos des deux premiers ; quant aux raphides, on a donné ce nom à des cristaux se présentant sous forme de longues aiguilles, réunies en grand nombre dans la même cellule. Très-souvent ces cellules à raphides sont disposées l'une au-dessus de l'autre en longue

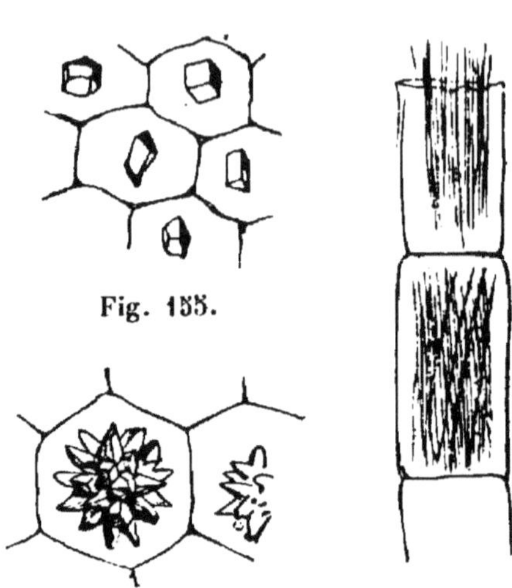

Fig. 155.

Fig. 156. Fig. 157.

série. Les cystolithes sont des prolongements de la paroi cellulaire, et se présentent sous la forme d'un filet nommé suspenseur et terminé par une petite boule ou une espèce de grappe. Ils se composent de couches de cellulose contenant de très-petits cristaux maclés de carbonate de chaux.

RECHERCHES SUR LES CRISTAUX : *Cristaux isolés*. — On les observera à l'aide d'un grossissement de 50 à 100 diamètres dans les écailles du bulbe de l'oignon commun. Préparation au chlorure de calcium.

Cristaux agglomérés. — Coupes transversale et longitudinale du *Portulaca oleracea*. Grossissement : de 50 à 100 diamètres. Préparation au chlorure de calcium.

Raphides. — Coupe longitudinale du pétiole des *Funkia*, de la tige de l'*Aloe micrantha*, etc. Grossissement : 50 à 200 diamètres. Préparation au chlorure de calcium.

Cystolithes. — Sous la forme allongée dans l'épiderme et la couche cellulaire sous-jacente des *Justicia*. Sous forme de grappes de raisins dans la coupe transversale de la lame des feuilles du *Ficus elastica*. Grossissement : 50 à 200 diamètres. Préparation au chlorure de calcium. (*Voyez*, au chapitre des feuilles, la façon de faire les coupes.)

Nucleus et protoplasme. — Dans les cellules jeunes on trouve une matière azotée et visqueuse que l'on désigne sous le nom de protoplasme. Cette matière, qui remplit presque entièrement les cellules très-jeunes, disparaît peu à peu, et plus tard

il n'en reste que des filaments se rattachant d'un côté aux parois de la cellule et de l'autre au nucleus (fig. 158). Ce nucleus est un corps rond, solide, placé dans l'intérieur des cellules vivantes ; il offre très-souvent un noyau central, globuleux, plus petit, formé de corpuscules appelés nucléoles et qui sont fortement réfringents.

Fig. 158.

On peut observer le nucleus et le protoplasme dans la plupart des organes jeunes. (*Voir* la coupe de la tige du *Beta vulgaris*, de la partie extérieure du labellum des *Cattleya*, etc.) Grossissement : 50 à 250 et 300 diamètres. Préparation au chlorure de calcium.

Silice. — La silice incruste très-souvent les cellules. Pour l'observer on fera de minces coupes du bois de *Petraea* que l'on calcinera sur une lame de platine. Les cendres que renferme le squelette siliceux de la cellule seront examinées de 100 à 200 diamètres et préparées au chlorure de calcium.

Tyloses. — Cellules formées par le parenchyme ligneux ou par les rayons médullaires qui pénètrent à l'intérieur des vaisseaux à travers les ponctuations. Coupes transversales de vieilles tiges de vigne, de *Robinia viscosa*, etc. Grossissement : 50 à 200 diamètres. Préparation au chlorure de calcium.

Huiles fixes. — Dans les graines des crucifères ; coupe de l'ovaire des *Musa*, etc. Grossissement : 50 diamètres. Préparation au chlorure de calcium.

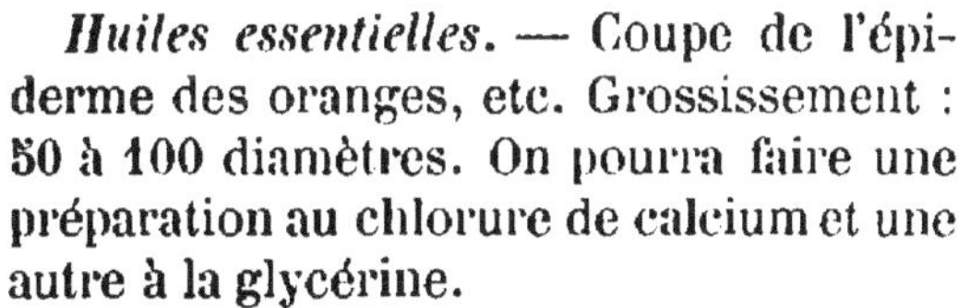

Huiles essentielles. — Coupe de l'épiderme des oranges, etc. Grossissement : 50 à 100 diamètres. On pourra faire une préparation au chlorure de calcium et une autre à la glycérine.

Fécule. — Sous forme de grains ronds ou ovales dans la pomme de terre (fig. 159),

Fig. 159.

sous forme de lentilles aplaties dans l'albumen des *Triticum*, du *Secale*, etc. ;

Sous forme de disques aplatis dans la racine des Zingibéra-cées ; sous forme de crosse dans les vaisseaux laticifères de l'*Euphorbia antiquorum, splendens,* etc.

Toutes les formes de fécule seront examinées à un grossisse-ment de 50 et de 200 à 400 diamètres et préparées à la glycé-rine ou à l'huile fine.

On étudiera également la fécule sous l'influence de la lumière polarisée. On observera aussi la coloration bleue que prend la fécule en présence des plus faibles quantités de la solution iodée.

Aleurone. — Découverte par M. Hartig, elle est souvent semblable à la fécule, dont elle diffère par la coloration qu'elle prend en présence des réactifs chimiques. Cette coloration est jaune au contact de la teinture d'iode, et rouge à celui du nitrite de mercure. L'aleurone se présente sous l'aspect féculiforme dans la coupe transversale des fèves blanches et sous forme de cristaux dans les pommes de terre bouillies. Grossissement : 50 à 200 diamètres. Préparation à l'huile fine.

Inuline. — Coupe transversale de la racine de Dalhia. Prépa-ration au chlorure de calcium. Grossissement : 50 à 200 dia-mètres.

L'inuline se présente sous forme de très-petits grains arrondis qui forment une poudre blanche quand ils sont secs. Ces grains ont une réfringence semblable à celle de l'eau ; mais, d'après M. Hartig, on peut les rendre visibles au moyen de la glycérine iodée.

Les autres matières que l'on peut trouver dans les cellules, la gomme, la dextrine, le sucre, le mucilage, y sont à l'état de solution, de même que divers sels calcaires. On reconnaîtra leur présence de la façon suivante :

Gomme et dextrine. — Sont précipitées en grumeaux par l'alcool.

Sucres. — Coloration rose en présence de matières azotées, sous l'influence de l'acide sulfurique.

Sels calcaires. — Formation d'aiguilles cristallines de sulfate de chaux dès que l'on ajoute de l'acide sulfurique.

CHAPITRE V.

OBSERVATIONS SUR LA FORME DES CELLULES ET SUR LA NATURE DES PAROIS CELLULAIRES.

Pour avoir une parfaite idée de la forme des cellules, il ne suffit pas de faire des coupes transversales et longitudinales; il faut encore isoler les cellules. Pour y parvenir, on traitera celles-ci par le procédé macératoire de Schultz, qui a été décrit précédemment au chapitre des réactifs. Il faut encore examiner la nature chimique de la paroi cellulaire. Les principales substances que l'on peut y trouver sont :

Cellulose. — Colorée en jaune par l'iode seul; elle prend une teinte bleue sous l'influence du chlorure de zinc iodé, de même qu'au contact successif de l'iode et de l'acide sulfurique.

Ligneux ou xylogène. — Il n'est pas coloré par l'eau iodée, ni par l'acide sulfurique et l'iode. Il se dissout facilement dans la potasse caustique et difficilement dans l'acide sulfurique.

Subérine. —Produit des effets identiques à ceux du ligneux par la présence de l'acide sulfurique et de la potasse caustique; mais elle s'en différencie, parce que, chauffée avec le chlorate de potasse et l'acide nitrique, elle est, non pas dissoute comme le ligneux, mais changée en une matière d'apparence cireuse, soluble dans l'alcool et l'éther.

Combinaisons protéiniques. — Colorées en jaune d'or au contact successif de l'iode et de l'acide sulfurique; elles prennent une belle couleur rosée au bout de cinq à dix minutes de contact avec du sucre et de l'acide sulfurique, de même qu'avec le nitrite de mercure.

Chaux et silice. — Toutes deux exigent que l'on soumette la plante à l'incinération dans un creuset de platine. Le squelette inorganique qui reste est formé de chaux, s'il est attaqué par les acides : la silice reste inaltérée.

CHAPITRE VI.

RÉSORPTION, SÉCRÉTION, ROTATION.

On trouve des traces de résorption sous forme de trous ronds dans les coupes d'*Ephedra,* et de trous allongés dans le *Corylus,* etc. Préparation à la glycérine. Grossissement : 50 à 150 diamètres.

Un nouvel organe sécréteur de résine a été découvert, il y a peu d'années, par le professeur Schacht (1). Il se présente sous forme de vésicules allongées et recouvertes de résine qui est soluble dans l'alcool et l'éther. On l'obtiendra en faisant des coupes longitudinales et transversales du rhizome du *Nephrodium Filix-mas.* Grossissement : 50 à 200 diamètres. Préparation au chlorure de calcium.

Rotation ou circulation intra-cellulaire. — Se voit dans les poils des *Oenothera, Clarkia, Tradescantia,* mais surtout dans les *Nitella.* On mettra un fragment de *Nitella* dans une cuvette de verre, au besoin, dans un verre de montre, et de telle façon que ce fragment présente quelques cellules entières et soit légèrement recouvert d'eau. En examinant alors avec un grossissement de 50 à 100 diamètres, on verra un courant ascendant sur l'une des parois de la cellule et descendant sur l'autre. Ce mouvement est probablement occasionné par les réactions chimiques qui se passent entre le protoplasme et le reste du contenu liquide de la cellule.

---

(1) Hermann Schacht, *Ueber ein neues Secretions Organ in Wurzelstock von Nephrodium Filix-mas;* Bonn, 1862.

CHAPITRE VII.

OBSERVATIONS DIVERSES SUR LES CELLULES.

Matière intercellulaire. — La matière intercellulaire, sur laquelle la botanique doit de si beaux travaux à H. Schacht, peut s'observer dans diverses plantes, mais mieux dans les espèces du genre *Pinus*. Les *Pinus canariensis* et *Strobus* sont les plus propres à ces recherches.

On peut colorer, détruire ou isoler la matière intercellulaire.

Pour la colorer, on fera des coupes aussi minces que possible de *Pinus canariensis* ou de *Pinus Strobus*. La tranche sera mise sur une lame de verre sur laquelle on aura déposé quelques gouttes d'acide nitrique et le tout sera chauffé quelques instants au-dessus d'une lampe à alcool. On lavera bien la coupe et on la préparera à la glycérine. Grossissement : 50 à 200 diamètres.

Pour détruire la matière intercellulaire et obtenir les cellules isolées, on emploiera le procédé de Schultz, décrit précédemment.

Pour obtenir la matière intercellulaire isolée, on emploiera le procédé de Schultz ; mais, après avoir laissé agir pendant dix ou vingt secondes le mélange d'acide nitrique et de chlorate de potasse, on lavera prudemment la tranche de *Pinus* et on la déposera attentivement avec un pinceau fin dans une goutte d'eau sur un nouveau porte-objet. On ajoutera alors à la préparation une, ou, s'il en est besoin, deux ou trois gouttes d'acide sulfurique concentré. On arrêtera l'action du réactif en lavant à l'eau, dès que l'on s'apercevra que tout le ligneux est détruit.

Cette préparation, de même que la précédente, se fera à la glycérine et sur le verre même où se sont produites les réactions ; car le transport sur un autre porte-objet est pour ainsi dire impossible. Grossissement : 50 à 200 diamètres.

Couches d'épaississement. — Nous avons dit plus haut que la membrane cellulaire est souvent formée de plusieurs couches. On pourra très-bien étudier ces couches d'épaississement en faisant des coupes transversale et longitudinale de la racine du *Dictamnus albus*, telle qu'on la trouve dans les drogueries de même que dans la moelle du *Kigellaria africana*. Grossissement : 50 à 200 et 300 diamètres. Préparation au chlorure de calcium.

Méats intercellulaires. — On désigne sous ce nom des espaces vides résultant de ce que les cellules étant rondes ou ovales, elles ne se touchent pas sur tous les points. On pourra les observer en faisant une coupe transversale de *Lilium Martagon*, *Tulipa sylvestris*, etc. Grossissement : 50 à 100 diamètres. Préparation au chlorure de calcium.

Lacunes. — Les lacunes sont des espaces vides bornés par un très-grand nombre de cellules. On en trouvera un exemple dans la coupe transversale du fruit du groseillier épineux, etc. Grossissement : 25 à 50 diamètres. Préparation au chlorure de calcium.

Multiplication des cellules. — La multiplication des cellules par division s'observera très-facilement en préparant au chlorure de calcium et en examinant à un grossissement de 200 à 600 diamètres la couche verte *(Lepra botryoïdes)* qui couvre les arbres, surtout pendant l'hiver.

CHAPITRE VIII.

POILS.

Les poils sont des productions épidermiques formées uniquement de cellules. Ils sont tantôt simples, tantôt ramifiés.

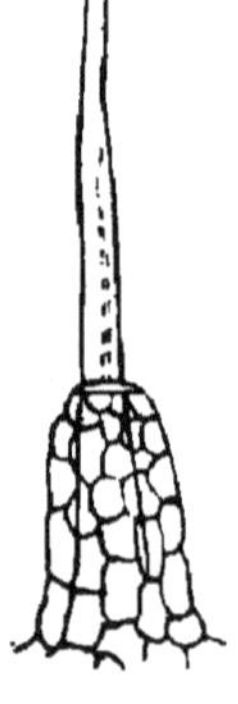

Fig. 160.

Parfois ils sont terminés à leur extrémité supérieure par une ou plusieurs cellules remplies d'un liquide particulier et faisant office de glandes. D'autres fois ils portent, comme dans l'ortie (fig. 160), un réservoir à leur partie inférieure. Ce réservoir est rempli d'un liquide qui peut s'écouler quand le poil est cassé.

Sous le nom de lépides, on désigne certaines formes particulières de poils nommés poils en écusson par beaucoup de botanistes.

Poils en écusson. — Ils se présentent sous forme de pellicules membraneuses adhérentes seulement par le centre à la surface qui les porte. On les trouvera à la face inférieure des feuilles de l'*Hippophae rhamnoïdes*, de l'*Elaeagnus augustifolia*, etc. Grossissement : 50 à 100 diamètres. Préparation au chlorure de calcium ou au baume du Canada.

CHAPITRE IX.

ORGANISATION DE LA TIGE DICOTYLÉDONE.

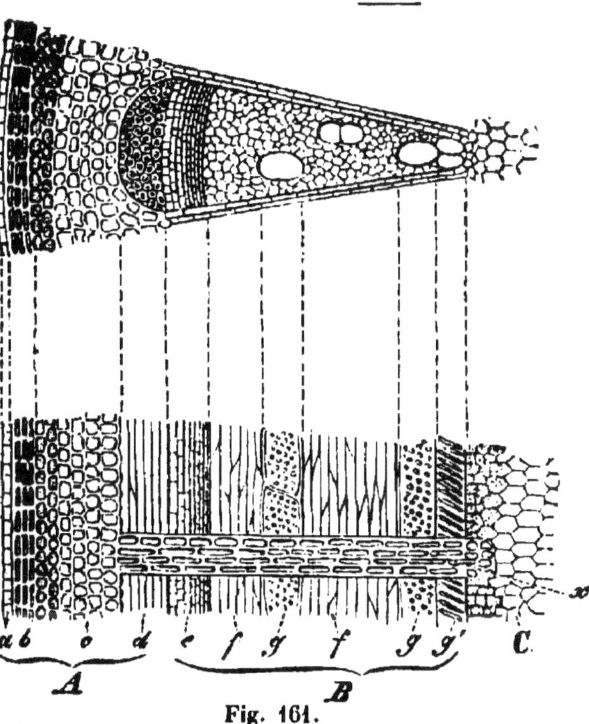

En étudiant une tige dicotylédone régulière, nous pouvons trouver en allant de l'extérieur à l'intérieur :

1° Un épiderme *(a)* (fig. 161), formé de cellules affectant diverses formes, tantôt régulières, tantôt irrégulières (fig. 162 ci-après) et entre lesquelles on trouve des sto-

Fig. 161.

Faisceau fibro-vasculaire d'une jeune branche de dicotylédone ligneuse.
A *Système cortical* comprenant : *a* épiderme, *b* couche subéreuse, *c* couche cellulaire herbacée, *d* liber. — B *Bois* comprenant : *e* cambium, *ff* fibres ligneuses, *gg* vaisseaux ponctués, *g'* trachée de l'étui médullaire, *x* rayons médullaires. — C *Moelle.*

mates, petites bouches formées de deux cellules arquées et correspondant à l'intérieur avec une lacune.

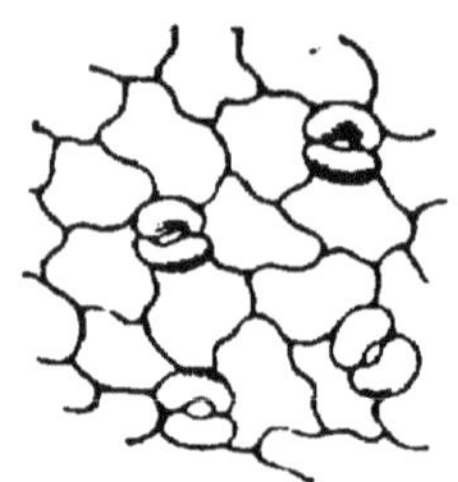

Fig. 162.

Cet épiderme n'existe, comme nous venons de le décrire, que dans les tiges jeunes et herbacées. L'épiderme est très-souvent percé par des soulèvements bruns grisâtres que l'on nomme lenticelles et qui sont formés par le suber ;

2° La couche subéreuse *(b)*, qui suit immédiatement, comprend : le *périderme* qui est formé par des cellules allongées très-unies, à parois épaisses composant des lames fermes, superposées et se détachant assez facilement les unes des autres ; le *suber* ou *liége* proprement dit qui est également formé de cellules petites, tantôt carrées et presque cubiques comme dans le *Quercus suber* et le *Liquidambar*, tantôt allongées et aplaties comme dans l'enveloppe des pommes de terre ;

3° On trouve ensuite la couche cellulaire herbacée *(c)*, formée de parenchyme lâche et contenant de la chlorophylle ;

4° Le liber *(d)* comprenant les cellules libériennes proprement dites, qui sont longues, à parois épaisses, les vaisseaux cribriformes décrits précédemment et enfin les laticifères dont nous avons déjà parlé également.

L'ensemble de toutes les couches que nous venons de décrire forme le système cortical. Plus intérieurement, nous avons le système ligneux, mais qui est séparé du premier par le cambium ou zone génératrice.

Le cambium *(e)*, qui sépare le bois de l'écorce, se présente sous forme de cellules à parois minces et délicates. On observera que les cellules les plus extérieures du côté du liber se transforment en fibres corticales et du côté du bois en fibres ligneuses. Nous voici parvenus au système ligneux. On y distingue d'abord un certain nombre de faisceaux formés par des fibres ligneuses *(ff)*, allongées, à parois généralement assez épaisses et entremêlées de vaisseaux. Dans les conifères, ces fibres ligneuses sont remplacées par des fibres spéciales, déjà décrites sous le nom de fibres ponctuées et ne sont pas entre-mêlées de vaisseaux.

Les divers faisceaux ligneux sont séparés par des rayons médullaires *(x),* formés d'un ou de plusieurs rangs de cellules parenchymateuses à parois minces. Ces rayons, qui prennent leur origine à la moelle, se divisent parfois peu après et donnent naissance à des rayons secondaires.

Enfin nous trouvons la moelle formée de cellules de paren-chyme; mais entre celles-ci et les faisceaux ligneux, il faut encore remarquer l'étui médullaire *(g),* qui se distingue du reste du corps ligneux en ce qu'il renferme des vaisseaux spiraux et annelés.

Telle est la structure de la tige dicotylédone régulière parve-

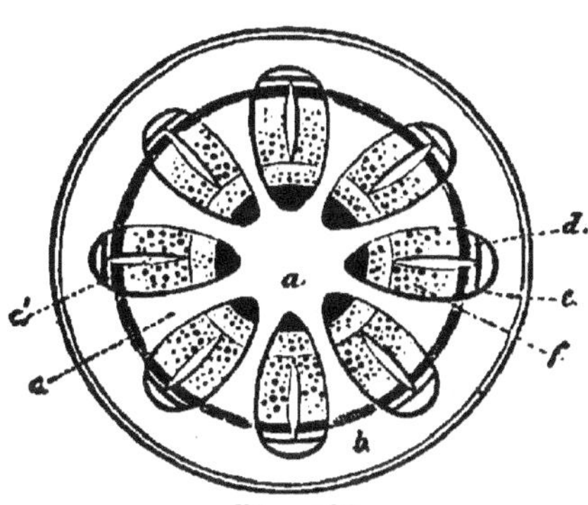

Fig. 163.

nue à un certain âge; plus jeune (fig. 163), elle s'en distingue en ce que l'on y trouve, au lieu de couches continues, un certain nom-bre de faisceaux fibro-vas-culaires isolés, dans chacun desquels on peut distinguer les systèmes ligneux *(f)* et libériens *(e)* séparés par une zone de cambium *(d).*

Toutes les tiges n'ont point une telle structure. Un certain nombre de tiges de lianes ont une structure tout à fait particulière; nous les décrirons ci-après.

Nous allons maintenant indiquer les végétaux où l'on pourra le plus facilement étudier tout ce qui vient d'être décrit.

Épiderme et stomates. — On préparera au chlorure de cal-cium et l'on examinera à un grossissement de 50 à 100 dia-mètres l'épiderme des plantes suivantes : *Nerium Oleander, Iris, Saxifraga sarmentosa.* Dans toutes ces plantes, on examinera l'épiderme de la face inférieure des feuilles. On fera aussi des coupes transversales de feuilles et de tiges pour étudier les stomates.

Périderme. — Feuillets qui se détachent du tronc du *Betula alba.* Grossissement : 100 à 200 diamètres. Préparation au chlorure de calcium.

Suber. — Coupes transversales et longitudinales du liége du commerce, de même que de celui des vieilles branches du *Liquidambar styraciflua.* Grossissement : 50 à 100 diamètres. Préparation au chlorure de calcium.

Liber. — Peut se présenter sous forme d'anneau fermé, comme dans la tige des *Dianthus,* ou sous forme de groupes, comme on l'observe dans les coupes de tiges de *Vinca minor, Tilia,* etc. Grossissement : 50 à 200 diamètres. Préparation à la glycérine.

Cambium. — Coupes transversales et longitudinales, faites pendant l'hiver et pendant l'été avec des rasoirs *extrêmement affilés,* des tiges de *Thuya, Taxus baccata, Larix europaea, Pinus sylvestris, Pinus Strobus, Nerium Oleander, Cocculus laurifolius, Paulownia imperialis,* etc. Grossissement : 50 à 200 diamètres. Préparation au chlorure de calcium. On observera la coloration bleue que prennent les cellules cambiales sous l'influence du chlorure de zinc iodé.

Rayons médullaires. — Coupes transversales, tangentielles et longitudinales du *Cedrus Libani,* du *Corylus Avelana,* etc. Préparation à la glycérine. Grossissement : 50 à 200 diamètres.

Couches ligneuses. — Coupes longitudinales et transversales de *Tilia, Acer,* etc. Grossissement : 25 à 100 diamètres. Préparation à la glycérine.

Moelle. — Coupes de la moelle du Sureau, etc. Grossissement : 50 à 100 diamètres. Préparation au chlorure de calcium.

Accroissement de la tige. — Coupes longitudinales et transversales de branches d'un et de trois ans de l'*Acer campestre, Tilia europaea,* etc. Préparation à la glycérine. Grossissement : 25 à 100 diamètres.

Tiges dicotylédones irrégulières. — Un certain nombre de tiges offrent une structure qui s'écarte considérablement du type que nous venons de décrire. Nous ferons, d'après Bellynck, connaître les plus remarquables de ces tiges, dont la plupart appartiennent aux plantes sarmenteuses connues sous le nom de *lianes*. Tantôt les anomalies se manifestent extérieurement, d'autres fois elles ne sont apparentes que dans une coupe transversale.

Déjà nous avons vu que le bois des conifères n'est composé que de fibres à points aréolés.

Nous avons vu également que, dans certaines tiges, les couches annuelles ne sont pas distinctes *(Aristolochiées)* et que, dans d'autres, au contraire, il s'en présente plusieurs chaque année.

Ici les couches du bois alternent avec celles du liber *(Gnetum...)*.

Là, la moelle est excentrique par suite d'un développement unilatéral : une zone libérienne entoure les premières couches ligneuses régulières; quand le développement unilatéral commence, les couches ligneuses sont séparées par du parenchyme résultant de la subdivision des fibres libériennes *(Menispermées)*.

Ailleurs, la tige est aplatie en ruban, souvent renflée alternativement à droite et à gauche à la naissance de chaque feuille *(Bauhinia)*.

Quelquefois, le bois se développe en forme de croix *(Bignoniacées)* ou se sépare en cinq lobes *(Cassia quinquangularis)* et les vides sont remplis par la substance corticale, de sorte que rien ne paraît à l'extérieur.

D'autres fois, le développement du bois a lieu par saillies très-irrégulières dont l'écorce suit les contours; parfois même, le bois se partage en masses isolées *(Malpighiacées)*.

Chez certaines plantes, autour d'un corps ligneux central, qui a sa moelle et son étui médullaire, on trouve d'autres corps ligneux réunis par une écorce commune et dans lesquels plusieurs botanistes ont voulu voir aussi une moelle et son étui. On a cherché à expliquer cette formation par des branches accolées à la tige. Quoi qu'il en soit, on distingue, dans cette tige multiple, tantôt plusieurs foyers de développement, tantôt un démembrement de la tige primitive *(Sapindacées, Calycanthus, Lamium, Mercurialis, Laurus...)*.

Plusieurs tiges de dicotylées sont comme des transitions à celles des monocotylées, par la ramification de leurs faisceaux vasculaires, soit dans la moelle, soit dans l'écorce, comme chez la *belle-de-nuit*. Les cinq ou six couches de la formation annuelle de la betterave présentent aussi un tissu cellulaire parcouru par des cordons vasculaires épars.

Pour étudier l'ensemble de la disposition des parties de ces tiges, on se servira d'un très-faible grossissement, ensuite on passera à un grossissement de 100 à 200 ou 300 diamètres. La préparation se fera au chlorure de calcium ou à la glycérine. Parfois le baume du Canada rendra de bons services.

Organisation des tiges monocotylédones.

Dans les tiges monocotylédones, on trouve un épiderme avec stomates, un système cortical composé uniquement de cellules

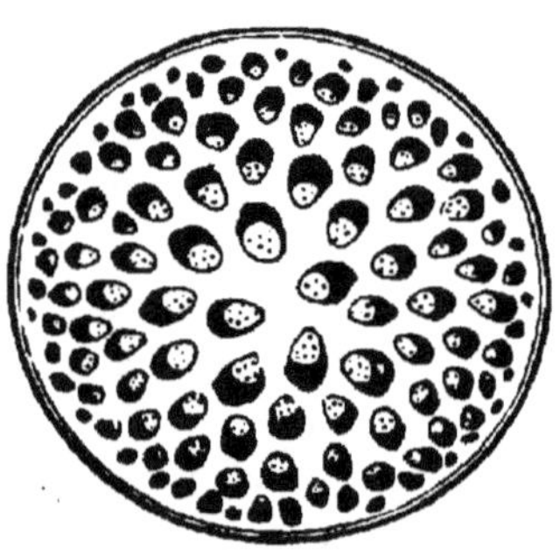

Fig. 164.

et ensuite une moelle dans laquelle sont épars un grand nombre de faisceaux fibro-vasculaires (fig. 164). Chacun de ces faisceaux (fig. 165 et 166 ci-après) se compose, d'un côté, de fibres libériennes et, de l'autre, de fibres ligneuses séparées l'une de l'autre par une zone de cambium.

Coupes transversales et longitudinales de *Ruscus aculeatus,*

Papyrus antiquorum, etc. Préparation à la glycérine. Grossissement : 25 à 200 ou 300 diamètres.

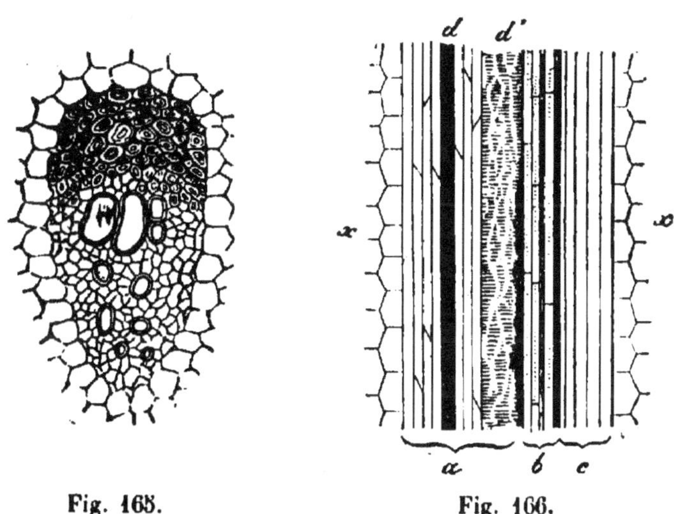

Fig. 165.   Fig. 166.

**Coupes longitudinale et transversale d'un faisceau fibro-vasculaire de
palmier entouré de parenchyme :** *a* fibres ligneuses avec une trachée *d* et
un vaisseau scalariforme (*d'*) ; *b* partie cambiale et tubes cribreux, *e* partie
corticale formée de fibres épaissies, *x x* parenchyme de la tige.

Tiges acotylédones.

Fougères. — Quand on examine la tige des grandes fougères en arbre (fig. 167 ci-après), on la trouve composée comme
suit :

1° Un épiderme lisse et lustré portant les cicatrices des
feuilles mortes ;

2° Une écorce fort dure, brune, formée de deux assises concentriques : l'extérieure formée de parenchyme polyédrique et

l'intérieure composée de cellules allongées ou de prosenchyme ;

3° Une zone mince de parenchyme ;

4° Un cercle de gros faisceaux fibro-vasculaires inégaux et se reliant en un gros cylindre ligneux continu. Ces faisceaux sont formés : *a)* d'une gaîne ou enveloppe brune ou noirâtre formée de cellules de prosenchyme, à parois épaisses et ponctuées ; *b)* d'une couche mince de parenchyme peu

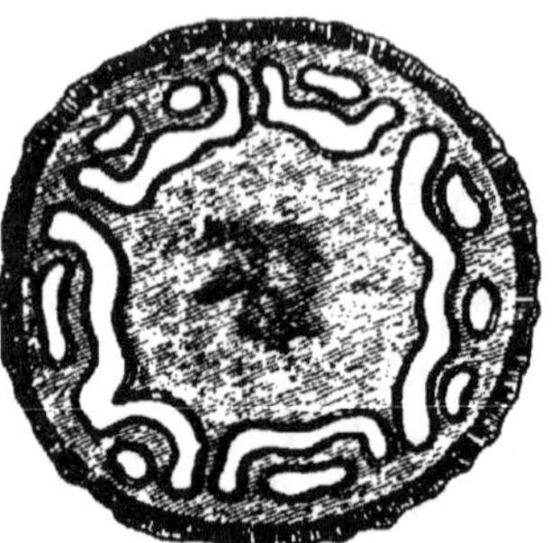

Fig. 167.

consistant ; *c)*, au centre, d'un groupe nombreux de gros vaisseaux rayés et scalariformes et auxquels s'entremêlent quelques cellules étroites et parenchymateuses. Enfin l'espace intérieur entouré par le cylindre ligneux est comblé par une espèce de moelle formée de parenchyme peu consistant.

Telle est la structure des fougères arborescentes. On la retrouve, mais un peu modifiée, dans les fougères de nos climats.

D'après M. Bert, on observe dans les fougères très-jeunes des trachées et des vaisseaux annelés et spiro-annelés : ce n'est que plus tard que ceux-ci sont remplacés par les vaisseaux scalariformes.

Pour étudier la tige des fougères, on fera des coupes longitudinales, transversales et obliques du *Pteris aquilina,* etc. On emploiera un grossissement de 50 à 100 diamètres et on préparera à la glycérine.

Lycopodiacées. — La tige des lycopodiacées se compose d'une large zone de parenchyme contenant un faisceau central formé de vaisseaux scalariformes réunis en une masse continue ou disposés en lignes irrégulières et rayonnantes.

Pour étudier cette structure, on fera des coupes transversales, longitudinales et obliques de la tige des *Lycopodium clavatum* et *suberectum.* On les préparera au chlorure de calcium et on les examinera à 50 et 100 diamètres.

Équisétacées. — Dans ces plantes, la cuticule est remplacée par une couche de silice amorphe, et la tige est formée de deux cylindres, dont l'externe a reçu le nom de *cortical*. Ce cylindre cortical renferme : 1° extérieurement des faisceaux fibreux composés de cellules très-longues et étroites, à parois épaissies et rappelant les fibres libériennes des végétaux supérieurs; 2° des cellules remplies de chlorophylle entourant ces faisceaux fibreux sur les côtés et en dedans, et formant des espèces de cordons verts; 3° un tissu cellulaire lâche, à cellules grandissant vers l'intérieur.

Le cylindre interne présente deux tissus différents. Le premier, consistant en cellules larges et contenant des granules d'amidon, constitue la masse de ce cylindre. Le second est principalement formé de fibres étroites fort longues et très-résistantes, entremêlées de vaisseaux spiraux annelés ou spiro-annelés.

On étudiera la structure des équisétacées en faisant des coupes longitudinales et transversales de l'*Equisetum arvense,* etc. On préparera ces coupes au chlorure de calcium et on les étudiera à l'aide d'un grossissement de 50 à 100 diamètres.

Rhizocarpées. — Dans les rhizocarpées il y a un faisceau vasculaire central, composé de vaisseaux entourés de cambium. Le faisceau central est entouré d'une écorce formée d'un *(Salvinia)* ou de plusieurs *(Marsilia* et *Pilularia)* rangs de cellules parenchymateuses. Ce parenchyme est étoilé et quelquefois interrompu par de grandes lacunes.

Le *Marsilia* possède des vaisseaux scalariformes; dans les *Salvinia* et *Pilularia,* on ne trouve que des vaisseaux spiraux.

On préparera les coupes transversales et longitudinales des plantes dont nous venons de parler au chlorure de calcium et on les examinera à un grossissement de 50 à 200 diamètres.

Mousses et hépatiques. — Dans les mousses et hépatiques, la tige consiste principalement en parenchyme, dont la partie la plus extérieure est lignifiée et dont le centre est mou. On n'y trouve généralement point de faisceau central de **cellules allon**gées : quelques-unes de ces plantes en sont cependant pourvues. La tige est aplatie ou foliiforme dans la plupart des hépatiques.

Pour étudier l'organisation de ces tiges on fera des coupes transversales et longitudinales d'un grand nombre de genres différents. Les grossissements à employer seront de 50 à 200 diamètres. Préparation au chlorure de calcium..

CHAPITRE X.

RACINES. — BOURGEONS.

———

Racine dicotylédone. — La racine est en général organisée comme la tige. On observera seulement que la moelle, qui existait originairement, disparaît généralement par suite de la croissance centripète de l'anneau fibro-vasculaire. Certaines racines cependant, telles que celle du noyer et les racines aériennes de quelques plantes, etc., la conservent, au moins sur une grande partie de leur longueur. Pour le reste, sauf quelques modifications dans la croissance et le développement des cellules, on ne remarque point de différence dans les systèmes ligneux et cortical.

Pour étudier la racine, on fera des coupes longitudinales, transversales et obliques des racines de *Corylus avelana, Juglans, Populus, Pinus, Laurus canariensis,* etc. Les préparations, faites à la glycérine, seront examinées à un grossissement de 50 à 200 diamètres.

Racine monocotylédone. — Dans les racines monocotylédones on trouve plusieurs ou même beaucoup de faisceaux réunis en un cercle fermé qui occupe le centre de la tige. Ordinairement on ne voit plus la séparation latérale des faisceaux et on ne distingue plus qu'un seul faisceau; mais sur des coupes transversales bien réussies on voit des groupes de cellules cambiales bien séparées et ayant chacun leur faisceau.

Parfois aussi on voit un anneau de cellules lignifiées d'un côté et entourant le faisceau central : tel est le cas dans la salsepareille. Cet anneau provient d'un rang de cellules de l'anneau d'épaississement, et par son apparition le développement en grosseur de la racine est arrêté.

On étudiera ces racines à l'aide de coupes, dans les trois sens, de racines de *Phœnix dactylifera,* Salsepareilles du commerce, etc. Grossissement : 50 à 200 diamètres. Préparation à la glycérine.

Bourgeons. — Les bourgeons où l'on pourra le mieux faire des coupes longitudinales et transversales et, par suite, étudier le plus facilement le développement des jeunes feuilles et des jeunes axes floraux sont : *Ricinus communis, Sempervivum,* etc. Grossissement : 50 à 100 diamètres. Préparation à la glycérine.

CHAPITRE XI.

CUTICULE ET COUCHES CUTICULAIRES. FEUILLES.

La cuticule revêt l'épiderme de la plupart des végétaux, sous la forme d'une enveloppe informe et sans organisation. Les couches cuticulaires, au contraire, qui proviennent des anciennes couches d'épaississement de la membrane extérieure des cellules épidermiques subérifiées, contiennent des canaux poreux. Mais on distinguera surtout très-bien ce qui appartient à l'un ou à l'autre, en chauffant la coupe avec de la potasse caustique. Sous l'influence de ce réactif la cuticule se dissout et les couches cuticulaires se gonflent.

La cuticule et les couches cuticulaires se voient très-bien dans les coupes transversales des jeunes branches et des tiges de *Viscum, Ilex aquifolium,* etc., de même que dans les coupes de feuilles coriaces : *Ilex, Phormium tenax, Cycas,* etc. Grossissement : 50 à 100 diamètres pour la cuticule, 300 à 400 pour les couches cuticulaires. Préparation à la glycérine.

Feuilles. — Les feuilles se composent d'un faisceau fibro-vasculaire accompagné de parenchyme, le tout placé entre deux lames d'épiderme.

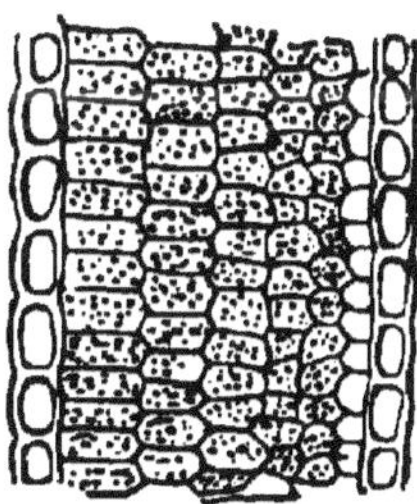

Fig. 168.

Le parenchyme (fig. 168) est formé de

tissu cellulaire coloré par de la chlorophylle, et le faisceau fibro-vasculaire dicotylédone, au moment où il pénètre dans la feuille, comprend un parenchyme propre à la multiplication (continuation de l'anneau cambial) et il est formé, de la façon habituelle, d'un corps ligneux, placé du côté de la face supérieure, et d'un liber du côté de la face inférieure.

L'épiderme de la face inférieure des feuilles a ordinairement un nombre très-considérable de stomates. A chaque stomate correspond une petite lacune que l'on désigne sous le nom de chambre pneumatique (fig. 169).

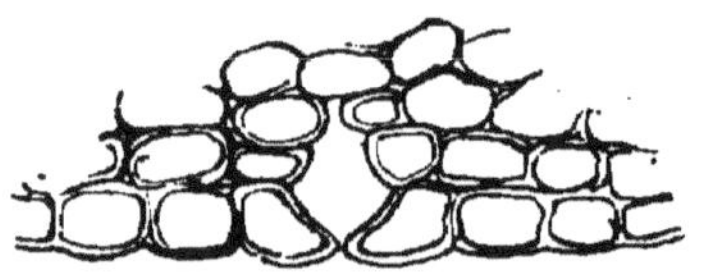

Fig. 169.

Au reste, la structure des feuilles varie énormément et nous devons nous borner aux généralités précédentes, chaque genre de plantes présentant presque une structure différente.

On étudie le mieux la constitution des feuilles dans les coupes de *Nerium, Abies, Pinus, Phormium,* etc. Ces feuilles seront serrées entre de la moelle de sureau et l'on mettra le tout dans un étau de façon à avoir une large surface pour couper. Grossissement : 50 à 100 et 200 diamètres. Préparation à la glycérine.

CHAPITRE XII.

FLEURS ET FÉCONDATION. – GERMINATION.

Calice et corolle. — Le calice herbacé est généralement constitué comme les feuilles ordinaires. Quand il est pétaloïde, il présente la même structure que les pétales. Les pétales sont également à peu près constitués comme les feuilles. On y remarque deux épidermes ayant habituellement très-peu de stomates et séparés par un parenchyme où l'on trouve des nervures formées par des trachées peu nombreuses. Celles-ci, dans les nervures principales, sont parfois accompagnées de quelques cellules un peu allongées et un peu consistantes. Dans certains pétales qui présentent un aspect velouté, on remarque que les cellules épidermiques sont relevées en cône (fig. 170).

Fig. 170.

On observera encore les réservoirs qui contiennent les huiles essentielles et les matières qui donnent ces vives couleurs aux pétales.

On fera des coupes longitudinales et transversales de plantes à sépales verts et colorés et de fleurs à consistance charnue, *Hoya*, etc., et d'autres à consistance herbacée. Préparation au chlorure de calcium. Grossissement : 50 à 100 diamètres.

Pollen. — Les grains de pollen sont généralement constitués par deux membranes : l'extérieure appelée *exine* et l'intérieure *intine*. La matière fécondante que l'on nomme *fovilla* se trouve à l'intérieur de cette seconde membrane.

L'exine peut présenter des pores et des plis très-variables suivant l'espèce de plante dont on examine le pollen. Les principales formes qu'affecte le pollen sont les formes ovales, rondes, triangulaires et polyédriques. Quant au nombre de plis ou de pores que présente le pollen, on peut consulter le tableau que M. Duchartre a publié à ce sujet dans ses *Éléments de botanique,* de même que celui qu'a donné Schacht dans son *Lehrbuch.*

On étudiera spécialement le pollen des plantes suivantes :

Pisum sativum, toutes les Orchidées et Éricacées, *Cobœa scandens, Pelargonium, Cucurbita, Passiflora, Periploca grœca, Basella alba, Acacia laxa, Sherardia arvensis, Mimulus moschatus, Cichorium intybus,* etc., etc.

On préparera à l'huile ou à la glycérine et on étudiera à un grossissement de 50 à 400 diamètres suivant la grosseur des grains.

Pour avoir une idée nette sur la constitution du pollen et pour en étudier l'exine, l'intine et la fovilla, on devra faire des coupes de pollen et, pour ce, s'y prendre de la façon suivante :

On prendra une baguette de moelle de sureau dont on coupera un bout de façon à avoir une surface bien plane. Sur celle-ci on déposera une couche d'une épaisse solution de gomme. La couche séchée, on en déposera une seconde dans laquelle on mélangera le pollen que l'on veut couper. Après dessiccation, on appliquera une troisième couche de gomme qu'on laissera également sécher. On prendra alors un rasoir évidé aussi tranchant que possible et l'on dirigera deux ou trois fois l'haleine sur la couche de gomme ; après quoi, on tâchera d'en faire les tranches les plus minces possibles. Celles-ci sont mises dans une goutte de chlorure de calcium placée sur le porte-objet. La gomme se dissout et laisse les coupes de pollen intactes. On n'aura plus alors qu'à les couvrir d'un couvre-objet et l'on achèvera de la façon habituelle.

On peut de la même façon obtenir des coupes minces de petites graines, de spores, etc.

Tubes polliniques. — Les grains de pollen émettent par les pores, les plis ou les déchirures, de longs tubes formés aux dépens de l'intine, et qui pénètrent à travers le tissu du style jusqu'aux ovules.

Le moyen le plus facile d'obtenir des tubes polliniques, c'est de déposer du pollen sur les nectaires des fleurs de l'*Hoya carnosa* ou sur une surface enduite de miel. Après quelques heures, on enlèvera les grains et on les préparera au chlorure de calcium. On trouve aussi des grains polliniques émettant spontanément des tubes en préparant au chlorure les poils de la fleur du *Nicandra physaloïdes* épanouie depuis un ou deux jours et surtout quand le temps est humide. On trouve un grand nombre de grains de pollen parmi ces poils. Grossissement : 50 à 200 diamètres.

Anthères. — Dans le jeune âge, l'anthère est formée de trois zones ou couches : une couche épidermique, une couche transitoire formant la paroi immédiate des logettes et enfin les assises intermédiaires aux deux précédentes.

Cette couche intermédiaire est spécialement remarquable, parce que, dans la plupart des plantes, elle se compose de cellules spéciales présentant des épaississements en lignes spirales ou bien reliées en réseau. Ces cellules ont reçu le nom de cellules fibreuses.

Purkinge distingue sept espèces de cellules fibreuses, savoir :

1° Les spirales du *Datura, Cheiranthus Cheiri*, etc.;

2° Les annulaires de l'*Iris*, du *Convallaria* et également du *Cheiranthus* ;

3° Les réticulées du *Fritillaria imperialis*, du *Viola odorata, Tulipa*, etc. ;

4° Les arquées du *Cucurbita pepo, Nuphar*, *Pyrus*, *Lupinus, Primula sinensis*, etc. ;

5° Les fibres droites et courtes (verticales par rapport à l'endothèque) : *Arum, Calla, Anemone*, etc. ;

6° Les arquées, mais se réunissant le plus souvent au centre, en forme d'étoiles, des *Corydalis, Impatiens, Cactus, Tropœo-lum,* etc.;

7° Les verticales, comme dans le n° 5, mais très-nombreuses et serrées comme des dents ou pectiniformes, des *Myosotis, Robinia, Chelidonium, Magnolia, Dahlia, Bellis perennis,* et surtout remarquables pour leur grandeur dans l'*Adonis.*

Pour obtenir ces cellules, on prendra une anthère qu'on posera sur une plaque de verre, dans une goutte d'eau ; on la pressera et la triturera à l'aide d'un tuyau de plume d'oie jusqu'à ce qu'elle se partage en petits morceaux, parmi lesquels on choisira, sous l'objectif, celui où l'on distinguera quelque peu les fibres. Ce même fragment, d'abord lavé, puis remis sur le verre dans de l'eau très-pure, se sépare en pellicules à la suite d'une pression ou trituration faite avec plus de soin, et celle de ces pellicules qui contient les fibres est de nouveau lavée, puis transportée sur un porte-objet où elle est préparée sans dessiccation préalable *(Belleroche).*

Beaucoup d'anthères peuvent être d'abord coupées en deux dans la longueur, ce qui facilite beaucoup la trituration et permet fort souvent de conserver en entier, sans déchirures, une moitié d'anthère. On y réussit surtout avec *Lilium, Cobœa, Tropœolum.* La préparation se fera à la glycérine. Grossissement : 50 à 300 diamètres.

Style et stigmate. — Le style est formé d'un tissu cellulaire parcouru par quelques faisceaux fibro-vasculaires et revêtu d'un épiderme. Son centre est composé d'un tissu à cellules très-allongées, très-délicates et faiblement unies. Ce tissu a reçu le nom de *tissu conducteur.* Le stigmate est formé de cellules et dépourvu d'épiderme; les cellules superficielles sont proéminentes et présentent des papilles qui en rendent la surface veloutée.

Pour étudier ces organes, on prépare le style et le stigmate entiers d'une petite fleur, par exemple des fleurons du *Taraxacum,* etc. On fera en outre des coupes longitudinale et transversale du style et du stigmate des *Lilium.* Grossissement :

25 à 500 diamètres. Préparation au chlorure de calcium.

Ovaire. — L'ovaire est formé d'un épiderme extérieur et d'un autre intérieur, séparés par du tissu cellulaire analogue à celui des feuilles et au milieu duquel on voit un certain nombre de faisceaux provenant du pédoncule. Ces faisceaux fibro-vasculaires se ramifient dans ce tissu et y émettent des divisions spéciales allant aux placentas et aux ovules. On étudiera l'ovaire en faisant des coupes longitudinale et transversale de l'ovaire des *Iris, Tulipa,* etc. Préparation à la glycérine. Grossissement : 50 à 100 diamètres.

Ovule et sac embryonnaire. — L'ovule parvenu à l'état parfait, c'est-à-dire propre à être fécondé, est en général formé de deux téguments auxquels on a donné le nom de *primine* et de *secondine* et recouvrant un corps central nommé *nucelle*. Peu avant la fécondation, on voit l'intérieur du nucelle se creuser et former ainsi le sac embryonnaire. On remarque alors dans ce sac embryonnaire, à la partie inférieure, deux ou plusieurs vésicules nommées par Schacht les *cellules antipodes*. A la partie supérieure, se voient deux corpuscules, *vésicules embryonnaires*, composés d'un globule protoplasmatique sans membrane extérieure aussi longtemps que la fécondation n'a pas eu lieu, et revêtus supérieurement par l'*appareil filamentaire*. Cet appareil se compose d'une masse brillante et paraissant formée de filaments.

Le sac embryonnaire avec son contenu, tel que les vésicules embryonnaires et les cellules antipodes, est très-difficile à bien préparer. Pour y parvenir, on prendra les jeunes ovules, ceux des *Hyacinthus orientalis* et *Narcissus jonquilla* nous ont le mieux réussi (1) ; on les saisira entre le pouce et l'index, et avec

---

(1) Voir : *De la fécondation dans le Narcissus Jonquilla et l'Hyacinthus orientalis,* par M. Henri Van Heurck, insérée dans les *Annales de la Société phytologique et micrographique de Belgique,* tome Ier, p. 9, année 1864.

un rasoir bien affilé on retranchera successivement les deux côtés latéraux de la graine. La tranche médiane sera préparée au chlorure de calcium et examinée à un grossissement de 50 à 200 ou 300 diamètres.

Pour isoler les corpuscules embryonnaires et étudier l'appareil filamentaire et le globule protoplasmatique dont Schacht a élucidé la véritable composition, on placera la tranche en question sur un porte-objet et l'on procédera à l'isolement en s'aidant du microscope simple avec un grossissement de 40 à 60 diamètres, et d'une couple d'aiguilles extrêmement fines.

Albumen. — L'albumen est tantôt formé de cellules à parois minces et remplies de fécule, d'aleurone *(Faba),* etc., tantôt de cellules à parois fort épaisses et devenant d'une consistance presque cornée. Pour l'étudier dans ce dernier état, on fera des coupes longitudinale et transversale de l'albumen du *Phytelephas macrocarpa* et du *Phœnix dactylifera.* Grossissement : 50 à 200 diamètres. Préparation au chlorure de calcium.

Pour voir la véritable forme des cellules de l'albumen, on les traitera d'abord par la potasse caustique et ensuite par le chlorure de zinc iodé.

Germination. — La graine du *Ricinus communis* est une de celles qui se prêtent le plus facilement à l'observation des changements qui ont lieu dans les tissus de la graine pendant la germination. On en sèmera un certain nombre et tous les jours on en déterrera une, dont on fera des coupes longitudinales qui seront préparées à la glycérine et examinées avec des grossissements successifs de 50 à 200 diamètres.

CHAPITRE XIII.

CRYPTOGAMES.

Nous ne pouvons entrer dans le détail de l'organisation des cryptogames; cette étude nous entraînerait infiniment plus loin que ne le comporte l'étendue que nous pouvons donner à cette partie du volume. Nous nous contenterons donc de fournir les principales données pour la recherche et l'étude des organes de ces végétaux, en renvoyant pour leur description aux ouvrages spéciaux.

§ 1ᵉʳ. — Fougères.

Sporanges et spores. — Préparation à la glycérine. Grossissement : 50 à 200 diamètres.

Prothallium. — On déposera les spores de fougères sur de la terre humide placée sous cloche dans une terrine à semis, dans un endroit chaud. Elles se sèment spontanément dans les serres chaudes, les serres à orchidées, etc. Préparation au chlorure de calcium. Grossissement : 50 à 200 diamètres pour examiner les *anthéridies* et l'*archégone* que l'on trouvera en faisant des coupes transversales du prothallium.

Phytozoaires.—Préparation dans une solution de tannin ou de sublimé corrosif très-faible. Grossissement : 200 à 400 diamètres.

§ 2. — **Équisétacées.**

Sporanges, prothallium, anthéridies et phytozoaires. — Comme dans les fougères.

Spores avec élathères. — On secouera quelques conceptacles au-dessus du verre destiné à servir de porte-objet et l'on préparera à sec les spores. Grossissement : 50 à 100 diamètres.

§ 3. — **Marsiliacées.**

Tous les organes se préparent comme pour les fougères.

§ 4. — **Lycopodiacées.**

Spores. — Préparation au baume du Canada ou à la glycérine. Grossissement : 50 à 400 diamètres.

Les autres organes comme pour les fougères.

§ 5. — **Characées.**

Anthéridies et sporanges. — Préparation au chlorure de calcium. Grossissement : 50 à 100 diamètres.

Phytozoaires. — Comme pour les fougères.

§ 6. — **Hépatiques.**

Tous les organes se préparent au chlorure de calcium.

§ 7. — Mousses.

Anthéridies et paraphyses. — Préparation au chlorure de calcium. Grossissement : 50 à 100 diamètres.

Phytozoaires. — Comme pour les fougères.

Coiffe. — Préparation au chlorure de calcium. Grossissement : 25 à 50 diamètres.

Urne. — Préparée entièrement et coupe longitudinale pour montrer la columelle et le péristome. Préparation à la glycérine. Grossissement : 25 à 100 diamètres.

§ 8. — Lichens.

Apothecium. — Coupe transversale pour montrer les thèques contenant les spores et les paraphyses. Préparation à la glycérine. Grossissement : 50 à 200 diamètres.

Certains lichens, entre autres le *Lepra botryoïdes* qui forme une couche verte sur l'écorce des arbres, montrent admirablement la multiplication des cellules par division. Préparation au chlorure de calcium. Grossissement : 200 à 400 diamètres.

§ 9. — Champignons.

Les petits champignons, mucédinées, etc., se préparent entièrement au chlorure de calcium.

Toutefois, pour préparer convenablement les mucédinées, il est indispensable de mouiller d'abord le champignon d'une goutte d'alcool qui pénètre instantanément entre les filaments et le mycelium ; on ajoute, de suite après, quelques gouttes de chlorure de calcium et on pose le couvre-objet. Sans cette précaution la solution de chlorure de calcium formerait cercle autour des filaments et les spores se détacheraient *(Belleroche)*.

Spores, sporidies, basides et cystides. — Préparation au chlorure de calcium. Grossissement : 50 à 200 diamètres.

§ 10. — **Algues.**

Les algues filamenteuses, *Spirogyra*, etc., et toutes celles dont la couleur ou la texture s'altèrent facilement, se préparent à l'eau camphrée. Grossissement : 50 à 200 diamètres. Les autres se préparent au chlorure de calcium.

TROISIÈME PARTIE

LE MICROSCOPE

APPLIQUÉ A L'ÉTUDE DES DIATOMÉES.

De tous les êtres organisés qui font le sujet des recherches du micrographe, ce sont, sans contredit, les diatomées qui lui donnent le plus de jouissances. Soit qu'il admire la délicate structure de leurs valves, soit qu'il utilise celles-ci pour juger de la valeur des objectifs qu'il emploie, soit enfin qu'il fasse une étude spéciale de ces êtres, toujours est-il que les diatomées sont pour la plupart des adeptes du microscope un sujet de fréquent examen. C'est à ce titre que nous avons cru devoir consacrer une partie spéciale de notre livre à l'étude des diatomées et donner une série de renseignements qu'on ne trouve guère dans les ouvrages élémentaires.

Nous diviserons cette partie en cinq chapitres, comme suit :

1° Généralités sur les diatomées ;
2° Recherche des diatomées ;
3° Préparation ordinaire des diatomées ;
4° Préparation systématique des diatomées ;
5° Tableau synoptique pour la détermination générique des diatomées.

CHAPITRE PREMIER.

GÉNÉRALITÉS SUR LES DIATOMÉES.

Les diatomées sont des algues microscopiques. Chaque individu que l'on désigne sous le nom de *frustule* est constitué par une cellule membraneuse, renfermant, outre le suc cellulaire, un nucleus, quelques gouttelettes huileuses, une matière brunâtre que l'on nomme *endochrôme* et qui est composée de chlorophylle et de phycoxanthine.

Cette cellule est renfermée dans une enveloppe siliceuse ou carapace, formant généralement une espèce de boîte et composée de deux valves et d'une zone ou *bande connective,* parfois aussi nommée *cingulum.*

D'après les idées, aujourd'hui assez généralement acceptées, de MM. Wallich et Pfitzer, les deux valves auraient chacune un rebord se recouvrant l'un l'autre comme les deux parties d'une boîte. Ce sont ces deux rebords qui forment la bande connective ou les deux anneaux de ceinture de Pfitzer.

Cette opinion est cependant combattue par plusieurs auteurs distingués qui disent que, au moins dans beaucoup de cas, la zone connective est constituée par une bande unique intimement unie de chaque côté aux valves.

Enfin, la carapace, à son tour, est enduite ou enveloppée d'une matière muqueuse, parfois mucoso-siliceuse, qui prend quelquefois un tel développement que les diatomées réunies par elles simulent des algues supérieures, ramifiées, ulvacées, etc. Tels sont les *Schizonema, Dickiea,* etc. Ce mucus a reçu de de Brébisson le nom de *coléoderme.*

Nous allons maintenant examiner en détail chacune de ces parties.

L'endochrôme, avons-nous dit, est renfermé dans l'intérieur de la cellule membraneuse ; celle-ci remplit tout l'intérieur de la carapace sur laquelle elle s'applique. L'endochrôme n'est pas éparpillé au hasard dans cette cellule, mais il s'y trouve dans une disposition invariable, dans tous les individus d'une même espèce, et dans une classification naturelle des diatomées, il faut tenir compte des caractères que fournit la disposition de cette substance.

Dans un travail récemment publié, M. Petit a classé les diatomées sur les seuls caractères que fournit l'endochrôme et il les répartit en deux groupes suivant qu'il se trouve disposé en plaques ou lamelles ou en granules.

On doit donc observer beaucoup de diatomées vivantes, si l'on veut acquérir des connaissances approfondies sur ces êtres.

Les valves des diatomées peuvent affecter toutes les formes imaginables ; elles sont généralement symétriques entre elles et légèrement convexes en dehors et concaves en dedans. Examinées avec de bons objectifs suffisamment résolvants, un très-grand nombre d'entre elles se montrent couvertes de stries dirigées en divers sens. Avec les meilleurs objectifs on reconnaît que ces stries sont illusoires et que, en réalité, ce sont des perles qui recouvrent les valves ; la disposition régulière de ces perles simule ces stries. Toutefois, l'on a parfois affaire à des côtes réelles, résultant probablement de la confluence des perles.

Beaucoup de valves présentent des épaississements soit seulement à leur centre de figure, soit encore à leurs deux extrémités. Ces épaississements ont reçu le nom de *nodules.* Ces nodules sont souvent reliés entre eux par une ligne longitudinale que l'on nomme *nervure médiane*. Lorsque le nodule s'élargit considérablement de façon à s'étendre latéralement sur tout ou partie de la valve, on change son nom de nodule en celui de *stauros*.

Les stries n'occupent pas toujours toute la surface de la valve ; elles manquent très-souvent près de la nervure médiane et plus souvent encore autour du nodule central où leur absence peut ainsi faire croire à l'existence d'un stauros.

La partie non striée de la valve est désignée par les Anglais par *the white* ou *le blanc*, expression que M. Manoury a proposé de remplacer par celle de *mésorhabde*. Le mésorhabde, qui est faible ou nul dans beaucoup de diatomées, est très-développé dans quelques-unes, telles que les *Navicula cardinalis, lata*, etc.

La surface des valves est dite face valvaire ou vue latérale *(side view*, des Anglais) du frustule, et l'on désigne par le nom de face principale *(front view)* ou *face de suture* la partie du frustule correspondant à la zone connective.

Quelques auteurs (Rabenhorst, etc.) ont renversé les dénominations de face principale et de face latérale, et nous approuverions beaucoup leur idée, si n'était la confusion qui en résulterait nécessairement, maintenant que les premières dénominations usitées par des écrivains aussi éminents que Kutzing, Smith, Gregory, Greville, etc., ont fait généralement adopter la première façon de voir.

Il serait préférable d'adopter les expressions de *face valvaire* et de *face de suture* ou *de connexion* qui ne laisseraient aucun doute au lecteur.

Bon nombre de diatomées, surtout celles qui présentent la forme naviculoïde sont douées d'un mouvement de translation dont la cause n'est point encore connue.

Multiplication et reproduction des diatomées (1). — Les diato-

---

(1) *Voir* une excellente notice publiée par M. l'ingénieur Julien Deby sous le titre de : *Ce que c'est qu'une diatomée*, dans les **Bulletins de la Société belge de Micrographie**, 1877.

mées se multiplient par division et se reproduisent par conjugaison.

Dans la multiplication par division, le nucleus commence par se partager et la division de la membrane interne se fait en même temps, tout juste comme le phénomène se passe dans les cellules des végétaux supérieurs ; mais, en même temps que cette division s'opère, la zone connective s'élargit également ; la membrane interne sécrète après, sur la surface divisée, une nouvelle valve siliceuse ; nous trouvons donc ainsi, au lieu du frustule primitif, deux frustules composés chacun d'une valve nouvelle et d'une valve ancienne. Comme la valve nouvelle se forme à l'intérieur de l'ancienne, il arrive qu'à chaque nouvelle division le frustule diminue un peu de taille.

Lorsque le frustule est arrivé à une certaine limite de grandeur, la reproduction intervient pour ramener l'être à la taille primitive.

La reproduction n'a été observée jusqu'ici que dans un nombre très-limité (une quarantaine) d'espèces ; on a observé quatre formes différentes de reproduction :

1° Elle se passe dans un seul frustule. Les valves s'écartent, le contenu cellulaire prend une forme globulaire et se condense en *sporange,* qui, lui-même, donne naissance à un *auxospore,* corps de forme variable, entouré d'une enveloppe siliceuse. Cet auxospore, continuant à croître, crève le sporange et devient libre. Peu après, on voit à l'intérieur de cet auxospore naître de nouveaux frustules, un peu différents, surtout par la taille, des frustules ordinaires ; ces frustules, qui portent le nom de *frustules sporangiaux,* reproduisent à leur tour, par division, le frustule primitif. Ce mode de reproduction a été observé dans les genres *Cocconeis, Cyclotella, Melosira* et *Schizonema ;*

2° Dans le deuxième mode, qui a été observé dans les genres *Achnanthes* et *Rabdonema,* on voit un seul frustule donner naissance à deux sporanges ; pour le reste, le phénomène se passe comme dans le premier cas ;

3° Deux frustules différents se rapprochent, leur contenu se mélange et de ce mélange naît un sporange qui se conduit comme dans les cas précédents ; on ne connaît jusqu'ici ce mode de reproduction que dans le genre *Himantidium* ;

4° Enfin, dans le quatrième mode, la conjugaison de deux frustules donne comme résultat la production de deux sporanges.

On a observé ce dernier cas dans les *Epithemia, Cocconema, Gomphonema, Encyonema* et *Colletonema*.

Une découverte importante a été faite par M. P. Petit et publiée par lui dans le *Journal de Micrographie* de décembre 1877. Ce savant a observé que des diatomées desséchées lentement sur leur substratum (tel que l'argile des ruisseaux) reviennent à la vie par le retour de l'humidité. Cette découverte explique comment il se fait que, au printemps, l'on voit tout d'un coup réapparaître les diatomées. Schumann avait déjà observé que les diatomées ne mouraient point par la congélation de l'eau qui les contient.

CHAPITRE II.

RECHERCHE DES DIATOMÉES.

—

Les diatomées sont répandues partout ; quel que soit le cours d'eau que l'on explore, on est presque certain que l'on sera récompensé de ses recherches ; le moindre fossé, la moindre flaque d'eau, pourvu que l'eau ne soit pas croupissante, renferme plus ou moins de diatomées. Elles s'accumulent parfois d'une façon prodigieuse : c'est ainsi que nous avons trouvé le fond de l'immense bassin de retenue de Blankenberghe entièrement revêtu d'une épaisse couche de diatomées, composée presque entièrement de *Pleurosigma*.

Il a été publié, il y a quelques années dans l'*Intellectual Observer,* un charmant article destiné à guider l'apprenti diatomophile. Nous croyons qu'on nous saura gré de la traduction que nous en donnons ci-dessous.

Nous supposons, dit l'auteur, que le collectionneur et ses amis vont entrer en campagne, armés, équipés et pourvus du bagage nécessaire à leurs opérations : s'emparer de ce qui peut leur convenir et préserver la récolte. Ce sera leur rendre service que de leur décrire l'outillage et l'équipement adoptés par l'auteur dans ses expéditions à la recherche des diatomacées.

L'objet principal est un sac de cuir, garni d'une courroie ; on le porte en bandoulière. Ce sac contient plusieurs compartiments pour recevoir une douzaine de flacons à large goulot d'une capacité de 50 grammes environ. Une trousse en cuir, plus petite, contient six fioles longues à large goulot, de la capacité d'une once; chaque fiole glisse également dans un compartiment. En campagne on porte cette trousse à portée de la main dans la poche du pardessus.

Vient ensuite une boîte renfermant des tubes étroits et un pinceau en poil très-fin pour les récoltes pures, ou quand on ne veut pas se charger de trop de matériaux à emporter.

Outre les flacons et les tubes, il est bon de se munir de quelques morceaux de toile cirée ou de toile caoutchouc makinthosh de 25 centimètres carrés; ils peuvent venir fort à propos pour envelopper des algues, des conferves ou d'autres plantes qui portent des diatomées; on les masse en paquets, après en avoir légèrement exprimé l'excès d'eau. Ce paquet maintenu par un cordon élastique est placé dans le grand sac. Pour racler les surfaces limoneuses, telles que les atterrissements, les pierres des jetées, etc., l'auteur se sert d'une cuillère de cuivre, que l'on visse à l'extrémité d'une canne. Le manche de la cuillère porte une petite lame très-utile pour couper des parties de plantes aquatiques couvertes de diatomées et pour les soulever hors de l'eau.

Le collectionneur diatomologiste n'a besoin que d'une loupe Coddington; cependant l'auteur a trouvé que dans maintes occasions un petit microscope composé peut rendre de très-grands services. On le porte dans un compartiment séparé du grand sac de cuir, avec quelques lames de verre.

Tous ces arrangements pris, les diatomologues, que nous supposerons habiter une grande ville maritime, peuvent hardiment se mettre en route.

La connaissance des endroits les plus favorables à la récolte des diatomées ne peut être le fruit que de l'expérience personnelle. L'auteur donnera ici, en quelques mots, les résultats de son expérience en la matière. Il est à remarquer que quand l'auteur mentionnera les diverses espèces de diatomacées en connexion avec certains *habitats* ou certaines stations, on en peut conclure qu'il a, dans la plupart des cas, trouvé l'espèce en question dans cette station, non pas uniquement dans un district particulier, mais à différentes reprises dans les diverses parties du pays.

Donc, voilà nos collectionneurs en route. Avant de quitter la ville, ils feront un tour aux bassins — car ils pourront y trouver de quoi faire de belles récoltes à des endroits où l'on s'y attendrait le moins.

Examinons, par exemple, ces poutres d'Amérique et de la Baltique, au sortir du navire. Si le bois a été flotté un certain temps avant d'avoir été embarqué, on peut être sûr d'y trouver des traces de conferves marines ou d'eau douce qu'on grattera soigneusement; nous serons probablement payés de nos peines par quelques diatomées. Des bois du Saint-Laurent ou de la rivière Ottawa nous fourniront des types américains, tandis que les bois de Dantzig peuvent nous procurer des collections intéressantes de la Vistule et de l'intérieur de la Pologne.

Un vaisseau décharge-t-il des kauris de la Nouvelle-Zélande, ou quelques-uns de ces bambous gigantesques que l'on a dernièrement importés de l'île Van Couver, nous pourrons trouver les belles diatomées australes sur les premiers de ces produits, tandis que les seconds fourniront les *Arachnoidiscus* ou *Triceratium Wilkesii,* peut-être bien l'*Aulacodiscus Oregonus.*

Ne passons pas près de ces blocs d'acajou du Mexique ou du Honduras sans leur jeter un coup d'œil scrutateur; car ces pièces peuvent avoir longtemps séjourné dans l'eau en attendant l'embarquement, et qui sait si elles n'ont pas charrié jusqu'ici du fond de l'Amérique centrale quelque forme nouvelle ou peu connue?

Voyez, sur le premier bloc que nous examinons, ces grandes incrustations, c'est une forme voisine ou au moins très-proche parente du *Melosira nummuloïdes* très-abondant dans nos docks également. La récolte est si riche qu'elle scintille au soleil.

Raclons soigneusement et enlevons quelques-unes de ces *balanies* incrustées sur plusieurs blocs, de manière à cacher presque complétement le bois ; il ne serait pas impossible d'y trouver cette splendide forme américaine, qui a le nom de *Terpsinoë musica,* probablement à cause de ses côtes ressemblant à des notes de musique.

Voici venir quelques pêcheurs, rentrant de la pêche. Examinons leurs **filets, car ils** ont pêché dans les hauts fonds et les moules peuvent avoir **accroché quelque** algue couverte de diatomées. Sur ces algues nous **trouverons** *Rhabdonema arcuatum* ou *adriaticum, Grammatophora serpentina* **et marina,** avec des espèces parasites de *Synedra ;* peut-être trouverons-nous pour nos peines le singulier *Synedra undulata.*

Quelquefois les coquilles d'huîtres des grandes profondeurs valent la peine d'être examinées ; on a parfois la chance d'y trouver des algues marines, ou mieux encore des ascidies ressemblant à des outres de cuir verdâtre. Les ascidies mangent des diatomées à chaque repas, et leur estomac contient parfois un riche assortiment de formes propres aux grands fonds et qu'il est très-difficile de se procurer d'une autre façon. Peut-être serons-nous assez heureux pour trouver le rare *Biddulphia regina ;* mais à défaut de ce *rara avis,* nous trouverons tout au moins les *Biddulphia Baileyi* et *aurita.* Nous emporterons quelques exemplaires, destinés à un examen ultérieur, car il doit y avoir là des individus de la curieuse espèce *Rhizosolenia styliformis.*

Prenons une barquette et examinons la coque des navires, couverte d'une couche gluante brune, toute une végétation de conferves émaillée de cirrhipèdes. C'est ici que la cuillère va nous rendre de grands services. Raclons avec précaution le dépôt aux places où la coloration est le plus foncée. Qu'avons-nous recueilli ? des *Achnanthes longipes* et *brevipes* par centaines. Ceux-ci sont assez communs dans tout bassin à bois ; nous n'emporterons donc que cet autre organisme microscopique qui se présente sous forme de filaments repliés en zigzag ;

c'est probablement le *Diatoma hyalinum*, peut-être même le rare *Hyalosira delicatula*.

N'est-il pas singulier que ces filaments si déliés, unis par les angles des frustules, aient pu résister au frottement de l'eau le long des parois du navire pendant toute la durée d'un long voyage ?

Nous ne devons pas oublier l'amas de lest. Voici des pierres entièrement couvertes d'algues marines et de corallines que nous raclerons et mettrons à l'écart, les réservant pour un examen ultérieur. Comme prix de nos labeurs, nous avons la chance de rencontrer *Biddulphia pulchella*, *Amphitetras*, *Grammatophora serpentina*, peut-être même une de ces belles espèces exotiques d'*Aulacodiscus*. Le seul inconvénient c'est qu'on ignore la provenance exacte des divers échantillons.

Prenons à présent quelques brins de zostères que l'on vient de mettre sur le quai, en grandes balles ; on en importe beaucoup de la Baltique et l'on s'en sert pour rembourrer les chaises et les matelas. On trouve généralement à l'état parasite sur ces zostères les *Cocconeis scutellum* et *diaphana*, ainsi que des *Epithemia* et un mélange confus de beaucoup d'autres formes ; on les isole des zostères par la macération dans l'acide dilué.

Mais qu'est-ce que ces gerbes brunes que l'on débarque du steamer ? Ce sont des joncs de Flandre, employés dans la tonnellerie et pour la fabrication des chaises ; ils valent la peine d'être examinés ; comme ils croissent dans les eaux saumâtres de la Hollande, la gaîne de la base est parfois entièrement tapissée de diatomées, *Coscinodiscus subtilis*, par exemple, avec beaucoup d'autres choses rares, telles que *Eupodiscus argus* et *Triceratium favus*.

Gardons-nous bien d'oublier les chargements d'os que des alléges viennent mettre sur le quai. Quelques-unes des plus grandes pièces portent les traces évidentes d'un séjour prolongé dans l'eau ; elles sont couvertes d'incrustations glauques que nous raclerons soigneusement, car nous pourrions y trouver les belles *Synedra cristallina* ou *undulata*, ainsi que des valves de *Coscinodiscus* et d'*Eupodiscus*. Ces produits m'ont fourni mainte bonne récolte, surtout les cargaisons provenant de Constantinople, de Smyrne ou de la mer Noire.

Demandez à ce matelot s'il n'a pas quelques coquillages non nettoyés ; s'il veut vous en vendre, gardez-vous de laisser échapper cette bonne aubaine. Ces pièces portent généralement des algues et des coralliaires qui donnent parfois, après un nettoyage préalable, des récoltes splendides. Plusieurs des plus belles et des plus rares espèces de *Campylodiscus* peuvent de cette manière nous tomber sous la main. Les écailles d'haliotis de Californie portent presque toujours de beaux exemplaires d'*Aulacodiscus oreganus*, *Arachnoidiscus*, *Hyalodiscus cervinus* et *Biddulphia Roperi*, tandis que les haliotis de la Nouvelle-Zélande nous fourniront probablement les *Aulacodiscus Beeveriæ* et les *Macræanus*, si rares.

Les *Strombus* des Indes occidentales contiennent invariablement de belles formes, telles que les *Campylodiscus ecclesianus*, *ambiguus* et *imperialis*.

Les navires de guano valent la peine d'être visités. Le guano du Pérou, bien préparé, montre les magnifiques *Asterolampra* et l'*Aulacodiscus scaber* ; le guano de Bolivie est plus riche encore en formes magnifiques, entre autres les superbes *Aulacodiscus formosus* et *comberi* ; celui de Californie contient, au milieu d'une infinie variété de formes, plusieurs types très-beaux et très-rares, par exemple, *Aulacodiscus margaritaceus* et *Biddulphia Tuomeyi*, celui de la baie d'Algoa est particulièrement riche en *Aulacodiscus Petersii* ; enfin, le guano d'Ichaboe contient *Arachnoidiscus Ehrenbergii*, et beaucoup d'autres bonnes choses.

Les ancres hors de service et les vieux câbles, les amarres de rebut qui traînent sur le quai sont recouverts d'incrustations marines dont un examen plus approfondi montrera la valeur.

Faisons un petit tour de promenade aux bassins aux bois où les bois restent dans l'eau pendant des années consécutives.

Nous trouvons ici des traces nombreuses des organismes que nous recherchons. Les poutres sont entièrement recouvertes d'une couche de filaments verdâtres enchevêtrés. Mais, avant d'en remplir nos flacons, nous écrémerons avec la cuillère la surface de l'eau pour recueillir la légère pellicule brunâtre qui la couvre : c'est une récolte presque pure de *Amphiprora constricta.*

Nous prendrons ensuite quelques *Ulva* et *Enteromorpha* qui croissent sur les poutres et leur donnent un aspect brunâtre et velouté. La loupe Coddington nous permettra de constater que la coloration brune est due à une végétation abondante d'*Achnanthes longipes* et *brevipes* parasites. Les longs filaments bruns sont principalement composés de *Melosira nummuloides* et *Borrerii,* ainsi que de *Schizonema crucigerum* et *Dillwynii* mêlées à des *Bacillaria paradoxa;* ces derniers émettent leurs longs articles, puis les retirent brusquement, jusqu'à ce que la tablette se soit reformée, ait repris son volume primitif, chaque frustule glissant sur le frustule voisin de la manière la plus merveilleuse. Cette espèce continue à vivre, même à se multiplier, dans l'eau douce très-pure. Mêlé aux *Bacillaria,* nous trouvons le *Nitzschia sigma* et d'autres formes libres.

Les pieux des estacades et des jetées sont recouverts d'une couche brune d'*Homœocladia sigmoidea, Pinnularia Johnsonii* et *Navicula elliptica.* Sur des brise-lames en bois, nous trouvons *Pleurosigma scalprum* et *Navicula mutica.*

Quittons le voisinage immédiat des docks, nous rencontrons une suite de fossés où l'eau salée trouve accès à marée haute. Ces fossés sont parfois très-riches en diatomées. Nous allons ouvrir les opérations sur ce terrain en enlevant la couche brune qui se trouve à la surface de la boue. Nous trouvons ici *Pleurosigma angulatum, fasciola, strigilis, Hippocampus, Nitzschia sigma, Surirella gemma.* On peut, rentré chez soi, débarrasser ces récoltes des matières terreuses, rien qu'en couvrant la bouteille d'un drap noir et en la laissant exposée pendant quelques jours aux rayons du soleil. Les diatomées auront eu le temps de se frayer un passage jusqu'à la surface et l'épaisse couche brune se trouvera être presque complétement exempte d'impuretés.

Ces manipulations bien exécutées manquent rarement leur but. Il ne faut pas négliger l'écume brune qui flotte sur l'eau du fossé, un examen ultérieur vous y montrera des *Pleurosigma fasciola, macrum* et *delicatulum*, peut-être même des *Vanheurckia ambigua* et d'autres choses rares.

En fouillant un autre fossé, nous prendrons quelque peu de cette matière brune qui tapisse les plantes aquatiques. Hourrah! Voici une heureuse capture : voici *Nitzschia bilobata, Brebissonii, vivax* et *Tryblionnella gracilis, Navicula amphisbœna, Pinnularia peregrina* et *cyprinus.*

Quelques pas plus loin, nous arracherons quelques plantes couvertes d'un duvet brun, et nous récolterons des *Synedra fulgens* et des *Amphipleura danica,* tandis que sur la surface du limon nous pourrons trouver en quantité les *Stauroneis salina, Nitzschia dubia* ß et *Navicula minutula.*

Que peut bien être ce chevelu croissant en parasite sur les roseaux et les brindilles de bois qui flottent dans l'eau? En y regardant de plus près, nous voyons que c'est une récolte presque pure de *Melosira Borrerii*. Nous en remplirons un flacon, car c'est une bonne aubaine.

Plus loin encore, nous rencontrons un vaste étang marécageux. Les plantes qui y croissent sont d'un bon augure et valent la peine d'être récoltées. Elles nous procureront une riche collection d'*Amphipropra alata* et *paludosa, Pleurosigma strigilis, Amphora salina* et de *Surirella Brightwellii.*

Remarquez que nous traversons une bande de terre marécageuse couverte d'une boue très-foncée exhalant une désagréable odeur d'hydrogène sulfuré. Nous ne nous laisserons pas arrêter par ces exhalaisons et nous serons récompensés de notre persévérance. Récoltons soigneusement la couche brune qui couvre la boue et nous y trouverons *Navicula elegans, tumens, Nitzschia dubia, Epithemia musculus, Amphora affinis, Pinnularia cyprinus* et *peregrina*.

Nous approchons des berges d'un canal où l'eau salée s'introduit parfois. Essayons de déraciner quelques *Potamogeton* et quelques autres plantes. Si cela nous réussit, nous pouvons nous réjouir. Prenons la loupe Coddington. Ces disques circulaires sont des valves de cette rare espèce *Cyclotella punctata*. Nous les trouvons mêlées à des *Campylodiscus cribrosus, Bacillaria paradoxa* et une quantité d'autres types d'eau douce et d'eau salée.

Cueillons avec les brucelles quelques-unes de ces touffes brunes croissant sur les berges limoneuses de la rivière, on dirait une conferve rabougrie. L'examen à la loupe nous montre les filaments tout remplis de petits objets de forme sigmoïde, rangés à la file et ressemblant, à s'y méprendre, au *Pleurosigma balticum*. Encore une trouvaille, car c'est le rare *Colletonema eximium*.

Mais quittons ces lieux qui nous ont déjà arrêté trop longtemps et descendons pendant quelques milles la rivière, nous rapprochant de son embouchure, où l'eau devient plus salée. La marée est basse et nous voyons s'étendre à perte de vue une bande de limon d'une teinte brune de chocolat foncé, due à la présence de myriades de *Navicula Jenneri*.

Dans les grandes lagunes que forme l'eau de la mer en franchissant les digues à chaque forte marée, nous trouverons probablement beaucoup de choses rares, telles que des *Schizonema filamenteux*, des *Rhipidophora* et des *Podosphenia*, même des *Licmophora flabellata*. En continuant à suivre le cours de la rivière, le limon fait graduellement place au sable et nous arriverons au bord de la mer, où la côte est renforcée, çà et là, par quelques blocs de rochers. C'est là un terrain des plus favorables à la récolte des formes essentiellement marines. Recueillons quelques filaments verdâtres de *Cladophora rupestris,* une des algues les plus riches en diatomées. Les extrémités du *Cladophora* sont tout à fait brunes par suite d'une végétation parasite de *Grammatophora marina* et *macilenta, Rhabdonema arcuatum, Cocconeis Scutellum* et *Gomphonema marina*. Sur les autres algues, croissant au milieu des rochers, nous trouvons des masses de *Podosphenia* et peut-être *Hyalosira delicatula* qui échappe si facilement à la vue. La masse chevelue enchevétrée, qui flotte attachée aux pierres, se compose de *Fragilaria striatula* et de quelques *Schizonema*.

Dans les flaques d'eau que le reflux laisse entre les rochers, croit en touffes serrées le *Corallina officinalis*. Cette algue est un excellent piége à diatomées. Elle arrête, au moyen de ses branches entrelacées, les frustules flottant dans l'eau. Nous devons donc emporter une bonne provision de *Coralline* et mettre tous nos soins à la tirer de l'eau aussi doucement que possible, pour ne pas détacher les diatomées y adhérentes (1).

Un lavage à l'eau acidulée mettra les frustules en liberté, et nous aurons une belle récolte d'*Eupodiscus Ralfsii* et d'*Eupodiscus subtilis* ; peut-être trouverons-nous l'*Amphipropra lepidoptera* et d'autres bonnes formes.

Dans les endroits protégés contre les vents et les vagues, nous remarquons que les creux des ondulations du sable sont remplis d'une matière brune. Ce sont des quantités immenses de frustules de diatomées et nous devons nous arranger de manière à en emporter une bonne provision, que nous laverons à la maison pour en extraire les richesses.

Nous nous sommes attardés dans cette recherche après les espèces des eaux de la mer et des eaux saumâtres. Revenons sur nos pas et explorons, à partir de l'endroit où cesse l'influence de la marée. Pour dissiper à ce sujet tout doute, nous allons prendre le premier train et partir pour les collines les plus voisines. Au débarquer, arrêtons-nous devant ce petit cours d'eau rocailleux, car je vois des traces d'une couche

---

(1) On obtient un grand nombre de belles espèces en traitant convenablement la *mousse de Corse* qu'on trouve dans les pharmacies.

brune sur les pierres et de longs filaments flottant dans l'eau. Nous allons doucement lever ces filaments hors de l'eau, ou en mettre quelques brins dans un flacon. Un examen ultérieur nous montrera probablement des *Odontidium mesodon, Himantidium undulatum* et *arcus*, *Tabellaria fenestrata* et *flocculosa*.

Un peu plus loin une petite cascade roule de pierre en pierre pour tomber dans la rivière. Le duvet velouté brun des pierres semble promettre une abondante récolte, et nous aurons du malheur si nous ne sommes pas largement récompensés des difficultés que nous aurons eu à surmonter pour en récolter une bonne cuillerée. Nous trouverons les beaux *Gomphonema geminatum* et *ventricosum* mêlés aux petits *Achnantidium lineare*. La masse brune couvrant tout le fond se compose des *Cocconema lanceolatum* qu'il est rare de rencontrer dans un tel état de pureté.

Quelle peut être la cause de la teinte verte que présentent les flaques d'eau le long de la route? Bon Dieu! Une véritable mine d'or, car rarement on trouvera le *Vanheurckia cuspidata* aussi complétement exempt de tout mélange. La couleur brune, si différente de l'endochrôme généralement foncé brun des diatomées, est également très-remarquable.

Voici une autre flaque, produite par les dernières pluies; il a donc fallu bien peu de temps pour produire cette végétation brunâtre qui tapisse le fond de la flaque. Nous trouvons en grande abondance des diatomées, quoique de petite taille, probablement des *Nitzschia palea* et *Pinnularia pygmæa*.

En poussant plus loin, vers l'intérieur des terres, nous rencontrons un moulin à eau. Le canal est couvert d'une végétation confervoïde; cela nous met en éveil et nous allons examiner le dépôt qui s'est attaché au bois de l'aqueduc.

Les filaments bruns sont probablement des *Diatoma vulgare* et *elongatum* et ces belles formes rayonnées sont des représentants d'un type local, *Asterionella formosa*, qui, soit dit en passant, semble faire choix d'un habitat écarté, comme dans ce cas-ci, un canal de moulin, des puisards, des réservoirs.

Après avoir gravi le penchant des collines, nous récolterons quelques herbes de cet étang boueux, car, dans ces localités, on a la chance de rencontrer quelques formes alpines rares, *Vanheurckia rhomboïdes*, *Navicula obtusa*, *Pinnularia divergens*, *lata* et *alpina*. La masse flocculeuse, pâle verdâtre, croissant en grande quantité et semblable à des conferves, vaut bien la peine d'être recueillie, car c'est une récolte pure de *Tabellaria flocculosa* et *fenestrata*.

Pendant que nous marchons sur cette boue mouvante, nous aurons soin d'emporter un paquet de *Sphagnum*, car plus tard en exprimant l'eau, dont la mousse est imbibée, nous pourrons peut-être y trouver quelques espèces rares de *Pinnularia*, par exemple, *P. hemiptera* ou *alpina*.

Avant d'abandonner les hauteurs pour descendre dans.la plaine, nous raclerons la surface des rochers humides pour enlever un peu de ce mucus brun qui les recouvre et qui contient probablement des *Epithemia*, *Cocconeis Thwaitesii*, *Navicula trinodis*, *Denticula sinuata*, etc.

Qu'il fait chaud! Allons étancher notre soif dans le creux de rocher qui s'ouvre sur la route; une source d'eau vive jaillit au fond de la petite grotte et le plafond est enduit d'une couche couleur chocolat, dure et granuleuse au toucher. C'est une récolte splendide, une récolte pure d'*Orthosira arenaria*, et nous ne nous ferons pas faute d'en emporter une bonne quantité, car il est rare de trouver cette belle espèce dans un état plus propre et moins mélangé.

Dans le cours de notre promenade, nous enlèverons un peu du dépôt brun qui couvre cette brèche. Bien nous en a pris, car c'est une belle récolte, bien pure, de *Cyclotella operculata* et *Pinnularia pygmea*.

Un peu plus loin, nous passons près d'un bouquet d'aulnes aux troncs couverts de mousse. Un sourire de commisération erre sur vos lèvres pendant que je détache cette mousse et la serre soigneusement dans mon sac. Mais un lavage subséquent nous fournira peut-être quelques-unes des espèces les plus rares et les plus localisées, telles que *Orthosira mirabilis*, *Navicula tumida*, *Pinnularia borealis* et *Orthosira spinosa*.

Après avoir pris une touffe de mousse sur les troncs d'arbres, nous en prendrons une autre, enlevée au toit de chaume de cette vieille habitation ; le côté exposé au nord est tapissé d'une épaisse couche d'une belle mousse verte, renfermant probablement des *Nitzschia amphioxys* et *Pinnularia borealis*.

La couche de terre blanchâtre, que les travaux sur la route ont mis à nu, doit être examinée. C'est probablement un dépôt de diatomées fossiles; dans ce cas, il faut en emporter une bonne quantité.

Ces dépôts fossiles sont généralement composés d'une masse compacte de diatomées d'espèces récentes ou éteintes. Le dépôt que nous examinons en ce moment a plusieurs pieds d'épaisseur et formait, à une époque antérieure, le bassin d'un lac, dans lequel les diatomées, en coulant à fond, se sont accumulées et ont formé l'épaisse couche que nous venons de découvrir.

Il est à remarquer que l'endochrôme a été détruit par une espèce de rouissage et la masse est maintenant uniquement composée de valves siliceuses d'une blancheur immaculée. Cette terre fortement silicifère nous explique sa valeur pour la culture des céréales et la rend peu convenable aux pommes de terre et aux navets.

On peut également visiter les tourbières voisines, car on trouve souvent, dans la tourbe débitée en mottes pour les foyers, des diatomées très-rares.

La masse chevelue de couleur sombre qui croît sur cette vanne est une bonne récolte bien pure de *Schizonema neglectum,* dont les frustules sont contenus par rangées régulières à l'intérieur des longs filaments.

Avant d'abandonner cet étang, nous allons tirer de l'eau un paquet de ces *Myriophyllum,* couleur de rouille.

C'est un mélange confus de toutes formes, mais cependant

la récolte vaut une bouteille fraîche à cause de la grande abondance des *Amphipleura pellucida.*

Le fossé d'eau claire qui longe la route est l'habitat de prédilection de formes telles que *Pleurosigma attenuatum, Spencerii* et *lacustre, Nitzschia linearis* et *tenuis, Surirella ovata, Navicula elliptica* et *Cymbella maculata.*

La masse jaune adhérente aux plantes est le *Cyclotella operculata, Amphora ovalis* et *Nitzschia sigmoidea,* tandis que la couche brune sur les *Anacharis* se compose de *Gomphonema tenellum, dichotomum* et *curvatum.* Les pierres qui encombrent le lit du petit ruisseau d'eau vive provenant de la source voisine sont tapissées de longs filaments d'un brun jaunâtre, qui valent la peine d'être récoltés. Il faut doucement les ôter de l'eau, car ils sont très-fragiles. C'est une belle espèce : *Meridion circulare* et *Melorisa varians.*

La source d'où sort le ruisseau jaillit avec une certaine force et soulève, dans ses bouillons, un sable teinté de brun. Nous recueillerons quelque peu de ce sable et nous pourrons constater que sa couleur brune est causée par une épaisse végétation parasite d'*Odontidium Harrisonii* presque pur.

Plus loin, nous devons prendre de ces filaments brun foncé. Car il y a là deux espèces de *Fragillaria :* le *capucina* et le *virescens* avec des *Diatoma elongatum.* Les pierres et les plantes aquatiques sont couvertes d'une couche de *Synedra radians* et *ulna,* espèces que l'on trouve dans chaque fossé d'eau claire.

Les endroits marécageux où les plantes sont couvertes d'une couche jaune d'oxyde de fer ne doivent pas être oubliés : on recueillera quelque peu de la matière floconneuse et légère qui couvre la surface de la boue. On peut être sûr d'y trouver les belles diatomées, telles que *Campylodiscus spiralis, Pinnularia nobilis, Stauroneis Phœnicenteron, Surirella splendida* et *Cymatopleura solea.*

Nous devons terminer ici notre promenade; nous voici arrivés à la station où nous prendrons le train pour retourner à la maison avec tous nos trésors. La tâche du chasseur est finie, celle du préparateur commence, car il faudra encore beaucoup de travail avant que ces matériaux bruts soient montés sur des lamelles de verre et propres à l'examen microscopique.

Espérons que nos fatigues n'auront pas été vaines et que la récolte faite en commun nous fournira amplement de quoi nous intéresser et nous instruire.

CHAPITRE III.

PRÉPARATION DES DIATOMÉES.

§ 1ᵉʳ. — **Préparations ordinaires.**

Lorsque les diatomées ont été récoltées, il faut les séparer du limon qui les accompagne le plus souvent; les priver de leur endochrôme et en faire des préparations, soit au baume, soit à sec.

Pour isoler les diatomées du limon, on place toute la masse dans une assiette, on y verse une quantité d'eau suffisante pour les couvrir légèrement et on expose le tout dans un endroit bien éclairé. Au bout d'un certain temps, parfois quelques heures, d'autres fois un jour ou deux, on voit les diatomées qui sont sorties de la vase et sont venues en revêtir la surface. L'eau qui surnage est alors enlevée délicatement et les diatomées mises à nu peuvent être enlevées à l'aide d'un pinceau si la couche est légère, ou à l'aide d'un grattoir ou d'une lame quelconque si la couche est épaisse.

Ainsi obtenues, les diatomées sont mises dans de petits tubes que l'on remplit d'alcool et l'on peut les préparer directement par calcination sur le couvre-objet, comme nous le dirons ci-après, ou bien on les traite préalablement à l'acide.

Les diatomées d'eau douce sont généralement très-siliceuses et supportent sans inconvénient le traitement à l'acide. Il n'en est pas de même de beaucoup de diatomées marines qui très-souvent sont faiblement silicifiées et auxquelles on peut tout au plus faire subir une calcination modérée.

Pour traiter les diatomées à l'acide, on en prend une petite quantité que l'on met dans un tube à réaction, on les couvre d'un à deux doigts d'acide nitrique et on fait bouillir le tout pendant quelques secondes (ou parfois une à deux minutes) dans la flamme d'une lampe à alcool en évitant, pour les poumons et pour les instruments de précision, les vapeurs dangereuses qui proviennent de cette ébullition. L'opération doit donc être faite ou en plein air ou dans la cage vitrée d'un laboratoire.

Lorsque le tube s'est refroidi, on le remplit d'eau distillée et on l'abandonne au repos. Au bout d'un certain temps les diatomées se sont rassemblées au fond du tube; on décante prudemment le liquide surnageant que l'on rejette, on le remplace par une nouvelle portion d'eau distillée, et ainsi de suite jusqu'à ce que l'eau ne présente plus de traces d'acide. On décante alors pour la dernière fois l'eau et les diatomées, préparées ainsi, sont conservées sous l'alcool comme il a été dit précédemment.

Toutefois, il peut arriver que les diatomées soient mélangées d'une telle quantité de matières organiques, comme c'est entre autres le cas dans le guano, que le traitement ci-dessus indiqué ne suffise point. Il faut alors faire subir un traitement plus compliqué à la masse. Voici comment on s'y prend :

Les matières, surtout quand on y soupçonne ou qu'on y connaît la présence de carbonates calcaires (ce qui arrive très-fréquemment), sont traitées à l'aide de l'acide nitrique comme il a été dit précédemment, soigneusement lavées et desséchées. Sans cette opération préalable, le produit final renfermerait une grande quantité de cristaux de sulfate de chaux, dont il serait presque impossible de se débarrasser.

La matière ayant donc été traitée comme nous venons de le dire, on la met dans une capsule de porcelaine profonde, on y verse une petite quantité d'acide sulfurique concentré (de façon à couvrir largement les diatomées) et on fait bouillir d'une à trois minutes.

Par cette opération la masse se boursoufle beaucoup et les matières organiques se charbonnent. On éteint alors la lampe à alcool (ou le bec Bunsen) dont on s'est servi, et, pendant que la masse est encore presque bouillante, on y ajoute *goutte à goutte* une solution saturée de chlorate de potasse dans l'eau. A l'addition de chaque goutte, il se produit une vive effervescence et l'on agite le liquide à l'aide d'un tube en verre. Quand on a ajouté un certain nombre de gouttes de la solution de chlorate de potasse, quantité qui doit être environ la moitié du volume de l'acide sulfurique employé, on voit le liquide complétement éclairci ; on lave alors les diatomées comme dans la première opération décrite.

Il peut arriver qu'après cette opération les diatomées ne soient point encore entièrement nettoyées : il faut alors la recommencer.

Il est évident que les diatomées très-fragiles ou très-peu silicifiées ne résistent pas à un traitement aussi énergique ; il ne faut donc l'employer que quand on ne peut se tirer d'affaire autrement.

Il faut encore remarquer que l'opération précédente ne doit être faite qu'en plein air ou dans une cage vitrée pour éviter les vapeurs chlorées, fort dangereuses à respirer et, en outre, que l'on ne peut ajouter la solution de chlorate de potasse que *goutte à goutte,* sinon l'on s'exposerait à une explosion dangereuse.

Les diatomées ayant donc été nettoyées, il s'agit de les préparer. Diverses méthodes peuvent être suivies ; celle qui donne les meilleurs résultats consiste à brûler les diatomées sur une lame de mica ou sur un couvre-objet, procédé que nous employons depuis plus de dix ans, époque où il nous fut communiqué par feu de Brébisson.

Ce procédé a été décrit tout au long, avec les opérations préliminaires et subséquentes, par notre ami, le professeur

H.-L. Smith, le savant Américain, si connu par ses beaux et nombreux travaux sur les diatomées. Nous donnons ici la traduction de l'article qu'il a publié sur ce sujet dans *The Lens*, journal de la Société Micrographique de Chicago :

L'article suivant, dit-il, est destiné à faire connaître une méthode rapide pour la préparation de matériaux crus et à enseigner une façon de monter les préparations invariablement sur le couvre-objet.

Les récoltes ne doivent pas être séchées, on les tiendra humides dans des fioles avec un peu de créosote pour prévenir la moisissure. Je préfère de beaucoup examiner des frustules entiers, les deux valves adhérentes ou encore cohérentes, au cas où les frustules sont en filaments. J'ai beaucoup de fioles de diatomées n'attendant plus que le montage et qui sont aussi propres que si elles avaient été traitées par les acides ; plusieurs de mes préparations les plus intéressantes n'ont pas été bouillies dans l'acide.

Il va sans dire que tout dépend de l'habileté et de la minutie du collectionneur et avec un peu de patience et de discernement on parviendra à se procurer le matériel cru dans un état de pureté satisfaisante.

Il y a quelques jours j'ai fait une récolte de *Nitzschia* dont les frustules sont presque aussi complétement exempts de matières étrangères que si elles avaient subi le traitement le plus soigné par l'acide et le chlorate de potasse.

Supposons donc que l'on ait devant soi une fiole contenant une quantité d'eau relativement très-grande et du sédiment, ce dernier composé, pour une part plus ou moins grande, de diatomées. Nous allons procéder ainsi et si la fiole a reposé pendant quelques jours, les manipulations n'en réussiront que mieux. On imprime à la bouteille un mouvement de rotation rapide ; les matériaux plus légers monteront le long de la ligne axiale et se répandront dans la masse du liquide. On laisse déposer pendant deux ou trois secondes et quand on voit à l'œil nu que les plus grosses particules viennent précisément de tomber au fond de l'eau, on verse le liquide et tout ce qu'il contient encore en suspension dans une autre fiole ; c'est de cette portion-là que nous devons extraire les diatomées et séparer d'abord les diatomées et le sable de l'argile et des matières organiques. On laisse reposer le liquide de la seconde fiole jusqu'à ce que l'eau paraisse simplement laiteuse ou nuageuse ; le temps variera d'après la taille des diatomées, on ne peut en juger que d'après expérience, disons une minute ; tout ce qui reste en suspension doit alors être jeté, à moins qu'on ne veuille obtenir des formes très-petites. On remplira de nouveau la fiole avec de l'eau de pluie ou de l'eau distillée (les eaux dures ou calcaires doivent être soigneusement écartées) et l'on secouera vivement. Aussitôt que les particules les plus lourdes toucheront le fond, on versera le reste dans une troisième fiole, en laissant environ un quart du contenu dans la seconde.

Cette troisième fiole consistera principalement en sable et en diatomées avec des matières organiques légères et de l'argile pure ; les deux dernières substances peuvent être écartées par la décantation ; à cet effet il faut remplir d'eau la fiole n° 3 et après avoir bien secoué, laisser reposer pendant deux à cinq minutes, verser l'eau légèrement laiteuse et répéter l'opération en prolongeant quelque peu le temps de repos ; l'opération peut être répétée une troisième fois et permet de rejeter les particules restées en suspension après un repos de huit à dix minutes. Souvent, après le premier dépôt de la fiole n° 2, les diatomées s'accumuleront mieux et avec moins de matières étrangères si l'on imprime à la bouteille un mouvement de rotation au lieu de la secouer.

Un peu de pratique et d'attention permettra à tout le monde de séparer certaines diatomées d'après leur taille.

J'avais reçu une récolte de *Pleurosigma Spencerii*, de Scioto River O. ; quoiqu'elle eût été passée au chlorate, la première préparation que je voulus *monter* ne me montra, dans le champ, qu'un ou deux frustules, perdus au milieu d'espèces plus petites et de petits fragments de silex ; en examinant et en expérimentant avec la plus grande exactitude le temps durant lequel les différentes tailles demeuraient en suspension, j'ai fait de cette récolte une préparation qui montre des centaines d'exemplaires, là où auparavant on n'en trouvait qu'un seul ; on ne croirait jamais que ce n'est là qu'une seule récolte. En supposant qu'un premier essai nous montre une certaine abondance de diatomées, la fiole est remplie d'alcool et d'eau par moitié. On ne pourra employer certaines qualités d'alcool qui, après l'évaporation, laissent un résidu surtout sensible après qu'on l'a brûlé de la manière décrite ci-dessous, de même que l'eau qui laissera des cristaux ou un résidu quelconque. La beauté des préparations dépend, pour une large part, du plus ou moins de sévérité que l'on mettra dans le choix de ces ingrédients. Pour monter des diatomées, je place toujours une goutte du liquide qui les contient, non pas sur la lame, mais sur le couvre-objet. L'alcool et l'eau se répandraient sur la lame, mais ils resteront accumulés sur le couvre-objet sous forme de lentille plano-convexe.

Je prépare un petit support de fil de fer très-fin (pour ne pas soustraire beaucoup de calorique), courbé à angle droit et fixé sur un pied ; l'extrémité libre est courbée en cercle et sur cet anneau je place un carré de fer très-mince dont je replie les angles par-dessous l'anneau de manière à la maintenir en position, tout en lui permettant de se dilater sans se courber par la chaleur. Sur cette plaque je mets le couvre-objet bien nettoyé et, au moyen d'une pipette, j'y dépose une goutte du liquide alcoolique à diatomées ; je chauffe à la lampe à esprit de vin. L'alcool prend feu et je le laisse brûler ; je baisse alors la flamme de la lampe et le reste est lentement évaporé. Le restant d'alcool en s'échappant lentement par l'ébullition distribue d'une manière égale les diatomées sur toute la surface du couvre-objet et empêche toute accumulation. Aussitôt que l'on a obtenu cette égale distribution, il convient d'évaporer lentement jusqu'à siccité complète, après quoi il faut chauffer à rouge la plaque de fer et le couvre-objet ; la masse des diatomées commence par noircir, mais comme la matière organique et les autres débris sont brûlés lentement, on obtient, en fin de compte, de la silice presque blanche. Toujours je brûle mes préparations sur le couvre-objet, même les spécimens traités par l'acide, car les diatomées ainsi brûlées paraissent plus claires et plus nettes quand elles sont montées. Le degré de chaleur peut être tout ce qu'une lampe à alcool ordinaire donne, quand on a des diatomées siliceuses rigides, ce qui est le cas le plus fréquent. Quand elles ne sont qu'imparfaitement siliceuses, il faut être prudent.

J'emploie toujours pour monter du vieux baume, tel qu'on l'achète dans le commerce, surtout quand les spécimens doivent servir ou être expédiés immédiatement. Je laisse refroidir le couvre-objet et, sur le milieu de la lame de verre, bien nettoyée, je place une goutte de baume *visqueux*, pas trop fluide. C'est avec cette goutte que je cueille, pour ainsi dire, le couvre-objet de dessus la plaque de fer. La chaleur aura si bien fixé les diatomées, que peu d'entre elles s'échapperont, dans la suite des manipulations, de dessus le couvre-objet. Je présente maintenant le couvre-objet à la flamme de la lampe (il faut une flamme bien plus petite que pour les opérations antérieures), jusqu'à ce qu'il se forme de très-grosses bulles. On écarte la flamme aussitôt qu'on voit toutes les bulles se diriger vers un des côtés. Au moyen d'une aiguille montée, j'appuie à cette place sur le couvre-objet et je les refoule dans la direction opposée. Ceci peut sembler superflu, mais une longue expérience m'a prouvé que c'est le meilleur moyen de se débarrasser de ces bulles ; pendant toutes ces manipulations la lame était maintenue dans une position oblique, le couvre-objet soutenu par l'aiguille, étant ainsi empêché de glisser ; si toutes les bulles n'ont pas disparu, on chauffe très-légèrement, juste à l'endroit occupé par les bulles rebelles, en tenant la lame en position oblique, le côté près duquel il y a le plus de bulles étant tourné vers le haut.

La description est plus longue que les manipulations mêmes

et la lame refroidie peut servir immédiatement. On m'objectera que je m'en tiens aux usages vieillis ; mais, après avoir essayé des baumes liquides à froid, j'en suis toujours revenu à l'ancienne manière, quoique pour des diatomées de choix, quelques-unes de ces préparations au baume soient bonnes. Si l'on veut monter les diatomées à sec, le meilleur moyen consiste à employer du baume au blanc de zinc, que l'on trouve chez les opticiens ; on trace un cercle et au bout de quelques instants cette substance est suffisamment figée pour recevoir le couvre-objet, sans jamais former de bavures. Après une heure ou deux, j'applique une seconde couche extérieure sur le cercle ou bien je me sers du vernis noir ordinaire. Je pense que quiconque adoptera le mode de montage sur le couvre-objet en chauffant, comme cela a été décrit ci-dessus, s'en trouvera bien, quelles que soient les manipulations ultérieures. En effet, cette méthode produit une distribution égale, détruit les dernières traces de matières organiques et augmente l'éclat des préparations.

Quand on opère sur des spécimens ayant passé par les acides et qui n'ont pas été bien lavés, il se produit parfois un crépitement et des explosions quand on chauffe le mélange alcoolique ; on répare le mal en reprenant une nouvelle quantité d'eau pure et d'alcool.

§ 2. — Préparations systématiques des diatomées.

C'est M. Möller, de Wedel (Holstein), qui le premier a fait des préparations systématiques de diatomées. Aucun préparateur n'a poussé aussi loin que lui l'art d'arranger ces êtres presque tous invisibles à l'œil nu et qui, pour M. Möller, ne présentent plus aucune difficulté. Il en fait ce qu'il veut : les placer méthodiquement dans les positions les plus favorables à l'observation n'est qu'un jeu pour lui. Aussi ne s'en contente-t-il pas et tout micrographe connaît ses préparations de 100 et

400 diatomées classées méthodiquement. Ces préparations faci-
litent extrêmement l'étude des diatomées et le bel aspect
qu'elles présentent ont engagé maint amateur à chercher les
procédés suivis par M. Möller. Aucun n'est malheureusement
parvenu à les trouver et grand fut le contentement de beaucoup de micrographes en recevant, il y a quelque temps, un
bulletin de souscription de M. Möller, qui se proposait de divul-
guer ses procédés. La joie a été toutefois de courte durée. La
somme souscrite a été jugée insuffisante par M. Möller et la
publication n'aura pas lieu.

C'est dans ces circonstances qu'il ne sera pas inutile de
publier les procédés dont nous nous sommes longtemps servi
pour imiter, avec plus ou moins de succès, les préparations de
M. Möller. Notre procédé donne des résultats qui ne sont pas à
dédaigner, mais il est, nous l'avouons franchement, inférieur
en facilité et comme résultat final à celui de M. Möller, et nous-
même nous y avons renoncé, depuis que l'habile préparateur
de Wedel nous a confié — sous engagement écrit du secret —
les ingénieux procédés dont il se sert.

M. Huyttens, de Bruxelles, fut un des premiers à imaginer
un procédé pour arranger des corps minuscules ; c'est des
écailles de papillon que ce micrographe s'occupe. Voici sa
méthode, telle qu'il nous l'a communiquée il y a quelques années.
On pose une toute petite gouttelette de glycérine sur le bout de
l'index, avec le doigt ainsi mouillé on frotte légèrement le
couvre-objet de façon que celui-ci garde à peine des traces de
glycérine. Ce verre ainsi préparé est porté sous le microscope
et les écailles sont déposées dans l'ordre voulu à l'aide d'un
poil de blaireau emmanché dans une mince tige de bois. Le
glissement des écailles est facilité par la glycérine, qui, en même
temps, les maintient en place.

Lorsque la disposition des écailles est achevée, le couvre-
objet est chauffé jusqu'à ce que la glycérine soit, en majeure
partie, évaporée, puis on achève la préparation à l'aide de
baume du Canada assez fluide.

Ce procédé, assez commode, présente des inconvénients : d'abord la préparation demande à être achevée promptement, pour éviter la présence des corpuscules de poussière qui flottent toujours dans l'air et qui viennent salir la préparation ; en second lieu les objets se dérangent facilement dans la préparation au baume, surtout si ce sont des diatomées ; enfin l'on ne peut guère faire de préparations à sec.

Notre procédé évite les deux premiers inconvénients, mais non le troisième. — La méthode de M. Möller, elle, les évite tous.

Voici comment nous agissons : notre procédé n'est au reste qu'un perfectionnement de la méthode de M. Huyttens.

Au lieu d'employer de la glycérine, nous prenons une substance que Bourgogne père vend actuellement sous le nom d'*encollage faible* ou bien, ce qui nous réussit encore mieux, une solution chaude de colle forte bien pure, un peu moins épaisse que celle qu'emploient les menuisiers et additionnée d'un peu de glycérine. On en dépose une couche excessivement légère sur le couvre-objet chauffé et on le fait sécher à l'abri de la poussière. Lorsque le couvre-objet ainsi préparé est bien sec, on y dépose les diatomées dans l'ordre désiré et, lorsque ce travail est fait, on chauffe légèrement le couvre-objet placé (la face préparée en-dessus, cela va sans dire) sur une lame de verre ou de cuivre au-dessus de la lampe à alcool. La colle se ramollissant, les diatomées s'y incrustent et restent fixées au couvre-objet.

La préparation est ensuite achevée à froid à l'aide d'une gouttelette de vernis copal à l'essence de Spic épaissi ou bien de baume très-fluide.

L'avantage de ce procédé sur celui de M. Huyttens c'est que la préparation ne doit point être achevée *en une fois,* la colle pouvant être ramollie *plusieurs fois.* En outre, avant de la ramollir, on peut écarter les corpuscules de poussière qui, voltigeant dans l'air, sont venus se déposer sur le couvre-objet pendant la préparation.

Comme la couche de colle, de même que celle de l'encollage de Bourgogne, est excessivement mince et ne présente guère de coloration, l'on ne s'aperçoit presque pas de sa présence lorsque la préparation est achevée.

Le grand avantage de ces préparations systématiques c'est que l'on peut ainsi réunir et classer sur une seule lamelle tout ou partie des diatomées récoltées dans une localité, ce qui n'est pas de mince importance pour quiconque étudie ces végétaux au point de vue de la flore du pays.

CHAPITRE IV.

DÉTERMINATION DES DIATOMÉES.

Comme il n'existe en français aucun ouvrage conduisant à la détermination des diatomées, nous avions, pour aider les jeunes micrographes, dressé une série de tableaux permettant la détermination générique des diatomées européennes. Toutefois, au dernier moment, nous avons cru qu'il serait plus avantageux pour nos lecteurs de leur donner une traduction du Synopsis de M. le professeur H.-L. Smith, synopsis qui comprend une révision critique de tous les genres actuellement connus. Afin que le travail, que nous avons traduit, fût aussi parfait que possible, notre estimable ami, qui est un des diatomographes les plus compétents de notre époque, a bien voulu revoir entièrement le texte anglais de son synopsis et y a fait certaines corrections et de nombreuses additions destinées à élucider le texte primitif qui fut publié en 1872, dans le journal micrographique *The Lens*, de Chicago.

Nous travaillons depuis longtemps à un Synopsis des diatomées de Belgique, qui contiendra la description et les figures de toutes nos espèces. Cet ouvrage étant très-avancé, nous espérons pouvoir le publier dans un avenir peu éloigné, et, en attendant, nous serons heureux de recevoir les renseignements qu'on voudra bien nous envoyer sur la dispersion des espèces, car nous ne possédons encore que peu de localités : Anvers,

Louvain, Namur, Saint-Trond, Blankenberghe parfaitement
connues (1). Heureusement que l'une d'elles, Anvers, a été
explorée à fond depuis bientôt vingt-cinq ans, tant par nos
amis et nos élèves que par nous-même et que la richesse de
cette localité, aussi bien en espèces marines qu'en espèces
d'eau douce, est fort grande et fournit à peu près tout ce qui a
déjà été signalé dans le reste du pays. Nous nous sommes
entouré, pour faire ce travail, de toutes les ressources possibles
et notre collection renferme (sous forme d'environ huit à dix
mille tubes, préparations et échantillons d'herbier), outre une
série complète des récoltes de de Brébisson et de W. Smith,
les collections originales de Kutzing, Eulenstein et Walker-
Arnott. Cette dernière, qui à elle seule comprend près de
deux mille tubes, contient presque tous les types authen-
tiques des espèces créées par les nombreux et illustres diatomographes anglais.

---

(1) M. Delogne, aide-naturaliste au Jardin Botanique de Bruxelles, a
publié, en 1877, une *Liste des diatomées de Bruxelles*, et M. l'ingénieur
Julien Deby, une *Liste des diatomées fossiles des polders de Bruges et
d'Ostende*. M. A. Grunow, de Vienne, a fait, il y a quelques années, des
récoltes à Ostende et nous en a donné une part.

SYNOPSIS

DES FAMILLES ET DES GENRES

DES DIATOMÉES,

PAR LE PROFESSEUR

Hamilton L. SMITH,

Hobart Collège, Geneva (N.-Y., États-Unis),

TRADUIT

PAR LE Dr Henri VAN HEURCK.

INTRODUCTION.

Le synopsis suivant comprend, autant que je sache, soit parmi les genres admis, soit parmi les synonymes, tous les genres créés jusqu'ici.

Quoiqu'une étude longue et patiente des formes vivantes soit nécessaire pour la conception complète de ces organismes petits et admirables, une telle étude, qui serait impossible à un grand nombre de personnes, n'est pas exigée pour employer à leur classification une clef artificielle.

La structure générale, *le tout ensemble*, est tout à fait caractéristique et ne peut être modifié. De grandes variations de forme, d'aspect, de striation peuvent exister, mais il y a quelque chose dans l'apparence générale des frustules siliceux (squelettes) qui met le diatomiste (anatomiste) à même de les grouper de suite et d'une façon très-naturelle ; souvent même il peut le faire sur un simple fragment (comme l'anatomiste le fait à l'aide d'un os). Il est bien possible qu'en employant ce synopsis, le nom auquel on arrive ne soit pas celui généralement appliqué, mais probablement on trouvera ce dernier parmi les synonymes, en se référant au nombre indiqué ; par exemple : *Eupleuria* du Dr Arnott est en partie *Entopyla* Ehrenbergh, en partie *Gephyria* d'Arnott. *Dimeregramma*, Ralfs, est en partie *Diatoma* de ce synopsis. *Polymyxos*, Bailey, est *Halionyx* Ehrenberg, etc.

Les figures du *Synopsis of British Diatomaceæ* de W. Smith et du *Microscopical Journal*, spécialement celles exécutées d'après les dessins du Dr Greville ou gravées par Tuffen-West, peuvent généralement être consultées ; mais même celles-ci sont souvent imparfaites, par exemple : *Odontidium (Dimeregramma* Ralfs, *Harrisonii* W. Smith), est figuré dans le Synopsis de W. Smith avec des stries moniliformes et est ainsi copié dans Pritchard. En réalité, cette diatomée est munie de côtes et n'a pas de stries moniliformes. Si donc, en étudiant ce synopsis à l'aide des figures gravées, vous n'arrivez pas au résultat désiré, avant de condamner le présent travail examinez la diatomée elle-même. Sans doute, il y a des erreurs et toute correction de celles-ci ou toute proposition d'amélioration sera reçue avec plaisir par l'auteur et elle sera prise en sérieuse considération. Un synopsis des espèces sera peut-être publié plus tard.

. L'apparence générale des diatomées telles qu'elles sont décrites dans ce synopsis, est celle qu'elles présentent en employant un bon objectif de 1/4 ou 1/8e de pouce, employé avec la lumière centrique ou modérément oblique et une amplification d'environ 500 diamètres.

DÉFINITIONS.

On entend par frustule toute la boîte siliceuse ou épiderme. Il est toujours formé de deux parties qui glissent l'une sur l'autre ou dont les bords sont opposés.

Par face frontale, j'entends le côté du frustule qui montre la ligne de suture ou de division, et par face latérale (ou valvaire), celle qui montre pleinement le raphé ou la valve ponctuée ou striée. Ces termes sont employés, non parce qu'ils sont les meilleurs, mais comme étant déjà en usage sous l'autorité du Rév. W. Smith *(British Diatomaceæ)* et de M. J. Ralfs *(Pritchard's Infusoria),* etc.

Le mot valve (V) est toujours employé comme synonyme de face valvaire. En comparant une diatomée à une boite, la zone connective de W. Smith (l'*annulus*, le *cingulum* d'autres auteurs) forme les côtés de cette boîte, dont les valves forment le dessus et le fond.

Je dis qu'un frustule est très-développé sur la face frontale quand l'axe, qui est parallèle à la ligne de suture, est (beaucoup) plus court que l'autre ; le premier axe est appelé axe *longitudinal*, le dernier axe *transversal* ; la zone suturale elle-même peut être étroite ou large.

J'entends par *Raphé* une ligne (1) véritable, généralement saillante sur la valve et interrompue par un nodule médian et des nodules terminaux, comme dans le genre *Navicula*. On l'appelle souvent *ligne médiane*.

Par *pseudo-raphé*, j'entends une simple ligne ou espace blanc sans nodules, non une ligne véritable comme sur les valves des *Striatella*. Probablement toutes les diatomées ont des raphés plus ou moins parfaits.

Dans la tribu I le raphé est très-bien visible, médian ou submédian.

Dans les tribus II et III il est obscur, marginal ou submarginal ; cependant la plupart des valves de la tribu II ont un pseudo-raphé médian ou submédian.

Les mots *strié, muni de côtes,* sont employés dans le sens dans lequel ils sont généralement reçus : le premier indiquant des marques fines, le second de plus fortes ou une apparence de côtes. Les stries peuvent être de simples lignes fines (perles, élévations confluentes) ou des stries manifestement formées de rangées de perles, moniliformes ou granulées. Quand les stries ou côtes ne sont pas interrompues par une ligne médiane ou raphé, je dis que la valve est *transversalement*

---

(1) **M. H. L. Smith** emploie le mot *cleft* qui signifie littéralement *fente, raie.*

striée ou munie de côtes, et s'il n'y en a que sur la moitié de la valve, je la dis *dimidiée* ou munie à moitié de côtes ou de stries.

Bacillaire, plus long que large, exemple : ***Navicula, Synedra***.

Arqué, un des bords de la valve ou du frustule est plus courbé que l'autre. Le côté convexe est souvent appelé *dos*; le côté concave ou plat est nommé *ventre*. Quand la valve a des bords inégalement courbés, dans des directions opposées, on la dit *cymbiforme* ou *lunée*, exemple : ***Euodia***.

Plié, à côtés également courbés et dans la même direction.

Genouillé, un côté ou quelquefois les deux ayant un pli aigu; frustule plus ou moins courbé, comme dans ***Achnanthes***.

Scalariforme, ayant quelques fortes côtes transversales sur des valves en général hyalines comme dans ***Biblarium***.

Piquants (Awns), sont des poils (siliceux) robustes, généralement par paires, mais souvent radiants, attachés aux bords de la valve comme dans les ***Chœtoceros***.

Cloisons (Septæ). Ce sont des plaques internes longitudinales, c'est-à-dire parallèles à la ligne suturale comme dans *Rhabdonema* et *Striatella;* elles sont fréquemment (toujours?) perforées.

Vittæ ou *fausses cloisons*, sont des prolongements du bord de la ligne connective vers l'intérieur (des cloisons imparfaites), comme dans *Grammatophora;* on les voit seulement en regardant la face frontale et elles ont souvent un renflement à leur origine, comme dans *Meridion,* face frontale.

Appendices (Processes), sont des projections que l'on voit ordinairement proéminentes quand on examine la diatomée sur la face frontale; ce sont les places d'attache des formes filamenteuses (probablement aussi d'autres) comme dans ***Biddulphia***; le nom est à la rigueur applicable à de simples espaces blancs comme sur la valve concave des *Gephyria* ou sur les valves de ***Dimeregramma*** ou ***Plagiogramma***.

Ocelli, sont de fausses ouvertures (appendices) avec des

contours extérieurs bien marqués quand la valve est vue de face comme dans le genre *Auliscus*.

Ailes, ce sont des expansions, ordinairement des bords des valves comme dans *Surirella,* souvent néanmoins *sur* la valve, comme dans *Amphiprora.* Quand les ailes sont imparfaitement développées comme dans les *Nitzschia,* on dit que la valve est *carénée.*

Un véritable raphé court ordinairement le long du bord de l'aile ou de la carène et souvent, comme dans plusieurs *Nitzschiées,* il y a aussi un pseudo-raphé.

Le terme *cellulaire* ou *celluleuse* est appliqué aux valves grossièrement marquées et ayant une structure hexagonale ou angulaire.

On dit qu'un frustule est *complexe* quand il a plusieurs rangées de valves, comme certains *Navicula* et *composé* quand chaque valve consiste en deux ou plusieurs plaques de structure différente, comme dans les *Arachnoidiscus.*

Je n'ai pas considéré les états de frondeux, stipité, filamenteux, tubuleux, suffisants pour la formation de nouveaux genres. Une longue étude des formes vivantes m'a convaincu que ces caractères sont fugitifs et qu'on ne peut se baser sur eux.

Parmi les *schizonemées,* par exemple, les frondes qui renferment les mêmes frustules siliceux sont très-variables et les frondes elles-mêmes varient avec l'habitat. Les tubes des *Colletonema* et *Encyonema* disparaissent dans des eaux tranquilles et on trouve alors les frustules contenus dans une gelée amorphe, ou tout à fait libres.

J'attache également peu d'importance au nombre de stries ou à la délimitation de la valve. Néanmoins la structure générale de la valve et certains caractères, tels que la striation transversale ou les côtes, la striation moniliforme, l'apparence celluleuse, la forme filamenteuse, etc., ont été admis quand d'autres caractères n'étaient pas suffisants. J'ai admis, bien malgré moi, certains genres, par exemple, le genre *Stauroneis* qui, en réalité, appartient aux *Navicula.*

CLASSE DES CRYPTOGAMES.

Sous-classe des ALGUES : Famille des DIATOMÉES.

Plante constituée par un FRUSTULE *(boîte siliceuse)* bivalve, pseudo-unicellulaire, revêtu extérieurement d'une enveloppe muqueuse plus ou moins apparente, possédant à l'intérieur des valves une membrane cellulaire avec endochrôme. — MULTIPLICATION GÉMINIPARE PAR DIVISION; REPRODUCTION PAR CONJUGAISON.

TRIBU I. — RAPHIDÉES.

FRUSTULES à face valvaire, généralement bacillaire, parfois largement ovale;

ayant toujours . . un raphé distinct et des nodules sur l'une des deux valves ou sur toutes deux, nodule central rarement manquant ou peu visible; valves simples ou composées; raphé généralement proéminent dans la face valvaire, parfois dans la face frontale, et ce lorsqu'elle est contractée et munie de nodules aux constrictions;

sans . . . . dents, épines, piquants *(acus)* ou appendices *(processes)*.

TRIBU II. — PSEUDO-RAPHIDÉES.

FRUSTULE à face valvaire, généralement bacillaire, parfois largement ovale; ou suborbiculaire — très-rarement orbiculaire. Frustule muni ou dépourvu de nodule;

ayant toujours ou. un pseudo-raphé (simple ligne ou espace blanc) sur l'une des valves ou sur toutes deux, *ou* ayant des cloisons vraies ou fausses (*vittæ*) dans la face frontale, *ou* à valves fusiformes, sigmoïdes, courbées ou ailées, *ou* ayant sur l'une des valves ou sur toutes deux un grand nombre de (*ribs*) plis, côtes, stries ou rangées de granules, transversaux, rarement régulièrement radiaux; côtes parfois visibles dans la face frontale.

sans . . . . appendices, dents, épines, piquants ou véritable raphé *sur* les valves; excepté des épines que l'on trouve parfois, mais très-rarement, dans les Surirellées et les Tabellariées; mais alors les caractères ci-dessus sont suffisamment déterminants.

rarement . . . . . . angulaire dans la face valvaire, hyalin, sans stries, *ou* fortement développé dans la face frontale, *à moins* qu'il ne soit cloisonné longitudinalement.

Tribu III. — CRYPTO-RAPHIDÉES.

FRUSTULES à face valvaire, généralement circulaire, sub-circulaire ou angulaire, plus rarement elliptique, ovale ou bacillaire;

fréquemment . . . très-développés dans la face frontale, et filamenteux; *ou* avec des appendices, des dents, des épines, des piquants; *ou* plus ou moins hyalins ou irréguliers; *ou* munis de côtes transversales dans la face frontale

jamais . . . . avec un espace central *linéaire* blanc (hyalin) ou un véritable raphé sur les valves.

ANALYSES DES FAMILLES ET DES GENRES.

Tribu I. — RAPHIDÉES.

Analyse des Familles (1).

Frustules à valves semblables.	2
Frustules à valves dissemblables	1
1. Valves cunéiformes	8C
Valves non cunéiformes	7
2. Valves divisées symétriquement par le raphé	4
Valves non ainsi divisées	3
3. Valves ailées ou obliquement striées	4
Valves non ainsi, plus ou moins arquées ou cymbiformes . .	8A
4. Valves à nodule central également éloigné des deux extrémités	8B
Valves non ainsi.	5
5. Valves à nodule central manquant ou obscur.	8B
Valves non ainsi.	6
6. Valves à nodule central inégalement distant des deux extrémités	8C
Valves non ainsi.	7

(1) Les mots placés entre parenthèses sont ou bien explicatifs, ou bien indiquent des doutes ou des caractères sur lesquels il ne faut pas s'appuyer trop fortement.

7. { Frustules genouillés, nodule ou *stauros* sur l'une des valves seulement, généralement à la marge concave (à la constriction), valves rarement largement ovales **8D**
Tous autres, valves généralement largement ovales, rarement pliées **8E**

8. { A . . . . CYMBELLÉES . . . (I.)
B . . . . NAVICULÉES . . . (II.)
C . . . . GOMPHONEMÉES . (III.)
D . . . . ACHNANTHÉES. . . (IV.)
E . . . . : . . . . . . COCCONÉIDÉES. . . (V.)

Analyse des Genres.

FAMILLE I. — CYMBELLÉES.

{ Frustules parfois complexes ; fréquemment hyalins ou renflés ou contractés dans la face frontale ; à nodules centraux rapprochés de la zone connective qu'ils touchent souvent ; ligne médiane souvent infléchie. Valves munies fréquemment d'une ligne transversale (*stauros*) ; « membrane connective » souvent striée ou ponctuée longitudinalement . . AMPHORA   I.
Frustules non ainsi **1**

1. { Frustules simples, à face valvaire, arquée, à face frontale linéaire ; raphé et nodule central marginaux dans la face valvaire ; valve parfois renflée au centre de la marge ventrale. . . . . CERATONEIS   II.
Toutes autres formes, raphé souvent courbé . . . CYMBELLA   III.

FAMILLE II. — NAVICULÉES.

{ Frustules composés — valves munies de logettes (cellules marginales). MASTOGLOIA   IV.
Frustules non ainsi **1**

1. { Frustules composés (chaque valve avec deux plaques) une (supérieure) avec des côtes transversales, une (inférieure) striée, ayant un raphé et des nodules . . . . . STICTODESMIS   V.
Frustules non ainsi **2**

2. { Valves munies d'une bande siliceuse, transversale, lisse, très-apparente (*stauros*) non ailée. . . . . STAURONEIS   VI.
Valves non ainsi. **3**

3. { Valves sigmoïdes ou arquées; ou frustules ailés, ou raphé infléchi ou réfléchi 5
{ Valves et frustules non ainsi 4

4. { Valves ayant un nodule central . . . . NAVICULA VII.
{ Valves à nodule central manquant (ou obscur). AMPHIPLEURA VIII.

5. { Valves divisées symétriquement par le raphé; frustules non ailés, à face de suture rarement contractée . . PLEUROSIGMA IX.
{ Valves ou frustules non ainsi 6

6. { Valves non divisées symétriquement par le raphé qui est arqué; bouts réfléchis et marginaux . . . . . . TOXONIDEA X.
{ Toutes autres formes, à face de suture généralement contractée . . . . AMPHIPRORA XI.

FAMILLE III. — GOMPHONÉMÉES.

{ Frustules à face de suture courbée, nodule placé sur la valve concave . . . . RHOIKOSPHENIA XII.
{ Toutes autres formes. . . . . GOMPHONEMA XIII.

FAMILLE IV. — ACHNANTHÉES.

Frustules libres ou stipités . . . . ACHNANTHES XIV.

FAMILLE V. — COCCONÉIDÉES.

{ Valves munies de cellules marginales . . . . . . ORTHONEIS XV.
{ Valves non ainsi 1

1. { Valves non divisées symétriquement par le raphé. ANORTHEIS XVI.
{ Toutes autres . . . . COCCONEIS XVII.

TRIBU II. — PSEUDO-RAPHIDÉES.

{ Frustules composés; étant ou paraissant munis de cloisons ou fausses cloisons longitudinales, cloisons ou *villæ* (fausses cloisons) vus distinctement dans la face frontale (face de suture). 1
{ Frustules non ainsi ou vus seulement ainsi dans la face valvaire 2

1.
Arqués dans la face frontale (paraissant cloisonnés?), valves dissemblables ou différant seulement par un pseudo-nodule aux extrémités de la valve concave **9A**
Tous autres **9B**

2.
Valves circulaires, subcirculaires, très-largement ovales ou munies de côtes de différentes manières **3**
Valves non ainsi **4**

3.
Valves le plus souvent hyalines avec quelques côtes transversales (scalariformes), ou à face frontale arquée avec valves munies de côtes de différentes façons ; frustules à face frontale montrant des cloisons **9B**
Toutes autres **9C**

4.
Valves fusiformes sigmoïdes ou courbées, plus fortement marquées à l'une des marges qu'à l'autre **9C**
Valves non ainsi. **5**

5.
Valves ondulées transversalement (à ondulations apparentes dans la face frontale), à bandes transversales ombrées . . . **9C**
Valves non ainsi. **6**

6.
Frustules à face valvaire dépourvue de nodules, et à marge frontale granulée (particulièrement d'un côté), sans extrémités de côtes, ni carénés ni ailés **9C**
Frustules non ainsi **7**

7.
Valves parcourues entièrement ou à moitié par des côtes ou des stries, ou irrégulièrement perlées (ni carénées ni ailées) . **9A**
Valves non ainsi. **8**

8.
Frustules montrant dans la face frontale une rangée de procès (appendices) marginaux sub-capités ; ou ailés ou carénés et sans nodule central **9C**
Frustules non ainsi **9A**

9.
A . . . . Fragillariées . . (VI.)
B . . . . Tabellariées . . (VII.)
C . . . . Surirellées . . . (VIII.)

Famille VI. — Fragillariées.

Frustules à face frontale arquée, valves à côtes, ou stries transversales interrompues et ayant l'une des valves ou les deux terminées par des pseudo-nodules (espaces blancs) . . Gephyria xviii.
Frustules et valves non ainsi **1**

1. Frustules (à face valvaire généralement arquée), avec des côtes (nommées canalicules par W. Smith) (souvent granulées), qui font souvent paraître la marge (bord) ou submarge perlée ou dentée dans la face frontale non cunéiforme. EPITHEMIA XIX.
Frustules non ainsi 2

2. Frustules à face valvaire arquée, sans côtes; valves striées transversalement, sans ligne médiane ou nodule, ayant des pseudo-nodules aux extrémités, la marge concave. EUNOTIA XX.
Valves non ainsi. 3

3. Valves ayant un pseudo-raphé et des rangées transversales de granules dans des cellules carrées (clathrées), nodule central et terminal distinct . . . . GLYPHODESMIS XXI.
Valves non ainsi. 4

4. Valves cruciformes; avec des stries transversales interrompues (non clathrées), nodule central très-distinct. Frustules montrant dans la face frontale les extrémités terminales des fausses cloisons?. . . . . OMPHALOPSIS XXII.
Valves non ainsi. 5

5. Valves ayant les nodules centraux et terminaux (ou espaces blancs) proéminents dans la face frontale; ayant une ligne pseudo-médiane (non toujours distincte); valves souvent renflées ou contractées au milieu; frustules cohérents . . .
DIADESMIS XXIII.
Valves non ainsi. 6

6. Valves ayant un espace blanc (généralement transversal) central et un pseudo-ocellus central (souvent petit); ou ayant deux ou plus de deux (quelques-unes seulement) côtes robustes transversales (sur toute la largeur de la valve) et qui sont saillantes dans la face frontale; d'autres fois lisses, ou ayant des stries ou des côtes (généralement moniliformes interrompues) ou des cellules carrées; munies de nodules terminaux et de bords parfois ponctués . . . . . .
PLAGIOGRAMMA XXIV.
Valves non ainsi. 7

7. Frustules cohérents, quadrangulaires dans la face frontale; valves sans nodule central; stries interrompues par une ligne médiane ou un espace blanc; valves renflées ou contractées . . . . DIMEREGRAMMA XXV.
Frustules non ainsi 8

8.
Frustules à suture dentée en scie; valves sans ligne médiane;
ayant des rangées transversales très-apparentes de pores
ou de perles . . . . TEREBRARIA XXVI.
Frustules non ainsi 9

9.
Frustules à face frontale étroite, linéaire; valves lancéolées
ou renflées; avec des stries transversales moniliformes
(généralement un peu radiantes) très-visibles; sans nodules;
ayant une ligne médiane ou un espace blanc (souvent
obscur ou manquant) . . . . RAPHONEIS XXVII.
Frustules non ainsi 10

10.
Frustules sessiles, solitaires ou réunis par deux, allongés,
linéaires; légèrement cunéiformes; valves finement striées,
contractées à une extrémité, sans ligne médiane. . PERONIA XXVIII.
Frustules non ainsi 11

11.
Frustules à face frontale linéaire parfois hyaline ou élargie
à une extrémité; valves striées, sans ligne médiane ou
nodule; cunéiformes et contractées à une extrémité, réunis
en forme d'étoile ou de zigzag . . . . ASTERIONELLA XXIX.
Frustules non ainsi 12

12.
Frustules très-allongés; valves ayant une ligne médiane
hyaline ou un espace blanc, parfois obscur; fréquemment
munies d'un pseudo-nodule central; striées transversalement, jamais à côtes transversales; parfois légèrement
cunéiformes ou courbés, sessiles, filamenteux ou attachées
bouts à bouts . . . . SYNEDRA XXX.
Frustules non ainsi 13

13.
Frustules très-fortement allongés, droits ou ondulés, valves
renflées au milieu; sveltes (en formes de piquant), parfois
irrégulièrement ponctués sur la face valvaire, sans ligne
médiane ou nodule . . . . TOXARIUM XXXI.
Frustules non ainsi 14

14.
Valves finement striées, ponctuées ou plus ou moins hyalines;
toujours sans côtes; ligne médiane absente ou obscure;
frustules à face frontale étroite, parfois renflée (ondulée,
arquée) ou contractée; marges lisses, cohérentes, formant
un filament droit, rarement en zigzag . . . . FRAGILLARIA XXXII.
Frustules et valves non ainsi 15

15.
Frustules cunéiformes, marges lisses; valves hyalines ou fine-
ment striées, ayant une ligne médiane. . . . . LICMOPHORA XXXIII.
Frustules non ainsi 16

16. (Frustules cunéiformes munis transversalement de côtes ou
de stries granulaires distinctes, ayant une ligne médiane. .
PODOCYSTIS XXXIV.

Frustules non ainsi 17

17. (Frustules composés; valves munies de côtes ou membrures
(*ribbed*); extrémités des côtes saillantes, submarginales et
capitées dans la face frontale, frustules non cunéiformes. .
DENTICULA XXXV.

Tous autres, valves munies de côtes, les traversant entièrement ou dimidiées; face frontale linéaire ou cunéiforme;
cohérents; filaments en zigzag, droits ou courbés. DIATOMA XXXVI.

FAMILLE VII. — TABELLARIÉES.

Frustules linéaires ou cunéiformes montrant des vittæ moniliformes (extrémités des côtes) dans la face frontale, valves
divisées en chambres par des côtes transversales (scalariformes), surface extérieure de la valve finement striée
transversalement (sur toute la largeur), sans ligne médiane.
CLIMACOSPHENIA XXXVII.

Frustules non ainsi 1

1. (Frustules à face frontale courbée; valves munies de côtes,
dissemblables, à cloisons rudimentaires . . . . ENTOPYLA XXXVIII.
Frustules non ainsi 2

2. (Frustules montrant des fausses cloisons droites, généralement alternantes dans la face frontale; frustules cohérents
formant un filament en zigzag; valves striées transversalement et renflées au milieu et aux extrémités, marges souvent finement ponctuées . . . . TABELLARIA XXXIX.
Frustules non ainsi 3

3. (Frustules avec des vittæ droits, opposés en paires et inter-
rompus aux extrémités et au centre de la face frontale . . .
DIATOMELLA XL.
Frustules non ainsi 4

4. (Frustules avec des vittac opposés en paires, droits ou ondulés dans la face frontale; non interrompus ou élargis au
bout; cohérents, formant un filament en zigzag . . . . . .
GRAMMATOPHORA XLI.
Frustules non ainsi 5

5. Frustules filamenteux ; face frontale montrant des vittae un peu renflés aux extrémités (claviformes) ; valves parcourues en travers par des côtes ; côtes peu nombreuses, visibles dans la face frontale . . . . GOMPHOGRAMMA XLII.

Frustules non ainsi **6**

6. Valves sans côtes transversales, presque lisses ou *très-fine-*ment striées ; ayant souvent une ligne médiane fine ; frustules hyalins dans la face frontale **7**

Valves et frustules non ainsi **9**

7. Frustules montrant dans la face frontale des épines (en forme de soies de porc) à chaque angle . . . . . . ATTHEYA XLIII.

Frustules sans épines **8**

8. Cloisons (ou fausses cloisons) interrompues, alternantes, dans la face frontale. . . . . TESSELLA XLIV.

Cloisons non interrompues. . . . . STRIATELLA XLV.

9. Frustules composés ; valves ayant une ligne médiane et généralement des extrémités blanches, munies de côtes ou de stries. Cloisons réunies dans la face frontale par des stries transversales (en treillis) ; frustules cohérents, formant un filament plat . . . . RHABDONEMA XLVI.

Valves le plus souvent hyalines, ayant généralement un petit nombre de côtes transversales (scalariformes) ; linéaires, orbiculaires, contractées ou renflées. . BIBLARIUM XLVII.

FAMILLE VIII. — SURIRELLÉES.

Frustules composés ; valves largement ovales, dissemblables, l'une munie de côtes, l'autre en forme de tamis (cribreuse), ponctuée, sans nodules . . . . CAMPYLONEIS XLVIII.

Frustules non ainsi **1**

1. Valves ondulées transversalement, à ondulations visibles dans la face frontale, striées et montrant quelques bandes transversales ombrées. . . . . CYMATOPLEURA XLIX.

Valves non ainsi **2**

2. Frustules montrant dans la face frontale une rangée marginale d'appendices courts, sub-capités ; valves ayant des côtes transversales (scalariformes) . . . . CLAVULARIA L.

Frustules non ainsi **3**

3. Frustules à face valvaire, courbée, marges finement perlées ; valves striées, sans ligne médiane ayant à l'un des bouts un renflement inégalement entaillé ; frustules cohérents en forme d'étoile . . . . ACTINELLA LI.

Frustules non ainsi **4**

4. Frustules à face frontale linéaire; arqués et avec des bouts arrondis sur la face valvaire, marges lisses ou obscurément ponctuées; valves finement striées sans ligne médiane, nodules terminaux petits à la marge concave. Frustules cohérents en zigzag ou en tables. . . . . . . DESMOGONIUM LII.
Frustules non ainsi 5

5. Frustules ailés (d'une façon non apparente); valves elliptiques ou linéaires, non cunéiformes, à stries parallèles (à stries dimidiées, marginales ou ondoyantes), rarement munies de côtes; ligne médiane, quand elle existe, simple et non courbée ou marquée fortement; valves parfois courbées selon l'axe longitudinal (visiblement) . . . . TRYBLIONELLA LIII.
Valves non ainsi 6

6. Frustules ailés (parfois d'une façon non apparente), valves cunéiformes, réniformes, ovales ou suborbiculaires; rarement linéaires, souvent tordues; ayant une simple ligne médiane ou un espace blanc plus ou moins linéaire; centre parfois blanc ou finement ponctué; marges ou submarges fortement marquées (un peu radiantes); ayant des côtes ou des plis (canaliculés de W. S.) . . . . SURIRELLA LIV.
Tous autres (généralement finement striés), linéaires, contractés, renflés, sigmoïdes, courbés, fusiformes ou carénés, libres, adhérents ou en tubes. . . . . NITZSCHIA LV.

TRIBU III. — CRYPTO-RAPHIDÉES.

Frustules cylindriques ou aplatis; valves semblables (terminées par une calyptra [coiffe]); munies d'une pointe en forme de soie de porc 18A
Frustules non ainsi 1

4. Frustules à valves dissemblables, ou généralement lisses; munies de piquants, cornes (appendices allongés), épines ou soies, qui, dans les formes fossiles, sont parfois imparfaites ou manquent; frustules souvent imparfaitement siliceux, valves sans côtes radiales ou celluleuses. 18A
Frustules non ainsi 2

2. Frustules imparfaitement siliceux, zone connective plus ou moins turgide; réunis en séries distantes; valves angulaires ayant une longue épine centrale 18A
Frustules non ainsi 3

<table>
<tr><td rowspan="2">3.</td><td>Valves avec un seul pseudo-nodule marginal ou submarginal . . . .</td><td>18G</td></tr>
<tr><td>Valves non ainsi. . . . .</td><td>4</td></tr>
<tr><td rowspan="2">4.</td><td>Valves en forme de lune, ni cloisonnées transversalement ni munies de côtes . . . .</td><td>18G</td></tr>
<tr><td>Valves non ainsi . . . .</td><td>5</td></tr>
<tr><td rowspan="2">5.</td><td>Valves un peu hispides avec des lignes sinuées-réticulées (non rayonnées) . . . .</td><td>18G</td></tr>
<tr><td>Valves non ainsi. . . . .</td><td>6</td></tr>
<tr><td rowspan="2">6.</td><td>Valves un peu lisses (hyalines), à lignes radiantes (rayons linéaires non terminés par une épine), rayons en nombre défini (peu nombreux); frustules à face frontale conique ou apiculée. . . . .</td><td>18F</td></tr>
<tr><td>Valves non ainsi . . . .</td><td>7</td></tr>
<tr><td rowspan="2">7.</td><td>Valves circulaires ou angulaires, à face frontale non fortement développée (à centre [obscurément] réticulé et des points apparents, semblables à des pores), sans appendices marginaux, mais ayant parfois des épines marginales ou submarginales . . . .</td><td>12</td></tr>
<tr><td>Valves non ainsi. . . . .</td><td>8</td></tr>
<tr><td rowspan="2">8.</td><td>Frustules à face frontale cunéiforme ou montrant des ocelli, des appendices ou des tubercules, généralement en petit nombre et saillants dans la face frontale (non des épines seules) . . . .</td><td>11</td></tr>
<tr><td>Frustules non ainsi . . . .</td><td>9a</td></tr>
<tr><td rowspan="2">9a.</td><td>Frustules à face valvaire cylindrique ou ovale; face frontale plus ou moins quadrangulaire; extrémités un peu prolongées en appendices obscurs. . . . .</td><td>11</td></tr>
<tr><td>Frustules non ainsi . . . .</td><td>9b</td></tr>
<tr><td rowspan="2">9b.</td><td>Frustules transversalement cloisonnés ou munis de côtes; cunéiformes angulaires ou subangulaires . . . .</td><td>11</td></tr>
<tr><td>Frustules non ainsi . . . .</td><td>10</td></tr>
<tr><td rowspan="2">10.</td><td>Frustules cohérents; face frontale généralement très-développée et cylindrique; fortement siliceux; valves rarement hyalines; dissemblables ou elliptiques; sans ligne médiane; parfois apiculée ou conique ou avec un nodule central particulier (épine); ou ombilic lisse, ponctué ou celluleux; ayant fréquemment des épines marginales ou submarginales. Frustules cohérents ou bien par des lignes suturales lisses, ou bien par des dents ou des épines marginales, ou enfin par une épine centrale ou un court coussinet central .</td><td>18B</td></tr>
<tr><td>Frustules et valves non ainsi . . . .</td><td>12</td></tr>
</table>

<table>
<tr><td rowspan="2">11.</td><td>Frustules non fortement développés dans la face frontale; généralement circulaires (libres), rarement angulaires, ni en forme de lune ni cunéiformes . . . .</td><td>18D</td></tr>
<tr><td>Tous autres. filamenteux, à face frontale généralement très-développée . . . .</td><td>18C</td></tr>
<tr><td rowspan="2">12.</td><td>Disques valvaires plus ou moins ondulés, divisés en comparti-ments réguliers, généralement alternativement sombres et éclairés; souvent avec des dents ou des épines marginales ou submarginales. . . . .</td><td>18E</td></tr>
<tr><td>Valves non ainsi. . . . .</td><td>13</td></tr>
<tr><td rowspan="2">13.</td><td>Valves hyalines avec des lignes ombilicales. . . . .</td><td>18F</td></tr>
<tr><td>Valves non ainsi. . . . .</td><td>14</td></tr>
<tr><td rowspan="2">14.</td><td>Valves avec rayons linéaires définis, irréguliers, flexueux ou bifurqués; non hispides et sans épines marginales . . . . .</td><td>18F</td></tr>
<tr><td>Valves non ainsi. . . . .</td><td>15</td></tr>
<tr><td rowspan="2">15.</td><td>Valves hyalines, rayons définis ne touchant pas le bord . . .</td><td>18F</td></tr>
<tr><td>Valves non ainsi. . . . .</td><td>16</td></tr>
<tr><td rowspan="2">16.</td><td>Valves ayant des rayons spathulés, cordiformes ou deltoïdes dont la base forme souvent une aire centrale hyaline. . . .</td><td>18F</td></tr>
<tr><td>Valves non ainsi. . . . .</td><td>17</td></tr>
<tr><td rowspan="2">17.</td><td>Valves avec grands espaces marginaux hyalins larges qui ne sont ni circulaires ni hexagonaux . . . .</td><td>18F</td></tr>
<tr><td>Toutes autres, à face frontale angulaire, ovale, circulaire ou en forme de lune . . . .</td><td>18G</td></tr>
<tr><td rowspan="7">18.</td><td>A. . . . . CHÆTOCÉRÉES . . (IX.)</td><td></td></tr>
<tr><td>B. . . . . MÉLOSIRÉES . . . (X.)</td><td></td></tr>
<tr><td>C. . . . . BIDDULPHIÉES . . (XI.)</td><td></td></tr>
<tr><td>D. . . . . EUPODISCÉES . . . . (XII.)</td><td></td></tr>
<tr><td>E. . . . . HÉLIOPELTÉES . . (XIII)</td><td></td></tr>
<tr><td>F. . . . . ASTÉROLAMPRÉES. (XIV.)</td><td></td></tr>
<tr><td>G. . . . . COSCINODISCÉES. . (XV.)</td><td></td></tr>
</table>

FAMILLE IX. — CHÆTOCÉRÉES.

<table>
<tr><td></td><td>Frustules annelés; cohérents; allongés; bouts semblables, calyptriformes; terminés par une épine ou un mucron; souvent imparfaitement siliceux . . . . RHIZOSOLENIA</td><td>LVI.</td></tr>
<tr><td></td><td>Frustules non ainsi . . . .</td><td>1</td></tr>
<tr><td rowspan="2">1.</td><td>Frustules munis de deux ou plusieurs cornes (appendices allongés, non simplement des épines), valves fréquemment dissemblables. . . . .</td><td>2</td></tr>
<tr><td>Frustules lisses ou munis de soies; d'épines ou de piquants</td><td>3</td></tr>
</table>

2. {
Frustules comprimés, à portion suturale étroite; cornes souvent ramifiées ou bifurquées; parfois mucronées; valves et cornes parfois munies d'épines courtes éparpillées; cornes parfois courtes, obtuses (mamelons) . . . . DICLADIA LVII.
Frustules allongés; cornes mucronées; valves dissemblables, généralement l'une des valves n'a qu'une corne (ou appendice) tandis que l'autre en a deux. . . . . SYRINGIDIUM LVIII.
}

3. {
Une seule valve épineuse; épines souvent longues et parfois ramifiées . . . . SYNDENDRIUM LIX.
Frustules non ainsi 4
}

4. {
Valves angulaires; épine centrale; portion suturale plus ou moins turgide (imparfaitement siliceuse); valves ayant une série de granules radiants; frustules unis en série à individus distants . . . . DITYLUM LX.
Valves non ainsi. 5
}

5. {
Épines (soies?) marginales, sur les deux valves; valves dissemblables, le plus souvent hyalines . . . . . HERCOTHECA LXI.
Toutes autres formes, valves fréquemment munies de piquants; ou à petites épines éparpillées; ou dissemblables; hyalines ou imparfaitement siliceuses; ou frustules composés, piquants fréquemment absents dans les formes fossiles; valves restantes entièrement lisses . . . . . . CHÆTOCEROS LXII.
}

FAMILLE X. — MÉLOSIRÉES.

{
Frustules apiculés (les extrémités des bords s'amincissant en pointe), non rayonnés. 1
Frustules non ainsi 2
}

1. {
Frustules cylindriques; apiculés dans la face frontale; valves dissemblables . . . . PYXILLA LXIII.
Frustules non cylindriques; apiculés dans la face valvaire, valves semblables . . . . PEPONIA LXIV.
}

2. {
Valves avec une épine centrale ou des épines coronales ou éparses; pas de côtes; frustules cohérents par les épines. . STEPHANOPYXIS LXV.
Valves et frustules non ainsi 3
}

3. {
Frustules cylindriques ayant une denture marginale régulière assez grande et une épine centrale, spéciale, en agrafe SYNDETOCYSTIS LXVI.
Frustule non ainsi. 4
}

4. { Valves elliptiques ou contractées, ayant des épines ou des
dents marginales; et un nodule central particulier . . . .
RUTILARIA LXVII.
Valves non ainsi. 5

5. { Frustules cylindriques; bouts d'abord contractés et finale-
ment élargis en un nodule d'union . . . . STRANGULONEMA LXVIII.
Frustules non ainsi 6

6. { Frustules cylindriques; ayant dans la face frontale, au point
d'union, un bord de cellules très-allongées . SKELETONEMA LXIX.
Frustules non ainsi. 7

7. { Valves circulaires, avec des rayons marginaux courbes et de
petites dents marginales . . . . . . DISCOSIRA = MELOSIRA LXXII.
Valves non ainsi 8

8. { Valves un peu hyalines et coniques ou renflées sur la face
frontale; ayant des côtes ou des lignes radiantes dans la
face valvaire; extrémités souvent tronquées et épineuses;
intervalles ponctués . . . . STEPHANOGONIA LXX.
Frustules non ainsi. 9

9. { Frustules marqués sur la face frontale de bandes spirales ou
croisées . . . . LIPAROGIRA LXXI.
Tous autres . . . . MELOSIRA LXXII.

FAMILLE XI. — BIDDULPHIÉES.

{ Frustules avec un appendice en forme de goulot; généralement oblique; cohérents irrégulièrement; valves dissemblables . . . . ISTHMIA LXXIII.
Frustules non ainsi 1

1. { Frustules montrant des côtes transversales dans la face frontale; côtes plus ou moins capitées, ressemblant à des notes
de musique; valves ayant des côtes transversales; sans
épines ou ligne médiane. . . . . TERPSINOE LXXIV.
Frustules non ainsi. 2

2. { Frustules à côtes transversales ou scalariformes; côtes (cloisons) visibles sur la face frontale, non capitées, valves souvent lunées, zone connective hyaline ou striée . . ANAULUS LXXV.
Frustules non ainsi. 3

3. { Frustules généralement hyalins ou imparfaitement siliceux,
formant un filament droit ou courbe; appendices peu apparents ou nuls . . . . EUCAMPIA LXXVI.
Frustules non ainsi 4

4. {
Appendices souvent allongés, généralement droits, placés à
la marge externe, sur la face frontale; et terminés par une
épine ou mucron parfois peu apparent. . . . . HEMIAULUS LXXVII.
Tous autres . . . . BIDDULPHIA LXXVIII.

FAMILLE XII. — EUPODISCÉES.

{
Valves à rayons en forme de barbes de plume ou à granules
placés autour des appendices mastoïdes plats (ou ocelli);
rarement peu apparents; parfois avec une portion centrale
subcarrée; ou avec une structure celluleuse radiante interrompue par une série linéaire se terminant dans les ocelli .
AULISCUS LXXIX.
Valves non ainsi. 1

1. {
Valves avec côtes, des rayons moniliformes ou sillons bien
marqués, reliant entre eux les appendices ou tubercules
(généralement grands) . . . . AULACODISCUS LXXX.
Valves non ainsi. 2

2. {
Valves circulaires ou ovales; ocelli, ou pseudo-ouvertures,
placés dans des compartiments. . . . . . . CRASPEDOPORUS LXXXI.
Valves non ainsi 3

{
Valves circulaires; ayant une série radiante de petites ponctuations et des tubercules marginaux. . . . . . PERITHYRA LXXXII.
Tubercules marginaux plus petits; valves granulées, radiées,
circulaires ou ovales . . . . CESTODISCUS LXXXII².

3. {
Toutes autres, ocelli (tubercules ou appendices) généralement très-grands, peu nombreux; ordinairement submargi-
naux; cellules ou granules rarement radiants, ou petits . .
EUPODISCUS LXXXIII.

FAMILLE XIII. — HÉLIOPELTÉES.

{
Valves à épines marginales manquantes; ou, quand il y en a,
en petit nombre et dans des compartiments alternants . . .
ACTINOPTYCHUS LXXXIV.
Valves non ainsi. 1

1. {
Valves ayant un ombilic hyalin (étoilé) avec des épines ou
des dents marginales reliées par une côte radiale. . . . . .
HALIONIX LXXXV.
Valves ayant de nombreuses épines ou dents marginales et
un ombiliic hyalin; souvent il y a des espaces hyalins à la
base (aux angles) de chaque compartiment . . HELIOPELTA LXXXVI.

Famille XIV. — Astérolamprées.

Valves hyalines, angulaires ou circulaires; avec des côtes ou
des rayons droits, non élargis vers le bord ou vers le
centre et ne touchant pas le bord. . . . . . Liostephania LXXXVII.
Valves non ainsi. 1

1. Disque radié ponctué, celluleux ou granulé, ayant de nombreux espaces blancs (côtes) linéaires, bien définis, prenant
naissance au bord; centre granulé, non étoilé. . . . .
Actinodiscus LXXXVIII.
Valves non ainsi. 2

2. Valves enflées, hyalines ou ponctuées, centre parfois étoilé;
rayons linéaires, se bifurquant plus ou moins et un peu
irréguliers; interstices blancs, ou avec des lignes courbes
ou sinueuses. . . . . Cladogramma LXXXIX.
Valves non ainsi. 3

3. Valves hyalines; avec un large bord divisé par des rayons
simples; centre hyalin, ou granulé, réticulé ou finement
ponctué. Mastogonia XC.
Toutes autres . . . . Asterolampra XCI.

Famille XV. — Coscinodiscées.

Disque ayant un cercle de grandes cellules marginales ou
intra-marginales, et des cellules ou ponctuations radiantes
ou éparses et sans épines . . . . Heterodictyon XCII.
Valves non ainsi. 1

1. Disque ayant un anneau intérieur de cellules séparant le
centre du large bord marginal; cellules du centre disposées
en lignes courbes ou spirales . . . . Brightwellia XCIII.
Valves non ainsi. 2

2. Disque très-convexe ou conique sur la face frontale; ayant à
la partie centrale une pseudo-ouverture très-apparente . .
Porodiscus XCIV.
Valves non ainsi 3

3. Disque (celluleux); grand, avec un bord large d'une structure différente de celle du centre, séparé par une marge
bien définie et sans épines . . . . Craspedodiscus XCV.
Valves non ainsi. 4

4. Disque hyalin ; à ombilic distinct et très-finement marqué ayant des rayons ou des lignes décussantes. . HYALODISCUS XCVI. Probablement sont-ce des valves de PODOSIRA==MELOSIRA LXXII. Valves non ainsi. 5

5. Disque celluleux ; avec un bord étroit (un peu denté) ; zone connective celluleuse . . . . ENDYCTIA == MELOSIRA LXXII. Valves non ainsi 6

6. Disque sans épines, dents ou pseudo-nodules marginaux ; ordinairement de dimension petite ou moyenne ; ayant généralement une partie annulaire extérieure, unie ou striée ; centre souvent bulleux ; lisse ou granulé ; granules égaux, épars ou rayonnés ; *ou*, disque hyalin (ou finement ponctué) avec de solides rayons droits. . . . . . CYCLOTELLA XCVII. Valves non comme ci-dessus. 7

7. Frustules complexes ? disque circulaire, ayant généralement un pseudo-nodule (manquant parfois) marginal ou submarginal ; ayant fréquemment de petites épines ou dents marginales ; ayant aussi une série simple ou double de granules ou de points en forme de ⊲ et souvent des espaces blancs subulés (¹) . . . . ACTINOCYCLUS XCVIII. Frustules non ainsi 8

8. Frustules à face frontale généralement cunéiforme, à face valvaire lunée . . . . 9 Frustules non ainsi 11

9. Valves celluleuses, centre blanc, marge veinée . HEMIDISCUS XCIX. Valves non ainsi 10

10. Valves à ombilic non distinct, finement ponctué, à lignes radiantes ; marges dorsales et ventrales munies de petites dents ou épines . . . . PALMERIA C. Toutes autres, marge dorsale sans épines ; marge ventrale ayant souvent un petit pseudo-nodule. . . . . EUODIA CI.

11. Disque avec une série radiante de granules, petits, égaux ou subégaux ; ayant généralement un ombilic ou centre granuleux ; ayant des épines ou dents marginales qui manquent rarement . . . . STEPHANODISCUS CII. Valves non ainsi. 12

12. Valves circulaires, très-enflées. Frustules montrant dans la face frontale l'axe longitudinal beaucoup plus long que l'axe transversal ; sans côtes, non celluleux ; portion suturale (« zone connective ») étroite ; parfois de petites dents marginales . . . . PYXIDICULA CIII. Valves non ainsi. 13

13. { Valves elliptiques, circulaires ou subangulaires; ayant un aspect hérissé (hispide); ayant souvent de petites épines et des rayons ou lignes sinuées-réticulées . . . LIRADISCUS CIV.
Valves non ainsi. 14

14. { Disque circulaire ou angulaire; à points apparents, et divisé en compartiments plus ou moins pliés; division souvent obscure, par des lignes ou espaces blancs radiants, souvent divisés dichotomiquement; centre souvent bulleux ou plus ou moins distinctement réticulé . . . . STICTODISCUS CV.
Valves non ainsi. 15

15. { Frustules composés. Disque circulaire ayant de nombreuses côtes radiantes, fortes, droites, et un centre hyalin; côtes reliées par des lignes concentriques, ou des rangées de granules (perlés) sans dents ou épines . . . . . ARACHNOIDISCUS CVI.
Frustule non ainsi 16

16. { Disque ayant un cercle bien défini d'épines (subulées) marginales ou intra-marginales; cellules disposées en rangées parallèles . . . . SYSTEPHANIA CVII.
Cellules non en rangées parallèles; valves de CRESSWELLIA = STEPHANOPYXIS? LVIII.
Valves non ainsi. 17

17. { Disque très-convexe, fortement celluleux, sans dents ou épines marginales . . . . DICTYOPYXIS CVIII.
Valves non ainsi. 18

18. { Disque sans rayons; souvent hyalin et muni d'épines éparses . . . . XANTHIOPYXIS CIX.
Toutes autres, sans rayons linéaires robustes, sans grandes dents ou épines . . . . COSCINODISCUS CX.

TABLEAU DES SYNONYMES.

———

I. Amphora. Ehr. 1831.

Valves avec stolons, ou radicules siliceuses, douteux, ou imparfaitement figuré . . . . . $\}$ *Rhizonotia* E. 1843.

Synonymes en partie . . . . . $\big\}$
- Frustulia **Ag.**
- Cymbella **Ag.**
- Navicula **E. ; Rab.**
- Rhizosolenia **? E.**
- Amphipleura **Bréb. ; K. ; W. S. ; Ralfs.**
- Brachysira **K.**

II. Ceratoneis. Kutz. *non* E. *Char. emend.*

Synonymes en partie . . . . . $\big\}$
- Navicula **E.**
- Cymbella **Hass.**
- Synedra **W. S. ; Arnott.**
- Eunotia **W. S. ; Grun. ; Rab. ; Schum. ; Kutz.**
- Euceratoneis **Grun.**

III. Cymbella. Ag. 1830. *Char. emend.*

Frustules stipités . . . . *Cocconema* E. 1829.
Frustules disposés en filament circulaire . . *Syncyclia* E. 1835.
Frustules en tubes. . . . . *Encyonema* Kutz. ; 1833.

Synonymes entièrement ou en partie . . . . . $\big\}$
- Navicula **E.**
- Cymbophora **Bréb.**
- Gomphonema **Ag.**
- Frustulia **E. ; Kutz.**
- Lunularia **Bory.**
- Bacillaria **Nitz. ; Hempr.** *et* **E.**
- Echinella **Lyng.**

en tubes . . . $\big\}$
- Glœonema **Ag. ; E. ; Portlock.**
- Monema **Berkeley.**
- Schizonema **Grev.**
- Isthmia **Meneg. Sec. K.**

IV. Mastogloia. Thwaites. 1848. *Char. emend.*

Valves hyalines, bords ondulés, loculi avec points marginaux et centraux . . . . } *Stigmaphora* Wall. 1860.

Synonymes en tout ou en partie . . . .
{
Frustulia Ag.
Pleurosiphonia E.
Navicula K. ; Bréb.
Pinnularia E.
Ceratoneis K.
Dickieia Thw.
}

V. Stictodesmis. Grev. 1863.
Craticula Grun. 1868.

Synonymes en partie . . . . . .
{
Surirella *Autor.*
Navicula E.
Van Heurckia Bréb. 1868.
}

VI. Stauroneis. E. 1843. *Char. emend.*

Valves à stries décussantes . . . . *Staurogramma* Rab. 1853.
Valve à raphe sigmoïde. . . . . . *Staurosigma* Grun. 1860.
Valves cohérentes en filament . . *Pleurostaurum* Rab. 1859.
Valves placées dans des tubes, en partie . . . .
{
Schizonema W. S. 1852.
Endostaurum Grun.
}

Synonymes en partie . . . . .
{
Bacillaria Nitzsch.
Navicula E. ; Quek.
Cymbella Ag.
Pinnularia W. S.
}

VII. Navicula. Bory. 1822. Ralfs 1861. *Char. emend.*

Valve munie de côtes (pinnée W. S.) . . . . } *Pinnularia* E. 1843.
Frustule à face frontale courbée . *Rhoiconeis* Grun. 1863.
Frustule à face valvaire courbée (partiellement) . . . . } *Falcatella* Rab. 1853.
Valve à partie médiane contractée. *Diploneis* E. 1844.
Valve munie d'un pseudo-stauros. *Stauroptera* E. 1844.
Valve à nodule médian dilaté transversalement, linéaire et bifurqué à chaque extrémité . . } *Schizostauron* Grun.

Valves à stries transversales fines et parallèles; nodule médian oblong ou linéaire, placé entre les filets d'un raphé double ; nodule terminal oblong ou arrondi. . . — *Van Heurckia* Bréb. 1868.

Valve à suture (face frontale) sigmoïde . . . . — *Scoliopleura* Grun. 1860.

Valve stipitée (en partie) . . . . . — *Doryphora* W. S. 1852.

Valves placées dans une gelée amorphe. . . . . — *Frustulia* Ag. 1824.

Valves à canaux apparents le long des bords. . . . . — *Pleurosiphonia* E. 1844.

Frustules en tubes. . . . . . . —
  Aquatiques. . — *Colletonema* Bréb. 1849.
  Marines.
    tubes simples. . . . — *Schizonema* Ag. 1824. / *Monema* Grev. 1826.
    tubes composés . . . — *Micromega* Ag. 1827.
    fronde prenant naissance d'un tubercule . . . . — *Berkeleya* Grev. 1827.

Frustules réunis dans une fronde . . . . .
  fronde plane ; frustules épars. . — *Dickieia* Berk. 1844.
  fronde globuleuse, frustules en rangées fusiformes . . . . . . — *Rhaphidoglœa* K 1844.

Frustules renfermés dans des cellules globuleuses. — *Phlyctenia* K. 1846.

Frustules sporangiaux . . . . — *Perizonia* Cohn et Jan. 1862.

Synonymes en tout ou en partie . . . .
  Frustules non libres. . .
    filament
      Conferva Eng. Bot. ; Dill. ; Gaill.
      Tabellaria E.
      Naunema E.
      Bangia Lyng.
      en partie Diadesmis K. 1844..
    filament naissant d'un tubercule . — Gloionema E. ; Grev.
  Frustules libres. .
    Pinnularia Rab. ; Greg.
    Ceratoneis E.
    Frustulia Bréb. ; K. ; Grev. Jenner.
    Cymbella Ag. ; Bréb.
    Amphora E. ; K.
    Bacillaria Nitzsch. ; Turpin ; Bory.
    Cocconeis E. ; Rab.
    Synedra Naeg.
    Biblarium Mic. Dic. Pl. 43, f. 48.

VIII. **Amphipleura. Kutz. 1844.** *Char. emend.*
    Aulacocystis Hass. 1845.
    Berkeleya? Grun. 1868.

Frustules placés en rangées fusi-formes dans l'intérieur de fron-des globuleuses ou subglobu-leuses . . . . } *Rhaphidoglœa* K. 1844.

Synonymes en partie . . . . .

en tubes . . . {
/ Frustulia Lobarz. ; K.
Naunema E.
Homœocladia K.
Schizonema E. ; Ag.
Bangia Lyng.
Berkeleya E. ; Men. ; Grev.

gélatineux . . { Frustulia K.
Navicula E. ; Grun.

sigmoïdes . . .   Sigmatella Bréb.

IX. **Pleurosigma. W. S. 1853.** *Char. emend.*
    Gyrosigma Hass. 1845.
    Sigmatella Bréb. *Consp.* 1838.
    Scalprum Corda. 1855.

Frustules pliés (achnantiformes) .   *Rhoicosigma* Grun.

Valve à suture sigmoïde (face frontale) . . . . } *Scoliopleura* Grun. 1860.

Valves courbées — en partie . . .   *Ceratoneis* E. 1859 ; K. 1844.

Frustules en tubes, en partie . . . {
Schizonema Thw. 1848.
Endosigma Bréb. *in litt.*
Gloionema E. 1855.
Collectonema K. 1849 ; W. S. ; Ralfs.
Encyonema K.

Synonymes en partie . . . . . . { Navicula Gaill. *et* Turp. ; Hempr. *et* E. ; Bail.
Cymbella E.

X. **Toxonidea. Donkin. 1858.**

Synonyme. . . .   Pleurosigma Donk. ; Arnott.

XI. **Amphiprora. E. 1843.**

Ailes tordues . . . .   *Amphicampa* Rab. *non* E.

Frustules contractées dans la face frontale ; stries décussées . . . . } *Donkinia* Ralfs 1860.

Synonymes en tout ou en partie . . . . {
Entomoneis E.
Navicula E.
Pleurosigma Donk.
Amphora Grun.

XII. Rhoicosphenia. Grun. 1860.

Synonyme. . . . Gomphonema Autor.

XIII. Gomphonema. Ag. 1824. *Char. emend.*

Frustules adhérents formant un filament . . . *Sphenosira* E. 1843.

Frustules renfermés dans une gelée amorphe. . *Gomphonella* Rab. 1853.

Frustules libres . . . . *Sphenella* K. 1844.

Synonymes en partie . . . . . {
Vorticella Müll.
Dendrella Bory.
Diomphala E.
Echinella Lyng. ; E.
Licmophora K.
Crystallia Sommerf.

XIV. Achnanthes. Bory. 1822. *Char. emend.*

Frustules libres ou contenus dans une gelée amorphe . . . . } *Achnanthidium* K. 1844.

Frustules ayant une ligne médiane transversale sur l'une des valves. } *Monogramma* E. 1843.

Frustules réunis bout à bout en séries . . . . } *Cymbosira* K. 1844.

Synonymes en partie . . . . . {
Conferva Müll. ; Eng. Bot.
Echinella Lyng.
Diatoma Jurg.
Frustulia Bréb.
Cymbella K. ; Rab.
Falcatella Rab.
Cocconeis W. S.
Navicula W. S.
Rhoiconeis Grun.
Stauroneis E. in K. B. ?
Ceramium Roth.

XV. ORTHONEIS. Grun. 1868.

Synonymes en tout ou en par-tie . . . .
{ Cocconeis E.
Stictoneis Grun.
Mastogloia Grun.

XVI. ANORTHEIS. Grun. 1868.

Synonyme. . . . Cocconeis E.

XVII. COCCONEIS. E. 1835. *Char. emend.* Grun. 1868.

Synonymes en partie . . . . .
{ Frustulia Bréb.
Navicula E.
Mastogloia Grun.

XVIII. GEPHYRIA. Arnott. 1858. *Char. emend.* 1859.

Synonymes en partie . . . . .
{ Eupleuria Arnott.
Margaritoxon Cohn.
Entopyla Jan.
Achnanthus Johnson.
Scapha Edwards *in litt.*

XIX. EPITHEMIA. Bréb. 1858.

Frustule à marge frontale granulée *Cystopleura* Bréb. 1858.

Synonymes en partie . . . . .
{ Frustulia K.
Navicula E.
Eunotia E.
Cymbella Bréb.; Hass.

XX. EUNOTIA. E. 1837. *Char. emend.*

Valve ayant ses deux bords dentés . . . . | *Amphicampa* E. 1849. *non* Rab.

Frustule lisse, à face frontale quadrangulaire, face valvaire à marge dorsale dentée, tronqué, à extrémités arrondies . . . . . | *Climacidium* E. 1869.

Frustules cohérents en filament . *Himantidium* E. 1840.

Synonymes pour *Amphicampa* .
{ ondulations égales et alternes sur le dos et le ventre . . . . . . | *Ophidocampa* E. 1869.
valves renflées au milieu . . | *Heterocampa* E. 1869.

Synonymes en partie . . . . .
- filamenteux . .
  - Conferva Dill.
  - Fragilaria Ralfs ; Ag. ; Lyng. ; Hass. ; Thore ; Roth.
- libres . . . . .
  - Synedra Bréb. ; E. ; K. ; W. S.
  - Exilaria Bréb.

XXI. Glyphodesmis. Grev. 1862.

XXII. Omphalopsis. Grev. 1863.

XXIII. Diadesmis. K. 1844. *Char. emend.*

Synonymes en partie . . . . .
- Himantidium W. S.
- Navicula K.
- Fragilaria Grun.

XXIV. Plagiogramma. Grev. 1859.
Heteromphala ? E. 1858.

Synonymes en partie . . . . .
- Denticula Greg.
- Zygoceros E.

XXV. Dimeregramma. Ralfs 1861. *Char. emend.*

Synonymes en partie . . . . .
- Denticula Greg.
- Odontidium Bright.
- Zygoceros Roper ; E.

XXVI. Terebraria. Grev. 1864.

XXVII. Raphoneis. E. 1844.

Stipités . . . . *Doryphora* K. 1844.
Synonymes en partie . . . . .
- Cocconeis E.

XXVIII. Peronia. Bréb. *et* Arnott *in litt.*
Fibula W. S.

Synonymes en partie . . . . .
- Gomphonema W. S. ; Bréb. ; K
- Synedra W. S.

XXIX. Asterionella. Hass. 1855.

Synonymes en partie . . . . .
- Diatoma E. ; Bail.
- Syncyclia E.

XXX. SYNEDRA. E. 1831. *Char. emend.*

Extrémités de la valve souvent dissemblables ; valves fortement marquées . . . . } *Sceptroneis* E. 1844.

Frustules attachés bout à bout { en plaques . . avec un pédicelle entre eux. } *Desmogonium* E. 1854, *non* Grun. 1865. *Rhabdosira* E. 1869.

Frustules en plaques avec un nodule ou anneau central . . . . . } *Ctenophora* Bréb.

Valves également courbées, en partie . . . . } *Falcatella* Rab. 1853.

Valves en massue, inégalement courbées (placé ici avec doute, ce sont peut-être des valves de *Climacosphenia* XXXVII?) . . . . } *Campylostylus* Shadbolt 1849.

Frustule luné (en partie). . . . . } *Ceratoneis* K.; Grun. 1865; Schum. 1867.

Sections de Kutzing . . {
1. petits . . . . *Scaphularia* . .
2. lisses, radiés. . . . . . *Echinaria* . . .
3. flabelliformes . . . . *Ulnaria* . . . .
4. en tables . . . . *Tabularia.* . .
5. munis d'un long stipe . *Grallatoria* . .
6. cohérents avec angles alternants . . . . . . *Rimaria.* . . .
} Kütz. 1844.

Synonymes en partie . . . . . {
Frustulia Bréb.; K.; Menegh.
Exilaria Hass.; K.; Grev.; Bréb.; Lenormand.
Navicula E.
Diatoma Ag.
Licmophora K.
Gomphonema K.
Echinella E.; K.
Bacillaria Nitzsch.; Bory; K.
Hystrix Bory.
}

XXXI. TOXARIUM. Bailey 1853.

Synonyme . . . Synedra.

XXXII. FRAGILARIA. Lyngbye 1819; Ag. 1824. *Char. emend.*

Frustule pauvre en silice . . . . . } *Grammonema* Ag. 1832. = *Grammatonema* K.

Frustule à face frontale ondulée-arquée. . . . . } *Cymatosira* Grun. 1862.

Synonymes en partie . . . . . {
Bacillaria Nitzsch. E. Hempr.
Conferva Müll.
Nematoplata Bory.
Staurosira E.
Diatoma Ag.; Corda.; Grev.; K.; Hass.; W. S.
Odontidium W. S.; Greg.
Dimeregramma Ralfs.
Striatella Ralfs.

XXXIII. Licmophora. Ag. 1827. *Char. emend.*

Frustule à face frontale obovée-lancéolée . . . . } *Rhipidophora* K. 1844.

Frustule sessile à face frontale en massue . . . . } *Podosphenia* E. 1838. = *Stylaria* Bory; Ag.

Synonymes en partie . . . . . {
Gomphonema Ag. K.
Echinella Lyng.
Frustulia Ag.
Exilaria Grev.
Meridion Ag.
Synedra Grev.
Diatoma Jurg.

XXXIV. Podocystis. K. 1844. *Char. emend.*
Euphyllodium Shad. 1853; Grun. 1868.

Synonymes en partie . . . . . {
Doryphora Roper.
Surirella K.

XXXV. Denticula. K. 1844. *Char. emend.*

Synonymes en partie . . . . . } Eunotia E.

XXXVI. Diatoma. De Candolle 1805. *Char. emend.*

Frustules cunéiformes, réunis en un filament en spirale . . . . . . } *Meridion* Ag. 1824.
Eumeridion K. 1844.

Valves à face frontale linéaire, sans ligne médiane, filament plat, en partie. . . . . } *Odontidium* K. 1844.

Frustules nitzschioïdes, valves ondulées-marginées, à côtes di-midiées, côtes alternantes. . . . } *Grunowia* Rab. 1864.

Valves à centre très-renflé, cru-   *Staurosira* 1843.
ciforme . . . .

Diatoma . . .
- Denticella Jan. *et* Rab.
- Bacillaria E. ; Nitzsch.
- Conferva Dill.
- Meridion Greg.
- Fragilaria Grun.
- Synedra Grun.

Meridion . . .
- Oncosphenia E.
- Echinella Grev.
- Frustulia Duby.
- Exilaria E.

Odontidium. . .
- Fragilaria Lyng.; E.; Grev.; Ralfs; Hass. ; Rab.
- Melosira Meneg.
- Syrinx Corda.

Staurosira . . .
- Odontidium Bright. ; Roper ; W. S.
- Dimeregramma Ralfs.
- Fragilaria E.

Grunowia. . .
- Denticula K.
- Dimeregramma Ralfs.

Synonymes en tout ou en partie . . . .

XXXVII. Climacosphenia. E. 1843. *Char. emend.*

Valves en massue, inégalement   *Campylostylus?* Shadbolt 1849.
courbées. . . . .

Frustules non cunéiformes. . . .   *Climaconeis* Grun. 1863.

XXXVIII. Entopyla. E. 1848. *Char. emend,*

Synonymes en partie . . . . .
- Eupleuria Arnott.
- Gephyria Arnott.
- Surirella E.

XXXIX. Tabellaria. E. 1839.

Synonymes en partie . . . . .
- Bacillaria E.
- Conferva Roth. ; Dill. ; Eng. Bot.
- Navicula E.
- Diatoma Lyng. ; Ag. ; K.

XL. Diatomella. Grev. 1848.
Disiphonia? E.

Synonymes en partie . . . . .
- Dickieia Thwaites 1847.
- Grammatophora W. S. 1856.

XLI. Grammatophora. E. 1839.

Synonymes en partie . . . . .
{ Diatoma Lyng.; Lenorm.; Ag.; Grev.; Hass.
Bacillaria Hempr. *et* E.; Lobarzowsky.
Conferva Jurgens; Eng. Bot.
Striatella Ralfs.
Fragilaria Lyng.

XLII. Gomphogramma. Braun. 1852.

Synonymes en partie . . . . .
{ Denticula K.
Tetracyclus Grun.

XLIII: Attheya. West 1860.

XLIV. Tessella. E. 1838; Jan. 1865.

Synonyme. . . . Hyalosira K. 1844.

XLV. Striatella. Ag. 1832.

Synonymes en partie . . . . .
{ Fragilaria Lyng.
Achnanthes Carmich.; Grev.
Tessella Du Jardin.

XLVI. Rhabdonema. E. 1844. *Char. emend.*

Cloisons irrégulièrement perfo-
rées, à face valvaire scalariforme. } *Climacosira* Grun. 1862.

Synonymes en partie . . . . .
{ Conferva Eng. Bot.
Striatella Ag.; K.; Ralfs.
Tessella E.; Ralfs.
Diatoma Lyng.; Grev.
Fragilaria Grev.; Harvey.
Hyalosira Bail. *et* Harv.

XLVII. Biblarium. E. 1845.

Valves orbiculaires. . . . . *Stylobiblium* E. 1848.
Valves renflées, cruciformes . . . *Tetracyclus* Ralfs 1843; Grun. 1862.
Synonymes en partie . . . . .
{ Striatella E.; Grun.
Navicula E.; Griffiths and Henfrey.

XLVIII. Campyloneis. Grun. 1863.

Synonyme . . . Cocconeis.

XLIX. Cymatopleura. W. S. 1855.

Valves contractées à la partie médiane. *Sphinctocystis* Hass. 1845.

Synonymes en partie . . . . .
{ Surirella Bréb.; K.; E.; P.; Naeg.
Melosira Perty.
Denticula K.
Navicula E.
Frustulia K. }

L. Clavularia. Grev. 1865.

LI. Actinella. Lewis 1863.

LII. Desmogonium. Grun. 1865. *non* E.

LIII. Tryblionella. W. S. 1853.

Synonymes en partie . . . . .
{ Synedra E.
Surirella E.; Bréb.; K.
Nitzschia Hantzsch. }

LIV. Surirella. Turpin 1827. *Char. emend.*

Frustules étroits, allongés, sig-moïdes. . . . . { *Stenopterotia* Bréb. *in litt.*

Frustules tordus, valves souvent subcirculaires et croisées . . . . { *Campylodiscus* E. 1841.

Frustules tordus, valves linéaires ponctuées . . . . { *Coronia* E. 1841.

Valves orbiculaires ou suborbi-culaires, sans ligne médiane . . { *Calodiscus* Rab. 1853.

Valves réniformes, côtes ra-diantes. . . . . { *Plagiodiscus* Grun. *et* Eulen. 1868.

Synonymes en partie . . . . .
{ Navicula E.
Denticula K.
Cocconeis E. }

LV. Nitzschia. Hass. 1845. *Char. emend*

Valves ayant les points de la ca-rène prolongés en forme de côtes, stries alternativement allongées, extrémités souvent dilatées . . . . } *Pritchardia* Rab. 1865

Valves à extrémités très-atté-
nuées (courbées). . . . . } *Nitzschiella* Rab. 1864.

= en partie *Ceratoneis* E. ; K.

Frustules fusiformes, imparfaite-
ment siliceux, munis de bandes } *Cylindrotheca* Rab. 1863.
en spirales . . . .

Frustules renfermés dans des
tubes . . . . } *Homœocladia* Ag. 1827.

Frustule sessile ou stipité, cunéi-
forme . . . . } *Gomphonitzschia* Grun. 1867.

Frustules en tubes, en partie. . . *Schizonema* Ag. ; E. ?

Frustules en tables ou en séries
obliques . . . . } *Bacillaria* Gmelin 1788.

Synonymes en partie . . . . . {
Bacillaria Nitzsch.
Frustulia Ag. ; Bréb. ; K.
Eunotia E. ; Rab.
Cymbella Ag.
Navicula E. ; West.
Synedra E. ; Rab. ; K.
Pinnularia E.
Surirella K. ; Rab. ; Bréb. ; Lewis?
Sigmatella K. ; Rab.
Stenopterotia Bréb. ?
Bacillaria . { Vibrio Müller.
              { Oscillaria Schr.

LVI. Rhizosolenia. E. 1843.

LVII. Dicladia. E. 1844. *Char. emend.*

Thaumatonema Grev. 1863.

Synonymes en partie . . . . . } *Periptera* E. ; K.

LVIII. Syringidium. E. 1845.

LIX. Syndendrium. E. 1845. *Char. emend.*

Synonymes en partie . . . . . {
Periptera E. 1844.
Goniothecium E.
Omphalotheca E. 1845.

LX. Ditylum. J. W. B. *MS.*; L. W. B. 1861. *Char. emend.*
Grymia J. W. B. *MS.*

Synonymes en
partie . . . . . { Triceratium Bright. ; West ; W. S.

LXI. Hercotheca. E. 1844.

LXII. Chætoceros. E. 1844. *Char. emend.*

Piquants (awns) radiants dans la
face latérale . . . . { *Bacteriastrum* Shad. 1860.

Valves lisses ou hyalines (fossiles)
sans piquants, souvent réunies
par une partie centrale contrac-
tée . . . . } *Goniothecium* E. 1844.

LXIII. Pyxilla. Grev. 1864.

LXIV. Peponia. Grev. 1863.

LXV. Stephanopyxis. E. 1844. *Char. emend.*
Cresswellia. Grev. 1857.

Appendices, ou épines, centraux, | *Trochosira* Kitton 1871, *non* Mont.
en petit nombre . . . . { 1857.

LXVI. Syndetocystis. Ralfs *teste* Grev. 1864.

LXVII. Rutilaria. Grev. 1863. *Char. emend.* Grev. 1866.

LXVIII. Strangulonema. Grev. 1865.

LXIX. Skeletonema. Grev. 1865.

LXX. Stephanogonia. E. 1844. *Char. emend.*

LXXI. Liparogyra. E. 1854. *Char. emend.*

Anneaux internes? . . . . *Porocyclia* E. 1854.

LXXII. Melosira. Ag. 1824. *Char. emend.*

Surface de jonction des frustules
plane, dentée . . . . { *Orthosira* Thwaites 1848.
Joints cylindriques, bisulqués . . *Aulacosira* Thw. 1848.

Valves celluleuses à cellules serrées et avec un bord bien marqué, un peu denté . . . . } *Endictya* E. 1854.

Frustules ayant un stipe central court, distinct, ou un coussinet qui réunit les valves qui sont en forme de calottes sphériques, parfois indistinctement rayées, montrant souvent un nucleus (*Hyalodiscus?*). . . . . } *Podosira* E. 1840.
Trochosira Mont. 1857, *non* Kitton 1871.
Porodiscus? Grev.

Frustules comprimés, valves elliptiques . . . . } *Druridgia* Donk. 1861.

Frustules munis d'un stipe latéral. *Pododiscus* K. 1844.

Valves munies de lignes marginales courbes . . . . } *Discosira* Rab. 1853.

Frustules lâchement celluleux, en partie. . . . . | *Dictyopyxis* E. 1844; Grev.
Pyxidicula K. 1844.

Frustules géné- / hyalins et om- \ *Lysicyclia* E. 1856.
ralement libres \ biliqués . . . | *Hyalodiscus* E.
ou seulement) non hyalins en |
géminés . . . . (partie . . . .) *Cyclotella* K. 1844.

Disque non radié, mais un peu linéaire, ponctué, en partie . . . } *Coscinophœna* E. 1854.

Frustules munis de petits corps coniques internes . . . . } *Arthrogyra* E. 1854.

Synonymes en tout ou en partie . . . . {
Lysigonium Link.
Gallionella Bory; E.; Bréb.; Bailey.
Conferva Ag.; Müller; Eng. Bot.; Dill.; Jurg.
Sphaerotermia E. = Mastogonia en partie?
Sphaerophora Hass.
Fragilaria Lyng.
Vesiculifera Hass.
Paralia Heiberg. 1863 = Orthosira en partie.
Nematoplata Bory.
Stephanosira E.
Rosoria Carmichael.
Insilella E.

LXXIII. Isthmia. Ag. 1830.

Synonymes en partie . . . . . {
Biddulphia Gray.
Conferva Eng. Bot.
Diatoma Lyngbye.

LXXIV. Terpsinoé. E. 1843. *Char. emend.*

Frustules réunis par des appendices courts en forme de pieds. .	*Pleurodesmium* K. 1846.
Valves avec quelques petites épines ou des appendices sur un côté, en partie	*Hydrosera* Wall. 1858.
Valves munies de quatre côtes . .	*Tetragramma* E. 1843.
Synonymes, en partie	Anaulus E.

LXXV. Anaulus. E. 1844. *Char. emend.*

Face latérale lunée.	bords ondulés dans la face valvaire . . .	*Eunotogramma* Weiss. 1855.
	(deux côtes) zone connective ponctuée, linéaire, stries décussées	*Euodia* Grunow. 1863, *non* Bail. en part.

LXXVI. Eucampia. E. 1839. *Char. emend.*

Frustules formant un filament droit . . .	triangulaire . .	*Lithodesmium* E. 1840. *Triceratium* Bright. 1858.
	non triangulaire	*Climacodium* Grun. 1868.

LXXVII. Hemiaulus. E. 1840; Heib. 1863. *Char. emend.*

Valve triangulaire	*Trinacria* Heib. 1863.
Valve quadrangulaire	*Solium* Heib. 1863.
Valve cunéiforme	*Corinna* Heib. 1863.
Synonymes, en partie	Zygoceros E.; Bailey.

LXXVIII. Biddulphia. Gray. 1831. *Char. emend.*

Valves lisses ou finement ponctuées ou granulées, bords non ondulés	*Odontella* Ag. 1832, *non* E. *Pleurosira* Menegh. 1844.
Frustules libres avec appendices en forme de cornes. .	*Zygoceros* E. 1840.
Valves avec soies ou épines en forme d'alène, placées sur un lobe central.	*Denticella* E. 1839.
Appendices alternant avec des épines en forme de cornes	*Ceratulus* E. 1843, *non* Grun.
Valves munies d'une ligne longitudinale et de plusieurs côtes transversales; ayant des espaces blancs aux extrémités de la ligne longitudinale (médiane) . .	*Heibergia* Grev. 1865.
Frustules lisses; montrant dans la face frontale deux plaques costales incurvées (qui sont la continuation de la surface intérieure des appendices).	*Porpeia* Bail. ; Ralfs 1861.
Munies de côtes, montrant un dessin central, triangulaire.	*Entogonia* Grev. 1865.
Angles séparés par des cloisons, valves ayant (en partie) sur un des côtés, des ponctuations en forme de pores.	*Hydrosera* Wall. 1858.
Valves quadrangulaires	*Amphitetras* E. 1840.
Valves pentagonales	*Amphipentas* E. 1840.
Synonyme pour toutes les formes angulaires.	*Triceratium.*
Synonymes en partie	Conferva Eng. Bot. 1807; Dill. 1809. Achnanthes Gray. Insilella E. Diatoma Ag. ; Lyng. Gallionella Bail. Isthmia Montagne. Eupodiscus W. S.

Valves ne paraissant pas triangulaires dans la face valvaire.

Triangulaires.

LXXIX. Auliscus. E.; Bail. 1854. *Char. emend.*
Mastodiscus Bail. *in litt.*

Valve à face valvaire sub-qua- } *Glyphodiscus* Grev. 1862.
drangulaire . . . . }

Valves à cellulation radiante in- }
terrompue par une série li- } *Fenestrella* Grev. 1863.
néaire . . . . }

Synonymes en { Coscinodiscus K.; E.
partie . . . . . { Eupodiscus W. S.

LXXX. Aulacodiscus. E. 1845.

LXXXI. Craspedoporus. Grev. 1863.

LXXXII. Perithyra. E. 1854. *Char. emend.*

Tubercules plus petits . . . . . . *Heterostephania* E. 1851.

LXXXII'. Cestodiscus. Grev. 1865.

LXXXIII. Eupodiscus. E. 1844. *Char. emend.*

Synonymes en
tout ou en par-
tie . . . .
{ circulaires . . { Aulacodiscus Bright.
{ Auliscus Grev.
{ Coscinodiscus Bail.
{ Pododiscus Bail.
{ appendices . { 3. Tripodiscus.
{ 4. Tetrapodiscus.
{ 5. Pentapodiscus.
{ angulaires . . appendices . { 3. Triceratium ?
{ 4. Amphitetras ?

LXXXIV. Actinoptychus. E. 1838. *Char. emend.*

Valves celluleuses, épines dans } *Omphalopelta* E. 1844.
des compartiments alternants. . }

Valves à centre angulaire . . . . *Symbolophora* E. 1844, *non* Grun.

LXXXV. Halionyx. E. 1854. *Char. emend.*
Actinophenia Shadbolt 1854.

Compartiments entièrement on- { *Polymyxus* J. W. B. 1855; L. W. B.
dulés, valves finement marquées. { 1861.

Synonymes en partie . . . . . { Actinoptychus Grun.
Heliopelta C. Johnston.

LXXXVI. Heliopelta. E. 1844.

LXXXVII. Liostephania. E. 1854. *Char. emend.*

Valves angulaires. . . . . *Actinogonium* E. 1854.

LXXXVIII. Actinodiscus. Grev. 1863. *Char. emend.*
Cosmiodiscus Grev. 1866.

LXXXIX. Cladogramma. E. 1844. *Char. emend.*

Synonymes en partie . . . . . { Mastogonia E.
Stephanogonia Grun.

XC. Mastogonia. E. 1844. *Char. emend.*

Synonymes en partie . . . . . { Craspedodiscus Grev.
Liradiscus Grev.
Melosira E.
Sphaerotermia? E.

XCI. Asterolampra. E. 1844. *Char. emend.*

Valves ayant une aire hyaline souvent excentrique et un rayon (basilaire) plus étroit et passant au delà du centre . . . . } *Spatangidium* Bréb. 1857.

Valves ayant deux compartiments rapprochés et un rayon plus étroit, interrompu, n'allant pas au delà du centre . . . . } *Asteromphalus* E. 1844.

Valves à rayon central bifurqué . *Asterodiscus* John. 1852.

Valves n'ayant que deux rayons et qui sont élargis vers le centre. } *Rylandsia* Grev. 1861.

Synonymes en tout ou en partie . . . . { Craspedodiscus Bright.
Dictyolampra E.
Excentron Ralfs.

XCII. Heterodictyon. Grev. 1863.

XCIII. Brightwellia. Ralfs 1860.

Synonymes en partie . . . . . { Craspedodiscus Bright.

XCIV. Porodiscus. Grev. 1863.

En partie ou complétement . } Melosira? LXXII.

XCV. Craspedodiscus. E. 1854.

Synonymes en partie . . . . . { Pyxidicula E. / Coscinodiscus E.; K.

XCVI. Hyalodiscus. E. 1854.

En partie . . . . *Podosira* = Melosira?

Synonymes en partie . . . . . (Lysicyclia E. / Craspedodiscus E. / Cyclotella K.

XCVII. Cyclotella. K. 1855. *Char. emend.*

= Valves de Melosira? LXXII.

Synonymes en partie . . . . . / Frustulia Ag. / Pyxidicula E. / Cymbella Ag. / Discoplea E. / Orthosira Heib.

XCVIII. Actinocyclus. E. 1840. *Char. emend.*

Synonymes en partie . . . . . / Eupodiscus W. S.; Greg.; Roper; Hantzsch. / Actinoptychus Bright. / Coscinodiscus Norman; Grev.

XCIX. Hemidiscus. H. L. S. 1872, *non* Wallich.

Euodia Grev. 1861.

C. Palmeria. Grev. 1865.

CI. Euodia. Bail. 1860. *In litt.* 1859.

Synonymes . . . } Hemidiscus Wall. 1860. / Goniothecium anaulus E.?

CII. Stephanodiscus. E. 1845.

En partie . . . . Cyclotella K.; Grun.; W. S.

CIII. Pyxidicula. E. 1833. *Char. emend.*

CIV. Liradiscus. Grev. 1865. *Char. emend.*

Synonymes en partie . . . . . } Triceratium Grev.

CV. Stictodiscus. Grev. 1861. *Char. emend.*

Synonymes en tout ou en partie . . . .
- circulaires . . {
  - Halionyx ([1]) E.
  - Actinoptychus E.
  - Discoplea E.
  - Cyclotella K.
- angulaires . . {
  - Amphitetras E.
  - Triceratium Grev.

CVI. Arachnoidiscus. Deane. 1847.

Synonymes en partie . . . . . } Hemiptychus E.
Stictodiscus Grev.

CVII. Systephania. E. 1840. *Char. emend.*

Ayant un cercle d'épines marginales. . . . . } *Peristephania* E. 1854.

Probablement valves de. . . . { Stephanopyxis lxv (= *Creswellia*).

CVIII. Dictyopyxis. E. 1844.

Synonymes en partie . . . . . { Coscinodiscus K.
Pyxidicula E. ; Ralfs.
Valves de . . . . Stephanopyxis lxv, dont les épines manquent?

CIX. Xanthiopyxis. E. 1844.

Synonymes en partie . . . . . } Pyxidicula K.

CX. Coscinodiscus. E. 1838.

Synonymes en partie . . . . . {
- Odontodiscus E.
- Eupodiscus Bréb.
- Cestodiscus Bréb.
- Symbolophora Grun.

---

(1) *Halionyx undenarius* est très-mal copié dans (Ralfs) Pritchard, et encore pis dans le *Mic. Dictionary.* La figure d'Ehrenberg montre l'ondulation.

TABLE DES FAMILLES ET DES GENRES DES DIATOMÉES.

INDEX DU TABLEAU DES SYNONYMES.

Prof. L. H. Smith.

Genève, N.-Y.

RECTIFICATION.

Page 145, ligne 8, au lieu de :

« Il ne diffère du modèle précédent que par l'absence du tourbillon, » lisez : « Ce modèle N° 2 diffère essentiellement du N° 1 par ses dimensions qui sont un peu moindres et parce que les diaphragmes glissent dans un tube fixé dans un coulisseau au lieu d'être mus de haut en bas par une crémaillère, comme c'est le cas dans le grand modèle qui est figuré sur la planche V, figure 102, page 144. Ce N° 2 est également muni d'un tourbillon; mais souvent on supprime ce dernier, afin de diminuer le prix de l'ensemble, quand l'instrument est muni du condenseur de M. Abbe, condenseur qui, comme nous l'avons vu, peut produire les effets du tourbillon. »

TABLE DES MATIÈRES.

PREMIÈRE PARTIE.

LIVRE PREMIER.

De la construction du microscope.

CHAPITRE PREMIER. — DU MICROSCOPE COMPOSÉ.

PREMIÈRE DIVISION.

DES PARTIES ESSENTIELLES.

DEUXIÈME PARTIE.

Le microscope appliqué à l'anatomie végétale.

TROISIÈME PARTIE.

Synopsis des familles et des genres des diatomées,
par le professeur H.-L. SMITH.

FIN DE LA TABLE

9 782329 311005